11-072职业技能鉴定指

职业标准·试题库

汽轮机辅机安装

（第二版）

电力行业职业技能鉴定指导中心　编

电力工程　汽轮机安装专业

中国电力出版社
CHINA ELECTRIC POWER PRESS

内 容 提 要

　　本《指导书》是按照劳动和社会保障部制定国家职业标准的要求编写的，其内容主要由职业概况、职业技能培训、职业技能鉴定和鉴定试题库四部分组成，分别对技术等级、工作环境和职业能力特征进行了定性描述；对培训期限、教师、场地设备及培训计划大纲进行了指导性规定。本《指导书》自1999年出版后，对行业内职业技能培训和鉴定工作起到了积极的作用，本书在原《指导书》的基础上进行了修编，补充了内容，修正了错误。

　　试题库根据《中华人民共和国国家职业标准》并针对本职业（工种）的工作特点，选编了具有典型性、代表性的理论知识（含技能笔试）试题和技能操作试题，还编制有试卷样例和组卷方案。

　　本《指导书》是职业技能培训和技能鉴定考核命题的依据，可供劳动人事管理人员、职业技能培训及考评人员使用，亦可供电力（水电）类职业技术学校和企业职业学习参考。

图书在版编目（CIP）数据

汽轮机辅机安装：11-072 / 电力行业职业技能鉴定指导中心编.
2版.—北京：中国电力出版社，2012.9（2017.9重印）
　（职业技能鉴定指导书. 职业标准试题库）
ISBN 978-7-5123-2781-8

Ⅰ.①汽… Ⅱ.①电… Ⅲ.①蒸汽透平-辅机-设备安装-职业技能-鉴定-习题集　Ⅳ.①TK266-44

中国版本图书馆 CIP 数据核字（2012）第 037357 号

中国电力出版社出版、发行

（北京市东城区北京站西街 19 号　100005　http://www.cepp.sgcc.com.cn）

北京市同江印刷厂印刷

各地新华书店经售

*

1999 年 1 月第一版

2012 年 9 月第二版　　2017 年 9 月北京第三次印刷

850 毫米×1168 毫米　32 开本　15 印张　384 千字

印数 8001—9000 册　　定价 **50.00** 元

版权专有　侵权必究

电力职业技能鉴定题库建设工作委员会

说 明

为适应开展电力职业技能培训和实施技能鉴定工作的需要，按照劳动和社会保障部关于制定国家职业标准，加强职业培训教材建设和技能鉴定试题库建设的要求，电力行业职业技能鉴定指导中心统一组织编写了电力职业技能鉴定指导书（以下简称《指导书》）。

《指导书》以电力行业特有工种目录各自成册，于1999年陆续出版发行。

《指导书》的出版是一项系统工程，对行业内开展技能培训和鉴定工作起到了积极作用。由于当时历史条件和编写力量所限，《指导书》中的内容已不能适应目前培训和鉴定工作的新要求，因此，电力行业职业技能鉴定指导中心决定对《指导书》进行全面修编，在各网省电力（电网）公司、发电集团和水电工程单位的大力支持下，补充内容，修正错误，使之体现时代特色和要求。

《指导书》主要由职业概况、职业技能培训、职业技能鉴定和鉴定试题库四部分内容组成。其中，职业概况包括职业名称、职业定义、职业道德、文化程度、职业等级、职业环境条件、职业能力特征等内容；职业技能培训包括对不同等级的培训期限要求，对培训指导教师的经历、任职条件、资格要求，对培训场地设备条件的要求和培训计划大纲、培训重点、难点以及对学习单元的设计等；职业技能鉴定的依据是《中华人民共和国国家职业标准》，其具体内容不再在本书中重复；鉴定试题库是根据《中华人民共和国国家职业标准》所规定的范围和内容，以实际技能操作为主线，按照选择题、判断题、简答题、计算题、绘图题和论述题六种题型进行选题，并以难易程度组合排列，同时汇集了大量电力生产建设过程中具有普遍代表性和典型性的实际操作试题，构成了各工种的技能鉴定试题库。试题库的深度、广度涵盖了本职业技能鉴定的全部内容。题库之后还附有试卷样例和组卷方案，为实施鉴定命题提供依据。

《指导书》力图实现以下几项功能：劳动人事管理人员可根据《指导书》进行职业介绍，就业咨询服务；培训教学人员可按照《指导书》中的培训大纲组织教学；学员和职工可根据《指导书》要求，制订自学计划，确立发展目标，走自学成才之路。《指导书》对加强职工队伍培养，提高队伍素质，保证职业技能鉴定质量将起到重要作用。

本次修编的《指导书》仍会有不足之处，敬请各使用单位和有关人员及时提出宝贵意见。

电力行业职业技能鉴定指导中心
2008 年 6 月

目　录

1 职业概况

1.1 职业名称

汽轮机辅机安装（11–072）。

1.2 职业定义

专门从事火力发电厂汽轮机附属设备、机械及有关管道等安装工作的人员。

1.3 职业道德

热爱本职工作，刻苦钻研技术，遵守劳动纪律，爱护工具、设备，安全文明生产、施工，诚实、团结、协作，艰苦朴素，尊师爱徒。

1.4 文化程度

中等职业技术学校毕（结）业。

1.5 职业等级

本职业按照国家职业资格的规定设为初级（国家五级）、中级（国家四级）、高级（国家三级）、技师（国家二级）、高级技师（国家一级）共五个等级。

1.6 职业环境条件

工作点多面广，遍及发电厂厂内外的主厂房及辅助厂房。

1.7 职业能力特征

具有一定的钳工基础和一定的专业知识,掌握一般的热工、焊接、起重、电工、安全等相关知识和技能,有领会、理解和应用技术文件的能力,并能准确地进行设备的安装、检修和分部试运,能凭思维想象几何形体,懂得三维物体的二维表现方法,具备识图能力和绘图能力。

2 ▽ 职业技能培训

2.1 培训期限

2.1.1 初级工：累积不少于 500 标准学时。

2.1.2 中级工：在取得初级职业资格的基础上累积不少于 400 标准学时。

2.1.3 高级工：在取得中级职业资格的基础上累积不少于 400 标准学时。

2.1.4 技师：在取得高级职业资格的基础上累积不少于 500 标准学时。

2.1.5 高级技师：在取得技师职业资格的基础上累积不少于 350 标准学时。

2.2 培训教师资格

2.2.1 具有中级以上专业技术资格的工程技术人员和技师可担任初、中级工的培训教师。

2.2.2 具有高级以上专业技术资格的工程技术人员和高级技师可担任高级工、技师和高级技师的培训教师。

2.3 培训场地设备

2.3.1 具备本职业（工种）基础知识培训的教室和教学设备。

2.3.2 具有基本技能训练的实习场地及实际操作训练设备。

2.3.3 生产现场实际设备。

2.4 培训项目

2.4.1 培训目的：通过培训达到《职业技能鉴定规范》对本职

业的知识和技能要求。

2.4.2 培训方式：以自学和讲课相结合的方式，进行基础知识学习和技能训练。

2.4.3 培训重点：

（1）辅助设备安装包括：

1）凝汽器组合安装；

2）除氧器及水箱组合安装；

3）加热器安装。

（2）附属机械安装包括：

1）电动给水泵检修安装；

2）凝结水泵检修安装；

3）循环水泵检修安装；

4）真空泵检修安装；

5）一般离心水泵检修安装。

（3）辅助设备试运：

1）凝汽器灌水及试运；

2）除氧器试运；

3）加热器试运；

4）真空系统灌水及试运。

（4）附属机械试运：

1）电动给水泵油循环、试运；

2）凝结水泵试运；

3）循环水泵试运；

4）真空泵试运；

5）一般离心水泵试运。

（5）运行故障的分析、判断和缺陷的处理。

2.5 培训大纲

本职业技能培训大纲，以模块组合（MES）—模块（MU）—学习单元（LE）的结构模式进行编写，其学习目标及内容见表

1，职业技能模块及学习单元对照选择表见表 2，学习单元名称见表 3。

表 1 　　　　　汽轮机辅机安装培训大纲

模块序号及名称	单元序号及名称	学习目标	学习内容	学习方式	参考学时
MU1 电建安装人员职业道德	LE1 汽轮机辅机安装工职业道德	通过本单元的学习，了解电力建设汽轮机安装人员职业道德规范，并能自觉遵守	1. 热爱祖国，热爱本职工作 2. 刻苦学习，钻研技术 3. 爱护设备、仪表及工器具 4. 团结协作，有奉献精神 5. 遵章守纪，安全文明施工 6. 尊师爱徒，严守岗位职责	自学	2
MU2 基础知识	LE2 火力发电厂生产基本知识	通过本单元的学习，了解火力发电的能量转换规律、火力发电厂生产过程、辅助设备及附属机械的工作原理等基本知识，掌握原则性热力系统的组成	1. 火力发电的能量转换规律 2. 火力发电厂生产过程介绍 3. 辅助设备及附属机械介绍 4. 原则性热力系统图学习	讲课	2
	LE3 机械制图基本知识	通过本单元的学习，了解并掌握机械制图的基本知识，能看懂设备的结构图、安装图、管道布置图、辅助系统等各种图纸，能绘制一般零件加工图等	1. 机械制图的基本原理及知识 2. 常用零件图、装配图的识图 3. 零件图的测绘方法 4. 公差配合、表面粗糙度、形位公差的知识 5. 管道施工图的识图 6. 辅助设备及附属机械结构图	讲课及实际操作	2

5

模块序号及名称	单元序号及名称	学习目标	学习内容	学习方式	参考学时
MU3 相关知识	LE4 钳工基本知识及技能	通过本单元的学习，掌握钳工的基本知识，能进行钳工简单计算，能实际进行锉、錾、刮、钻、锻打、攻丝等操作	1. 钳工基本知识 2. 螺纹的有关知识 3. 各种钻头、錾子、刮刀等的淬火及刃磨方法 4. 锉、錾、刮、钻、锻打、攻丝等的实际操作 5. 进行简单机械的检修和测量	讲课及实际操作	2
	LE5 电工基本知识	通过本单元的学习，了解电工的基本概念和电路、电动机的基础知识	1. 电场，磁场，直流电，交流电，电路的串、并联等基本概念，电磁学的简单常识 2. 电路的基本知识 3. 电动机、变压器的基本知识及控制保护	讲课	2
	LE6 热工基本知识	通过本单元的学习，了解热工控制及保护的基本知识，了解认识常用热工仪表，掌握常用法定计量单位的知识及换算方法	1. 热工的基本知识 2. 热工监测系统的概念及基本知识 3. 变送器及常用热工仪表的类型及作用 4. 汽轮机控制和保护的基础知识 5. 用法定计量单位	讲课	2

模块序号及名称	单元序号及名称	学习目标	学习内容	学习方式	参考学时
MU3 相关知识	LE7 焊接及热处理基本知识及简单技能	通过本单元的学习，了解焊接及热处理的基本知识，能进行简单的电焊操作，能进行火焰切割	1. 焊接基本知识 2. 热处理的简单知识 3. 火焰切割操作 4. 点焊操作 5. 普通材料的焊接	讲课及实际操作	2
	LE8 起重基工知识及简单技能	通过本单元的学习，熟悉起重的基本知识，掌握吊装指挥信号，能进行一般的起重作业	1. 起重基本知识 2. 钢丝绳的基本知识及钢丝绳受力的计算 3. 链条葫芦的基本知识 4. 本工种常用起重设备及机械的基本知识 5. 一般起重作业操作	讲课及实际操作	2
	LE9 金属材料基本知识	通过本单元的学习，了解金属材料的基本知识	1. 常用金属材料的基本知识 2. 金属检验的目的、概念及常用方法	讲课	2
	LE10 机械加工制作基本知识	通过本单元的学习，了解机械加工的基本知识	1. 常用加工机械的基本知识 2. 金属切削加工的工艺知识	讲课	2
	LE11 计算机基本知识	通过本单元的学习，了解计算机的基本知识，了解计算机在生产管理中的作用	1. 计算机的简单知识 2. 计算机的简单操作 3. 计算机管理系统简介	自学及实际操作	4

模块序号及名称	单元序号及名称	学习目标	学习内容	学习方式	参考学时
MU4 安全、技术、质量、管理	LE12 电力建设安全工作规程（热机安装篇）消防规程的有关知识	通过本单元的学习，掌握与本工种相关的安全知识、消防知识，并在实际施工中自觉遵守	1. 电力建设安全工作规程（热机安装篇）的相关知识 2. 消防规程的相关知识	讲课及实际操作	2
	LE13 电力工业技术管理法规、电力生产事故调查规程的有关知识	通过本单元的学习，熟悉与本工种有关的安全管理规程制度，使各项工作符合有关规定	1. 电力工业技术管理法规的相关知识 2. 电业生产事故调查规程的相关知识 3. 电业安全工作规程的相关知识	讲课及实际操作	2
	LE14 安全用电、消防知识、现场常用急救方法	通过本单元的学习，熟悉安全用电常识、消防知识，掌握现场的急救方法	1. 安全用电的常识 2. 消防原则及油系统消防注意事项 3. 现场常用急救方法	讲课	2
	LE15 各类消防器材的使用	通过本单元的学习，能正确使用施工现场的各种消防器材	1. 消防器材介绍及各类灭火器材的使用原则 2. 各种消防器材的实际操作	讲课	2
	LE16 安全文明施工知识	通过本单元的学习，了解安全文明施工管理的基本知识，并能在施工中做好安全文明施工	1. 安全文明施工管理的有关规章制度 2. 先进的安全文明施工经验	自学及实际操作	2

模块序号及名称	单元序号及名称	学习目标	学习内容	学习方式	参考学时
MU4 安全、技术、质量、管理	LE17 全面质量管理知识及现场质量管理制度	通过本单元的学习，了解全面质量管理的基本知识及各项质量管理制度，能运用全面质量管理知识进行施工工艺质量的控制	1. 全面质量管理知识 2. 现场质量管理制度	讲课及实际操作	2
	LE18 GB/T 19000—ISO9000系列标准知识	通过本单元的学习，了解GB/T 19000—ISO9000系列标准知识	1. ISO9000系列标准的知识 2. 本单位相关的ISO标准文件	讲课及实际操作	2
	LE19 电力建设施工规范及验标的有关知识	通过本单元的学习，熟悉与本工种有关的规范及验标要求，并在施工中能严格遵守	1. 电力建设施工规范与本工种有关的知识 2. 火电施工验收标准与本工种有关的知识	讲课	10
	LE20 班组管理及施工技术管理知识	通过本单元的学习，熟悉班组管理及施工技术管理的知识，能组织和指导辅助设备及附属机械的施工	1. 班组管理及施工技术管理的基本知识 2. 施工预算、施工计划、施工方案、施工记录、施工进度表的编制 3. 组织指导技能培训及考核	讲课	5
MU5 工器具及材料	LE21 常用工具的相关知识及使用方法	通过本单元的学习，熟悉各种常用工具的使用方法及保养知识	1. 常用工具的基本知识 2. 常用工具的使用及保养	自学及实际操作	2

模块序号及名称	单元序号及名称	学习目标	学习内容	学习方式	参考学时
MU5 工器具及材料	LE22 常用量具的相关知识及使用方法	通过本单元的学习，能熟练正确使用各种常用量具	1. 常用量具的基本知识 2. 常用量具的使用及保养	讲课及实际操作	2
	LE23 各种手动、电动、风动工具的相关知识及使用方法	通过本单元的学习，能正确使用各种手动、电动、风动工具并进行保养	1. 各种手动、电动、风动工具的基本知识 2. 各种手动、电动、风动工具的使用及保养	讲课及实际操作	2
	LE24 主要精密仪器、量具的相关知识及使用方法	通过本单元的学习，能掌握与本工种有关的精密仪器、量具的使用方法和保养方法	1. 本工种有关的精密仪器、量具的使用方法 2. 本工种有关的精密仪器、量具的保养方法	讲课	2
	LE25 各种专用工具的相关知识及使用方法	通过本单元的学习，熟悉本工种有关的专用工、机具及设备厂提供的特殊工具的使用方法和保养方法	1. 本工种有关的专用工具的使用方法 2. 本工种有关的专用工具的保养方法	讲课	2
	LE26 各种五金零件、填料、垫料等安装材料的相关知识	通过本单元的学习，熟悉各种常用安装材料的使用方法	1. 常用五金、填料、垫料、涂料等安装材料的基本知识 2. 常用五金、填料、垫料、涂料等安装材料的使用方法	自学及实际操作	2

模块序号及名称	单元序号及名称	学习目标	学习内容	学习方式	参考学时
MU5 工器具及材料	LE27 各种润滑油、脂的相关知识	通过本单元的学习，熟悉各种润滑油、脂的基本知识及其选择、使用	1. 各种润滑油、脂的基本知识 2. 各种润滑油、脂的选择及使用	讲课及实际操作	2
	LE28 辅助系统管件、阀门、滤网的相关知识	通过本单元的学习，熟悉辅助系统管件、阀门、滤网的相关知识及其选择、使用	1. 辅助系统管件、阀门、滤网的基本知识 2. 辅助系统管件、阀门、滤网的选择、使用	讲课	4
MU6 辅助设备及附属机械	LE29 汽轮机辅助设备及附属机械介绍	通过本单元的学习，熟悉电厂汽轮机辅助设备及附属机械的概况及其作用	1. 辅助设备 2. 附属机械	讲课	4
	LE30 汽轮机辅助设备及附属机械所属系统介绍	通过本单元的学习，熟悉辅助设备及附属机械所属系统的特点及构成	1. 给水系统 2. 凝结水系统 3. 循环水系统 4. 工业水系统 5. 冷却水系统 6. 除盐水系统 7. 抽汽系统 8. 真空系统 9. 胶球清洗系统	自学及实际操作	4
	LE31 汽轮机主要辅助设备	通过本单元的学习，熟悉汽轮机主要辅助设备的基本原理、构成特点及各部件的名称和作用	1. 凝汽器 2. 除氧器 3. 加热器及冷却器 4. 滤网等	讲课及实际操作	6

模块序号及名称	单元序号及名称	学习目标	学习内容	学习方式	参考学时
MU6 辅助设备及附属机械	LE32 汽轮机主要附属机械	通过本单元的学习，熟悉主要附属机械的基本原理、构成特点及各部件的名称和作用	1. 给水泵 2. 凝结水泵 3. 循环水泵 4. 冷却水泵 5. 工业水泵 6. 冷却水泵 7. 胶球清洗泵	讲课及实际操作	8
MU7 辅助设备及附属机械安装工艺要求及技能方法	LE33 汽轮机一般辅助设备及附属机械的检修安装	通过本单元的学习，熟悉一般辅助设备及附属机械的检修安装方法和质量要求	1. 一般设备的检修安装方法及注意事项，检修记录的内容及填写要求 2. 一般设备检修安装的质量要求	讲课	6
	LE34 一般设备的找平、找正方法	通过本单元的学习，掌握一般设备的找平、找正方法和对轮找正的条件及调整方法	1. 找平、找正的基本知识 2. 一般设备的找平、找正要求及方法 3. 对轮找正的条件及调整方法	讲课	4
	LE35 冷油器的检修	通过本单元的学习，掌握冷油器的检修安装工艺	1. 冷油器的检修安装步骤 2. 冷油器的拆装工艺 3. 冷油器水压试验 4. 冷油器常见缺陷的分析及处理方法	自学及实际操作	2
	LE36 设备基础准备、垫铁配置、地脚螺栓安装	通过本单元的学习，掌握设备基础准备、垫铁配置、地脚螺栓的安装方法及质量要求	1. 基础清理及打麻面的方法及质量要求 2. 垫铁配置安装质量要求及注意事项 3. 地脚螺栓检修安装方法及质量要求 4. 特殊垫铁的安装方法及质量要求	讲课及实际操作	2

模块序号及名称	单元序号及名称	学习目标	学习内容	学习方式	参考学时
MU7 辅助设备及附属机械安装工艺要求及技能方法	LE37 轴承检修安装	通过本单元的学习，掌握轴承的检修安装方法和质量要求	1. 滚动轴承检修安装方法及注意事项 2. 滑动轴承轴瓦的研刮、紧力间隙的测量 3. 滑动轴承安装的质量要求及注意事项	讲课	2
	LE38 一般转动机械零部件的检查测量	通过本单元的学习，掌握转动机械零部件的检查测量方法和质量要求	1. 轴弯曲度的测量与校直 2. 轴径圆度、晃度的测量及轴径表面清理的方法和注意事项 3. 联轴器径向晃动、端面瓢偏的测量与调整 4. 立式水泵叶轮摆度的测量与调整 5. 叶轮密封环间隙的测量与调整 6. 轴窜的测量与调整	讲课	6
	LE39 主要辅助设备的检修安装	通过本单元的学习，掌握主要辅助设备的检修安装工艺及要求	1. 凝汽器的组合安装工艺要求及方法 2. 凝汽器铜管组合工艺要求及方法 3. 凝汽器接缸工艺要求及方法 4. 凝汽器支撑弹簧的安装工艺及要求 5. 除氧器组合安装工艺要求及方法 6. 除氧器喷嘴、淋水盘的检查；水箱清理工艺要求及方法 7. 加热器检修安装工艺及要求	自学及实际操作	10

模块序号及名称	单元序号及名称	学习目标	学习内容	学习方式	参考学时
MU7 辅助设备及附属机械安装工艺要求及技能方法	LE40 主要附属机械检修安装	通过本单元的学习，掌握主要附属机械的检修安装工艺及要求	1. 给水泵检修安装方法及质量要求 2. 凝结水泵检修安装方法及质量要求 3. 循环水泵检修安装方法及质量要求	讲课及实际操作 讲课	10
	LE41 辅助系统管道安装、清洗方法和工艺要求	通过本单元的学习，掌握辅助系统管道安装、清洗的方法及质量工艺要求	1. 辅助系统安装方法及要求 2. 辅助系统管道清洗的常用方法及要求 3. 小管道的布置、安装工艺要求及注意事项	讲课及实际操作 讲课	6
	LE42 油系统的安装、冲洗方法	通过本单元的学习，掌握油系统安装、循环冲洗的方法和质量要求	1. 油系统安装方法及要求 2. 油系统循环冲洗的方法和步骤 3. 油系统循环冲洗的质量要求	讲课	2
MU8 辅助设备及附属机械分部试运的知识	LE43 辅助设备及附属机械分部试运的基本知识	通过本单元的学习，了解辅助设备及附属机械分部试运的基本知识	1. 辅助设备及附属机械分部试运的条件 2. 辅助设备及附属机械分部试运的步骤 3. 水泵的试运方法及注意事项	讲课及实际操作	4
	LE44 分部试运中辅助设备常见故障分析及处理	通过本单元的学习，熟悉分部试运中辅助设备常见故障处理方法	1. 分部试运中辅助设备常见故障 2. 分部试运中辅助设备常见故障分析及处理方法	讲课及实际操作	10

模块序号及名称	单元序号及名称	学习目标	学习内容	学习方式	参考学时
MU8 辅助设备及附属机械分部试运的知识	LE45 附属机械振动原因分析及消除	通过本单元的学习，熟悉转动机械振动原因及消除方法，掌握轴承油温升高的一般原因及处理方法	1. 振动的概念和转动机械的振动标准 2. 转动机械振动的一般原因 3. 油膜振荡的现象、原因及消除方法 4. 转动机械轴承油温升高的一般原因及处理方法	讲课	2
	LE46 附属机械常见缺陷分析及消除	通过本单元的学习，熟悉附属机械常见缺陷的原因及消除方法	1. 分部试运中附属机械常见故障 2. 分部试运中附属机械常见故障分析及处理方法	讲课	10
	LE47 真空系统灌水实验	通过本单元的学习，熟悉真空系统灌水实验的方法及常见缺陷的原因及消除方法	1. 凝汽器铜管检漏方法及注意事项 2. 真空系统灌水方法及注意事项 3. 真空系统灌水常见缺陷的原因及消除方法		2
	LE48 管道系统冲洗及炉前水碱洗	通过本单元的学习，熟悉管道系统冲洗及炉前水碱洗的方法及常见缺陷的原因及消除方法	1. 管道系统冲洗方法及注意事项 2. 炉前水碱洗方法及注意事项 3. 管道系统冲洗及炉前水碱洗常见缺陷的原因及消除方法 4. 设备运行时应注意的事项及应变方法		2

模块序号及名称	单元序号及名称	学习目标	学习内容	学习方式	参考学时
MU9 辅助设备及附属机械调试技术及相关故障的排除方法	**LE49** 辅助设备及附属机械调试的基本知识及试验方法	通过本单元的学习，辅助设备及附属机械调试的基本知识及试验方法	1. 调试的基本知识 2. 调试的方法	自学及实际操作	4
MU10 辅助设备及附属机械先进技术介绍及应用	**LE50** 组合式及工厂化管道安装施工工艺	通过本单元的学习，了解并能结合施工实际推广应用组合式管道施工方法	1. 组合式及工厂化管道安装的施工工艺简介 2. 组合式及工厂化管道安装的施工工艺特点及安装方法	自学及实际操作	1
	LE51 各种先进的油循环冲洗工艺	通过本单元的学习，了解并能结合施工实际推广应用先进的油循环冲洗工艺	1. 各种先进的油循环冲洗工艺简介 2. 油循环冲洗工艺的应用	自学及实际操作	1
	LE52 各种先进的辅助设备	通过本单元的学习，了解先进的辅助设备	各种先进的辅助设备介绍	自学	1
	LE53 各种先进的附属机械	通过本单元的学习，了解先进的附属机械	各种先进的附属机械介绍	自学	1

16

表2　职业技能模块与学习单元对照选择表（汽轮机辅机安装）

模块		MU1	MU2	MU3~MU5	MU5~MU8	MU9~MU11	MU12	MU13~MU15	MU16~MU17	MU18	MU19
内容		电建安装人员职业道德	火力发电厂生产、机构制图	钳工、电工、焊接及热处理、起重、金属材料、机械加工、计算机基本知识	安全、技术、质量管理基本知识及相关规程、制度、方法等	辅机检修安装常用工器具及材料知识及相应技能	辅助设备及附属机械知识	辅助设备及附属机械检修安装	辅机设备分步试运的知识	辅机设备调试的技术及排除相关故障的方法的知识	辅助设备及其附属机械及其他先进技术介绍及应用
参考学时		1	4	18	29	18	22	50	26	4	4
适用等级		初级中级高级技师高级技师	初级中级高级技师高级技师	初级中级高级技师	初级中级高级技师	初级中级高级技师	初级中级高级技师	初级中级高级技师	初级中级高级技师高级技师	中级高级技师高级技师	高级技师高级技师
学习单元LE序号选择	初	1	2,3	4,5,6,7,8,9	13,14,15,16,17,18,19,20	21,22,23,24,25,26,27,28	29,30,31,32	33,34,35,36,37,38,39,40,41	43		
	中	1	2,3	4,5,6,7,8,9,10	12,13,14,15,16,17,18,29,20	21,22,23,24,25,26,27,28	29,30,31,32	33,34,35,36,37,38,39,40,41,42	43,44,45,46,47	49	
	高	1	2,3	4,5,6,7,8,9,10,11	12,13,14,15,16,17,18,19,20	21,22,23,24,25,26,27,28	29,30,31,32	33,34,35,36,37,38,39,40,41,42	43,44,45,46,47,48	49	
	技师	1	2,3	4,5,6,7,8,9,10,11	12,13,14,15,16,17,18,19,20	21,22,23,24,25,26,27,28	29,30,31,32	33,34,35,36,37,38,39,40,41,42	43,44,45,46,47,48	49	50,51,52,53
	高级技师	1	2,3	4,5,6,7,8,9,10,11	12,13,14,15,16,17,18,19,20	21,22,23,24,25,26,27,28	29,30,31,32	33,34,35,36,37,38,39,40,41,42	43,44,45,46,47,48	49	50,51,52,53

表 3　　　　　　　学习单元名称表（汽轮机辅机安装）

单元序号	单　元　名　称
LE1	汽轮机辅机安装工职业道德
LE2	火力发电厂生产基本知识
LE3	机械制图基本知识
LE4	钳工基本知识及技能
LE5	电工基本知识
LE6	热工基本知识
LE7	焊接及热处理基本知识及简单技能
LE8	起重基本知识及简单技能
LE9	金属材料基本知识
LE10	机械加工制作基本知识
LE11	计算机基本知识
LE12	电力建设安全工作规程（热机安装篇）消防规程的有关知识
LE13	电力工业技术管理法规、电力生产事故调查规程的有关知识
LE14	安全用电、消防知识、现场常用急救方法
LE15	各类消防器材的使用
LE16	安全文明施工知识
LE17	全面质量管理知识及现场质量管理制度
LE18	GB/T 19000—ISO9000 系列标准知识
LE19	电力建设施工规范及验标的有关知识
LE20	班组管理及施工技术管理知识
LE21	常用工具的相关知识及使用方法
LE22	常用量具的相关知识及使用方法
LE23	各种手动、电动、风动工具的相关知识及使用方法
LE24	主要精密仪器、量具的相关知识及使用方法
LE25	各种专用工具的相关知识及使用方法
LE26	各种五金零件、填料、垫料等安装材料的相关知识
LE27	各种润滑油、脂的相关知识

单元序号	单 元 名 称
LE28	辅助系统管件、阀门、滤网的相关知识
LE29	汽轮机辅助设备及附属机械介绍
LE30	汽轮机辅助设备及附属机械所属系统介绍
LE31	汽轮机主要辅助设备
LE32	汽轮机主要附属机械
LE33	汽轮机一般辅助设备及附属机械的检修安装
LE34	一般设备的找平、找正方法
LE35	冷油器的检修
LE36	设备基础准备、垫铁配置、地脚螺栓安装
LE37	轴承检修安装
LE38	一般转动机械零部件的检查测量
LE39	主要辅助设备的检修安装
LE40	主要附属机械检修安装
LE41	辅助系统管道安装、清洗方法及工艺要求
LE42	油系统的循环安装、冲洗方法
LE43	辅助设备及附属机械分部试运的基本知识
LE44	分部试运中辅助设备常见故障分析及处理
LE45	附属机械振动原因分析及消除
LE46	附属机械常见缺陷分析及消除
LE47	真空系统灌水实验
LE48	管道系统冲洗及炉前水碱洗
LE49	辅助设备及附属机械调试的基本知识及试验方法
LE50	组合式及工厂化管道安装施工工艺
LE51	各种先进的油循环冲洗工艺
LE52	各种先进的辅助设备
LE53	各种先进的附属机械

3　职业技能鉴定

3.1　鉴定要求

鉴定内容和考核双向细目表按照本职业（工种）《中华人民共和国职业技能鉴定规范·电力行业》执行。

3.2　考评人员

考评人员是在规定的工种（职业）、等级和类别范围内，依据国家职业技能鉴定规范和国家职业技能鉴定试题库电力行业分库试题，对职业技能鉴定对象进行考核、评审工作的人员。

考评人员分考评员和高级考评员。考评员可承担初、中、高级技能等级鉴定；高级考评员可承担初、中、高级技能等级和技师、高级技师资格考评。其任职条件是：

3.2.1　考评员必须具有高级工、技师或者中级专业技术职务以上的资格，具有15年以上本工种专业工龄；高级考评员必须具有高级技师或者高级专业技术职务资格，取得考评员资格并具有1年以上实际考评工作经历。

3.2.2　掌握必要的职业技能鉴定理论、技术和方法，熟悉职业技能鉴定的有关法规和政策，有从事职业技术培训、考核的经历。

3.2.3　具有良好的职业道德，秉公办事，自觉遵守职业技能鉴定考评人员守则和有关规章制度。

PSI

鉴定试题库

4

4.1 理论知识（含技能笔试）试题

4.1.1 选择题

La5A1001 机械制图中长度尺寸未标识时单位是（**A**）。
（A）mm；（B）cm；（C）m；（D）km。

La5A1002 力是具有大小和方向的量，所以是（**A**）。
（A）矢量；（B）向量；（C）标量；（D）代数量。

La5A1003 两个大小相等、方向相反不在一条直线上的（**B**）组成的力系，称为力偶。
（A）力；（B）平行力；（C）力矩；（D）作用力。

La5A1004 摄氏温标与绝对温标的关系为（**B**）。
（A）$T=t-273.15$；（B）$T=t+273.15$；（C）$T=t$；（D）$t=273.15\times T$。

La5A1005 螺纹旋向有（**C**）。
（A）左旋；（B）右旋；（C）左旋和右旋；（D）无左右之分。

La5A1006 一个标准大气压相当于（**C**）mmHg。
（A）1000；（B）13.6；（C）760；（D）1。

La5A1007 在水泵轴上装设有（**B**）个及以上的叶轮是多级水泵的结构特点之一。

（A）1；（B）2；（C）3；（D）4。

La5A2008 作用力和反作用力总是同时存在，两力的（**D**），分别作用在两个相互作用的物体上。

（A）大小相等；（B）方向相反，大小相等；（C）大小、方向都相同；（D）大小相等、方向相反、沿着同一直线。

La5A2009 三视图投影规律为（**C**）。

（A）高对正、宽平齐、长相等；（B）宽对正、高平齐、长相等；（C）长对正、高平齐、宽相等；（D）长对正、宽平齐、高相等。

La5A2010 M16×1.5 的螺纹是（**B**）。

（A）矩形螺纹；（B）细牙螺纹；（C）梯形螺纹；（D）粗牙螺纹。

La5A2011 定压加热使饱和水汽化的过程也是（**A**）过程。

（A）定温；（B）定容；（C）绝热；（D）做功。

La5A2012 物体内部热量从高温部分向低温部分的传递，是属于（**C**）。

（A）对流；（B）辐射；（C）导热；（D）传热。

La5A2013 在钻削过程中注入切削液，能起到（**C**）作用，从而提高了工件孔的表面质量和刀具的耐用度。

（A）冷却；（B）润滑；（C）冷却和润滑；（D）提高工件表面质量。

La5A2014 工作压力在（**D**）MPa 以上的水泵均属于高压泵。

（A）1.0；（B）2.0；（C）4.0；（D）6.0。

La5A2015 汽轮机按照蒸汽的流程和热力特性可分为凝汽式、（**C**）、调节抽汽式、中间再热式等种类。

（A）冲动式；（B）反动式；（C）背压式；（D）冲动—反动式。

La5A3016 把精度为 0.02/1000mm 的水平仪放到 1000mm 直尺上，如果在直尺一端垫高 0.02mm，这时气泡便偏移（**B**）。

（A）0 格；（B）一格；（C）二格；（D）三格。

La5A3017 在汽轮机的做功过程中，实现了热能向（**C**）的转换。

（A）热能；（B）化学能；（C）机械能；（D）原子能。

La5A3018 发电机的任务就是把汽轮机转子的（**C**）转变为发电机输出的电能。

（A）热能；（B）化学能；（C）机械能；（D）原子能。

La5A3019 在容量、参数相同的情况下，回热循环汽轮机与纯凝汽式汽轮机相比较：（**B**）。

（A）汽耗率增加，热耗率增加；（B）汽耗率增加，热耗率减少；（C）汽耗率减少，热耗率增加；（D）汽耗率减少，热耗率减少。

La5A4020 当蒸汽初温和终压不变时，提高蒸汽的（**A**），可以提高朗肯循环热效率。

（A）初压；（B）比体积；（C）温度；（D）内能。

La5A4021 金属材料剖面符号的剖面线用细实线绘制并与水平线成（**B**），且同一个零件的剖面线方向、间隔应保持一致。

（A）30°；（B）45°；（C）60°；（D）75°。

La5A4022 金属导体的电阻与（**D**）无关。

（A）导线的长度；（B）导线的横截面积；（C）导线材料的电阻率；（D）外加电压。

La5A5023 钻夹头大多用来装夹（**A**）mm 以内的直柄钻头。

（A）13；（B）12；（C）10；（D）15。

La5A5024 凝汽器内水蒸气的凝结过程可以看作是（**C**）。

（A）等容过程；（B）等焓过程；（C）等压过程；（D）绝热过程。

La4A1025 孔、轴配合必须满足（**B**）相同。

（A）极限尺寸；（B）基本尺寸；（C）基本偏差代号；（D）公差等级。

La4A1026 在螺纹标注中，当螺纹结合为（**B**）旋合长度时，其代号可省略不注。

（A）短；（B）中等；（C）长；（D）较长。

La4A1027 通过测量所得的尺寸为（**B**）。

（A）基本尺寸；（B）实际尺寸；（C）极限尺寸；（D）标准尺寸。

La4A1028 至少知道（**B**）状态参数才能确定工质的状态。

（A）一个；（B）两个；（C）三个；（D）四个。

La4A1029 火力发电厂的气体中（**B**）应当被看作实际气体。
（A）空气；（B）水蒸气；（C）燃气；（D）烟气。

La4A1030 一般情况下，导热系数较大的材料是（**D**）。
（A）气体；（B）液体；（C）建筑材料；（D）金属材料。

La4A1031 下列电阻温度计中，（**C**）的温度系数大。
（A）铂电阻温度计；（B）铜电阻温度计；（C）热敏电阻温度计；（D）铁电阻温度计。

La4A1032 在（**D**）加热器中，加热和被加热两种介质是直接接触而混合在一起的。
（A）管板式；（B）表面式；（C）集箱式；（D）混合式。

La4A2033 关于能量的说法，下列正确的是：（**B**）。
（A）能量形式可变化，但不能创生，可以消灭；（B）热量是能量传递过程中的一种表现形式；（C）机械能的品质和热能一样；（D）机械能和热能不能转化。

La4A2034 提高热效率的合理方法是（**B**）。
（A）提高新蒸汽温度，降低初压，降低排汽压力；（B）提高新蒸汽温度、压力，降低排汽压力；（C）提高新蒸汽温度、压力，提高排汽压力；（D）降低新蒸汽温度、压力，提高排汽压力。

La4A2035 千分尺固定套管上刻有主尺刻线，每格（**D**）。
（A）0.1mm；（B）0.2mm；（C）0.3mm；（D）0.5mm。

La4A2036 T12A 表示平均含碳量为（**A**）的高级优质碳素工具钢。
（A）1.2%；（B）12%；（C）0.12%；（D）1/12。

La4A2037 键连接采用的是（**B**）。

（A）基孔制；（B）基轴制；（C）无基准件；（D）基轴、基孔二者均可。

La4A2038 在钢坯上划线时，应该以（**B**）为划线基准。

（A）设计基准；（B）已加工表面；（C）一条中心线；（D）外圆。

La4A2039 我国 208 号滚动轴承的内径是（**C**）。

（A）8；（B）80；（C）40；（D）208。

La4A2040 差压式流量计一般由（**A**）三部分组成。

（A）节流装置、连接管道、测量仪；（B）节流装置、阀门及流量计；（C）连接管路、阀门、测量仪表；（D）节流装置、测量仪。

La4A2041 工业上使用的纯铜分别用 **T1、T2、T3、T4** 四种牌号表示，其中（**A**）的纯度最大。

（A）T1；（B）T2；（C）T3；（D）T4。

La4A2042 （**A**）是指材料抵抗塑性变形或断裂的能力。

（A）强度；（B）塑性；（C）硬度；（D）韧性。

La4A2043 Q235-AF 中 Q 代表（**B**）。

（A）屈服强度；（B）屈服点；（C）弹性；（D）硬度。

La4A2044 Q235-AF 中 F 代表（**B**）。

（A）镇静钢；（B）沸腾钢；（C）特殊镇静钢；（D）电沾钢。

La4A2045 下列哪项不是反动式汽轮机的特点：（**B**）。

（A）反动式汽轮机轴向间隙较大；（B）反动式汽轮机轴向推力较小；（C）反动式汽轮机没有叶轮；（D）反动式汽轮机没有隔板。

La4A2046 工质经历了一系列的过程又回到初始状态,熵的变化量（**C**）。

（A）大于零；（B）小于零；（C）不变；（D）不确定。

La4A2047 H70 表示含铜（**A**）、含锌 **30%**的普通黄铜。

（A）70%；（B）7%；（C）30%；（D）3%。

La4A2048 大功率机组的凝汽器大多选用的是（**C**）式换热器。

（A）蛇形管；（B）盘香管；（C）管板；（D）混合。

La4A2049 不论凝汽器与汽轮机之间采用何种方式连接并安放在基础上，最终都必须保证凝汽器与汽轮机的（**D**）膨胀。

（A）上下；（B）左右；（C）前后；（D）自由。

La4A3050 对称三相电源为星形连接时,线电流是相电流的（**A**）。

（A）1 倍；（B）2 倍；（C）3 倍；（D）4 倍。

La4A3051 朗肯循环是由（**B**）组成的。

（A）两个等温过程，两个绝热过程；（B）两个等压过程，两个绝热过程；（C）两个等压过程，两个等温过程；（D）两个等容过程，两个等温过程。

La4A3052 工质状态参数有温度、压力、密度、内能、焓、熵等 **6** 个，其中（**A**）是基本状态参数。

（A）温度、压力和密度；（B）温度、内能和焓；（C）压力、熵和密度；（D）温度、密度和内能。

La4A3053 电能的单位是（**B**）。
（A）kg·m；（B）J；（C）马力；（D）kW。

La4A3054 三极管是在（**A**）基片上制作两个 PN 结而成的。
（A）一个；（B）两个；（C）三个；（D）四个。

La4A3055 对管板式加热器来说，其传热管的形式不外乎直管和（**D**）管两种。
（A）S形；（B）L形；（C）X形；（D）U形。

La4A3056 正常情况下，使用机械密封的水泵的轴封泄漏量是（**B**）的。
（A）没有；（B）很小；（C）较大；（D）不规则。

La4A3057 液力耦合器是以（**C**）来传递动力的变速传动装置，由于其不受压力等级的限制，因而又被称为无级变速联轴器。
（A）油速；（B）油温；（C）油压；（D）共振。

La4A3058 当凝汽器发生泄漏之后，必将会引起（**C**）的降低和凝结水质的变坏。
（A）基础；（B）水位；（C）真空；（D）管板。

La4A3059 凝汽器换热管换热效果变差的主要原因是由于凝汽器换热管（**B**）与含有杂物的循环水接触的结果。
（A）外壁；（B）内壁；（C）管口；（D）两端。

La4A3060 水泵叶轮的构造形式有 **3** 种，其中的（**B**）式叶轮是泄漏量最小、效率最高且应用最广泛的一种。

（A）开；（B）封闭；（C）离心；（D）轴流。

La4A4061 使用手拉葫芦起重时，若手拉链条拉不动则应（**B**）。

（A）增加人数使劲拉；（B）查明原因；（C）猛拉；（D）用力慢拉。

La4A4062 使用油压千斤顶降落重物时，为使活塞下降，应使回油门（**A**）。

（A）稍微打开；（B）突然打开；（C）关闭；（D）快开快关。

La4A4063 液力耦合器装置的输出转速是靠改变（**D**）位置从而调节泵轮、涡轮间工作腔内的工作油量来实现的。

（A）泵轮；（B）涡轮；（C）叶轮；（D）勺管。

La4A4064 双侧进水式离心泵是指在首级叶轮的（**C**）各有一个进水口的水泵。

（A）前端；（B）尾端；（C）两侧；（D）轮毂。

La4A4065 大型立式循环水泵中的（**A**）可以用来有效地转变流出叶轮流体的速度和方向，使流体损失最小地流向出口管。

（A）导叶体；（B）导轴承；（C）吸入管；（D）叶轮。

La4A4066 供热式汽轮机和纯凝汽式汽轮机相比,汽耗率（**C**）。

（A）不变；（B）减少；（C）增加；（D）不确定。

La4A4067 调节汽轮机的功率主要是通过改变汽轮机的（**C**）来实现的。

（A）转数；（B）运行方式；（C）进汽量；（D）抽汽量。

La4A5068 双金属温度计保护管浸入被测介质中的长度必须大于（**C**），以保证测量的准确性。

（A）50mm；（B）120mm；（C）感温元件的长度；（D）任意长度。

La4A5069 水平安装的测温元件，当插入深度大于（**B**）时，应有防止保护管弯曲的设施。

（A）0.8m；（B）1m；（C）1.2m；（D）1.5m。

La4A5070 当水泵内水流的水力脉冲频率与泵轴、管路系统的固有频率相同或相近时，就会引发设备产生严重的（**B**）现象。

（A）湍流；（B）汽蚀；（C）自振；（D）共振。

La4A5071 通常，凝汽器管板上的孔径要比换热管的外径大（**B**）mm。

（A）0～0.2；（B）0.2～0.4；（C）0.5～0.8；（D）1.0～1.2。

La4A5072 在凝汽器中，压力最低、真空最高的地方是（**D**）。

（A）凝汽器喉部；（B）凝汽器热井处；（C）靠近冷却水管入口的部位；（D）空气冷却区。

La3A1073 （**B**）适用于小型设备的吊装或短距离牵引。

（A）千斤顶；（B）链条葫芦；（C）滑轮和滑轮组；（D）绞车。

La3A1074 油压千斤顶在使用过程中只允许使用的方向是（**B**）。

（A）水平；（B）竖直；（C）倾斜；（D）任意方向。

La3A1075 使用链条葫芦作业时，根据起重量，合理地使用拉链人数很重要，一般重量 5～8t 可用（**B**）人拉。

（A）1；（B）2；（C）3；（D）4。

La3A1076 在（**D**）加热器中，加热和被加热两种介质之间的热量交换是通过金属表面进行的。

（A）蛇形管式；（B）集箱式；（C）盘香管式；（D）表面式。

La3A1077 除氧器作为一种（**C**）加热器，其主要作用就是加热给水，除去给水中溶解的氧氮等不利于运行的气体。

（A）表面式；（B）集箱式；（C）混合式；（D）管壳式。

La3A1078 大功率机组凝汽器常用的换热管主要有铜管、不锈钢管和（**C**）管等。

（A）钒铬合金；（B）锰合金；（C）钛合金；（D）铝合金。

La3A1079 使凝汽器建立和维持真空的设备有射汽式抽气器、射水式抽气器和（**B**）三大类型。

（A）射油器；（B）真空泵；（C）射汽器；（D）射水泵。

La3A1080 水泵转子的主要作用就在于它能把原动机的（　）能转变为流体的动能和（　）能。（**C**）

（A）势、压力；（B）动、机械；（C）机械、压力；（D）机械、化学。

La3A2081 压力测量在一般情况下，通入仪表的压力为绝对压力，而压力表显示的压力为（**B**）。

（A）绝对压力；（B）表压力；（C）大气压力与表压力之和；（D）大气压力与绝对压力之和。

La3A2082　下列关于放热系数说法错误的是：（**B**）。

（A）蒸汽的凝结放热系数比对流放热系数大得多；（B）饱和蒸汽的压力越高，放热系数越小；（C）湿蒸汽的放热系数比饱和蒸汽的放热系数大得多；（D）蒸汽的凝结放热系数比湿蒸汽的对流放热系数还要大。

La3A2083　气体常数 R 取决于（**A**）。

（A）气体的性质；（B）气体所处的状态；（C）气体所进行的过程；（D）气体所处的状态和气体的种类。

La3A2084　大型设备运输道路的坡度不得大于（**C**）。

（A）5°；（B）10°；（C）15°；（D）30°。

La3A2085　采用给水回热加热一般可降低燃料消耗（**B**）。

（A）5%～10%；（B）10%～15%；（C）20%～30%；（D）30%～35%。

La3A2086　旋膜除氧器中的（**A**）是给水与加热蒸汽之间传热传质过程的关键部件。

（A）除氧塔；（B）水箱；（C）蒸汽管；（D）疏水管。

La3A2087　给水泵汽轮机有背压式和凝汽式两种，考虑到对工况的适应性以及装置的热效率等因素后，大功率机组多选用（**D**）给水泵汽轮机方式。

（A）再热式；（B）中间抽汽式；（C）背压式；（D）凝汽式。

La3A2088 凝汽器的作用之一就是在排汽口建立并保持（ ）的真空，使蒸汽在汽轮机内膨胀到尽可能（ ）的压力，将更多的热能转变为机械能。（**B**）

（A）低度、低；（B）高度、低；（C）高度、高；（D）低度、高。

La3A2089 大型给水泵转子的轴向推力是由（**A**）和自由端的双向推力轴承来共同承担的。

（A）平衡鼓；（B）滑动轴承；（C）平衡盘；（D）平衡孔。

La3A2090 在机械密封正常的工作过程中，动、静环之间是相对（**C**）的。

（A）静止；（B）同步；（C）旋转；（D）不规则运动。

La3A2091 按规定，对于一定的基本尺寸，其标准公差共有（**C**）个公差等级。

（A）16；（B）18；（C）20；（D）24。

La3A2092 有效的总扬程与理论扬程之比称为离心泵的（**C**）。

（A）机械效率；（B）容积效率；（C）水力效率；（D）电效率。

La3A2093 表面式换热器中，冷流体和热流体按相反方向平行流动时称为（**B**）。

（A）混合式；（B）逆流式；（C）顺流式；（D）表面式。

La3A2094 （**B**）不是单元机组的特点。

（A）系统简单，投资节省；（B）炉、机、电纵向联系紧密，启停相互影响，相互制约；（C）能够实现最经济的滑参数启停；

（D）对负荷适应性强。

La3A3095 新吊钩在投入使用前应进行全面检查，应有**（D）**，否则不可盲目使用。

（A）装箱清单；（B）材料化验单；（C）备件清单；（D）制造厂的技术证明书。

La3A3096 红丹粉使用时可用**（A）**调和，它常用于钢和铸铁工件的刮削。

（A）机油；（B）乳化油；（C）煤油；（D）二硫化钼。

La3A3097 从液力耦合器的结构设计上可以看出，耦合器是靠**（A）**主轴与电动机主轴相连而引入动力开始工作的。

（A）泵轮；（B）涡轮；（C）叶轮；（D）勺管。

La3A3098 当凝汽器换热管发生泄漏或脏污时，就会产生凝汽器**（C）**降低的现象。

（A）基础；（B）水位；（C）真空；（D）管板。

La3A3099 阀门类型代号中的"**H**"表示的是**（D）**。

（A）闸阀；（B）截止阀；（C）安全阀；（D）止回阀。

La3A3100 在停止给水泵作联动备用时，应**（C）**。

（A）先停泵，后关出口阀；（B）先关出口阀，后停泵；（C）先关出口阀，后停泵，再开出口阀；（D）先停泵，后关出口阀，再开出口阀。

La3A4101 三角皮带的公称长度是指三角皮带的**（C）**。

（A）外圆长度；（B）横截面重心连线；（C）内周长度；（D）展开长。

La3A4102 常见的机械密封的主要特点是其密封面与旋转轴线的端面（**C**）。

（A）平行；（B）成 60°角；（C）垂直；（D）成 120°角。

La3A5103 取压口若选在阀门后，则与阀门的距离应（**C**）。

（A）大于管道直径；（B）大于管道直径的二倍；（C）大于管道直径的三倍；（D）为任意尺寸。

La2A1104 渗碳通常用于（**C**）。

（A）低碳钢；（B）中碳钢；（C）合金钢；（D）铸钢。

La2A1105 各种物质在不同物态时的导热系数的大小关系是（**A**）。

（A）固体>液体>气体；（B）液体>固体>气体；（C）气体>液体>固体；（D）固体>气体>液体。

La2A1106 覆盖过滤器的运行分（**A**）三个步骤。

（A）铺膜、过滤、去膜；（B）过滤、铺膜、去膜；（C）去膜、过滤、铺膜；（D）过滤、去膜、铺膜。

La2A2107 基孔制中以（**A**）为基准孔的代号。

（A）H；（B）g；（C）h；（D）sh。

La2A2108 基轴制中以（**C**）为基准轴的代号。

（A）H；（B）g；（C）h；（D）sh。

La2A2109 检查孔板入口角是否尖锐的方法，一般是将孔板（**B**），用日光灯或人工光源射入直角入口边缘，用 **4～12 倍**放大镜观察，无光线反射，则认为是尖锐。

（A）垂直 90°；（B）倾斜 45°；（C）水平 180°；（D）任意角度。

La2A2110 相邻两取源部件之间的距离应（A）而且不得小于 **200mm**。

（A）大于管道外径；（B）小于管道外径；（C）等于管道外径；（D）为任意距离。

La2A2111 给水回热系统中的低压加热器连接在（A）和给水泵之间，所承受的压力一般不超过 **4MPa**。

（A）凝结水泵；（B）射水泵；（C）疏水泵；（D）排水泵。

La2A2112 在火力发电厂的给水回热系统中，其间的（B）把给水回热加热器分成了高压和低压两组。

（A）凝结水泵；（B）给水泵；（C）疏水泵；（D）排水泵。

La2A2113 机械密封属于借助密封力的作用，使密封端面紧密接触以消除或减少间隙的一种（B）密封。

（A）非接触型；（B）接触型；（C）静；（D）填料。

La2A2114 下列关于低压加热器的描述错误的是：（A）。

（A）蒸汽与给水的流向不全是逆流布置；（B）加热器的加热面设计成两个区段——蒸汽凝结段和疏水冷却段；（C）疏水进口端是通过疏水密闭的，适当调节疏水阀而保持适宜疏水水位，以达到密封的目的；（D）加热器里装有不锈钢防冲板，使壳体内的水和蒸汽不直接冲击管子。

La2A2115 下列哪项关于凝汽器内空气分压的描述是错误的：（B）。

（A）凝汽器内空气分压不是一定的；（B）凝汽器内空气分压从管束外部到空气冷却区是逐渐减小的；（C）空气冷却区内的空气分压与蒸汽分压在同一个数量级上；（D）凝汽器真空测点处的空气分压相对蒸汽分压极小，几乎可以忽略不计。

La2A3116 圆锥孔双列向心短圆柱滚动轴承内圆锥孔的锥度为（**C**）。

（A）1:5；（B）1:10；（C）1:12；（D）1:20。

La2A3117 轴承装配到轴上和轴承孔内后的游隙为（**B**）。

（A）原始游隙；（B）配合游隙；（C）工作游隙；（D）安装游隙。

La2A3118 给水泵试运时，出口管振动的主要原因是（**B**）。

（A）入水管汽化；（B）再循环管水流量不足额定流量的30%；（C）出水管开门太快；（D）出水管开门太慢。

La2A3119 表面式换热器的传热量由（**A**）决定的。

（A）传热系数、传热面积和平均温差的大小；（B）管外径、放热系数和管壁温度；（C）吸热系数、工质温度和管子内径；（D）传热系数、工质温度和管壁温度。

La2A3120 除氧器填料层内的 Ω 填料应为自由容积的（**C**）。

（A）80%；（B）90%；（C）95%；（D）100%。

La2A3121 给水中含有氧气将会增大换热面的（**C**），影响热交换的传热效果。

（A）传热效果；（B）换热效率；（C）热阻；（D）水阻。

La2A3122 电厂中常见的闸阀按照闸板的结构形式可分为（**C**）闸阀、平行式闸阀两大类。

（A）直角式；（B）升降式；（C）楔式；（D）明杆式。

La2A4123 热力系统管道吊架安装时，其拉杆应（**C**）。

（A）顺管道膨胀方向，偏移热位移的 1/2 处；（B）垂直管道；（C）逆管道膨胀方向，偏移热位移值的 1/2 处；（D）逆管道膨胀方向，偏移热位移值处。

La2A4124 当液力耦合器采用控制工作油（C）方式时，会出现因转动外壳上的喷油嘴太小而影响机组突甩负荷时要求给水泵迅速降速能力的缺陷。

（A）温度；（B）转速；（C）进油量；（D）出油量。

La2A5125 对管道的膨胀进行补偿是为了（C）。

（A）更好地疏放水；（B）减小塑性变形；（C）减小管道的热应力；（D）减小脆性变形。

La2A5126 用百分表对联轴器找中心时应该（B）。

（A）在圆周的直径对称方向上装两块百分表，在端面上装一块百分表；（B）在圆周上装一块百分表，在端面的直径对称方向上等距装两块百分表；（C）在圆周和端面上各装一块百分表；（D）在圆周和端面的直径对称方向上等距离地各装两块百分表。

La2A5127 安全阀按照阀瓣开启高度的不同，可分为微启式和全启式两种，而（D）比较多地应用于输送气体、蒸汽等易膨胀介质的工况。

（A）弹簧式；（B）脉冲式；（C）微启式；（D）全启式。

La1A1128 机械密封现已成为一种结构先进、技术成熟、使用广泛的（B）产品。

（A）接触型静密封；（B）接触型动密封；（C）间隙密封；（D）迷宫密封。

La1A1129 汽轮机运行时的凝汽器真空应始终维持在

（**C**）才是最有利的。

（A）高真空下运行；（B）低真空下运行；（C）经济真空下运行；（D）低真空报警值以上运行。

La1A2130 汽轮机转子热弯曲是由于（**C**）而产生的。

（A）转子受热过快；（B）汽流换热不均；（C）上、下缸温差；（D）内、外缸温差。

La1A2131 高温高压机组的超速试验应在（**B**）。

（A）汽轮机第一次空转达到额定转速（3000r/min）时作；（B）汽轮机带低负荷运行一段时间，使转子温度均匀，且超过脆性转变温度后作；（C）汽轮机带负荷后作；（D）试生产期间作。

La1A2132 变压器是利用（**B**）原理制成的一种置换电压的电气设备，它主要用来升高或降低电压。

（A）欧姆定律；（B）电磁感应；（C）库仑定理；（D）基尔霍夫定律。

La1A2133 泵的轴封、轴承及叶轮圆盘摩擦损失所消耗的功率称为（**C**）。

（A）容积损失；（B）水力损失；（C）机械损失；（D）效率损失。

La1A3134 当需要接受中央调度指令参加电网调频时，机组应采用（**D**）控制方式。

（A）机跟炉；（B）炉跟机；（C）机炉手动；（D）机炉协调。

La1A3135 大型机组凝汽器的过冷度一般为（**A**）。

（A）0.51℃；（B）2.3℃；（C）3.5℃；（D）4.0℃。

La1A3136 给水泵在水泵中压缩升压，可看作是（**B**）。

（A）等温过程；（B）绝热过程；（C）等压过程；（D）等容过程。

La1A3137 测量油介质的管子敷设时，离开热表面保温层的距离应不小于（**B**），并严禁平行布置在热表面上方。

（A）50mm；（B）150mm；（C）300mm；（D）500mm。

La1A3138 着色探伤可发现工件的（**B**）缺陷。

（A）内部裂纹；（B）表面裂纹；（C）内部气孔；（D）金相组织。

La1A3139 胶球清洗的硬胶球直径比铜管内径（**A**）。

（A）小；（B）大；（C）一样；（D）无限制。

La1A3140 与原有的填料密封形式相比，一般机械密封所消耗的轴摩擦功率可减少（**D**）。

（A）1/5～1/4；（B）1/4～1/3；（C）1/3～1/2；（D）2/3～4/5。

La1A3141 使用凝汽器胶球清洗装置，可以达到（　）凝汽器的端差和汽轮机的背压以及（　）汽轮机的级效率、降低发电煤耗的目的。（**C**）

（A）提高、提高；（B）提高、降低；（C）降低、提高；（D）降低、降低。

La1A3142 两台离心水泵串联运行，（**D**）。

（A）两台水泵的扬程应该相同；（B）两台水泵的扬程应该相同，总扬程为两泵扬程之和；（C）两台水泵的扬程可以不同，但总扬程为两泵扬程之和的 1/2；（D）两台水泵的扬程可以不同，但总扬程为两泵扬程之和。

La1A4143 水处理设备防腐中已用的聚碳酸酯、聚砜、聚四氟乙烯属于（**A**）。

（A）工程塑料；（B）聚氯乙烯塑料；（C）橡胶；（D）防腐涂料。

La1A4144 凝汽器真空提高时，容易过负荷级段为（**C**）。

（A）调节级；（B）中间级；（C）末级；（D）第一级。

La1A4145 冲动式汽轮机组负荷和主蒸汽参数不变时，当凝汽器真空降低，轴向推力（**A**）。

（A）增加；（B）减少；（C）不变；（D）不确定。

La1A5146 在不锈钢中，（**B**）是获得耐腐蚀性的最基本元素。

（A）碳；（B）铬；（C）钛；（D）镍。

La1A5147 判断流体运动状态的依据是（**A**）。

（A）雷诺数；（B）莫迪图；（C）尼连拉兹图；（D）流速。

La1A5148 为了使泵不发生汽蚀，泵的汽蚀余量 h_r 和装置的汽蚀余量 h_a 之间必须满足（**B**）。

（A）$h_r > h_a$；（B）$h_r < h_a$；（C）$h_r = h_a$；（D）$h_r = h_a + 0.3$。

La1A5149 汽轮机运行中发现凝结水电导率增大，应判断为（**C**）。

（A）凝结水压力低；（B）凝结水过冷却；（C）凝汽器铜管泄漏；（D）凝汽器汽侧漏空气。

La1A5150　高压给水泵的汽蚀所引起的振动频率大致在（**D**）Hz 范围之内。

（A）60～250；（B）250～600；（C）600～2500；（D）600～25000。

Lb5A1151　电解水制氢，为增加电导率，应加入适当的电解质，以（**B**）最为合适。

（A）酸液；（B）碱液；（C）盐；（D）水。

Lb5A1152　高温电解水制氢以（**A**）作为电解质较好。

（A）氢氧化钠；（B）氢氧化钾；（C）酸液；（D）盐。

Lb5A1153　制作扁铲、刮刀应用下列哪种材质：（**D**）。

（A）锋钢；（B）20G 钢；（C）45 号钢；（D）工具钢。

Lb5A1154　聚四氟乙烯垫最适用于做（**D**）。

（A）高温蒸汽管道垫料；（B）灰、烟气管道垫料；（C）水、空气管道垫料；（D）浓酸、碱、溶剂、油类。

Lb5A1155　工作温度在 450～600℃之间的阀门为（**B**）。

（A）普通阀门；（B）高温阀门；（C）耐热阀门；（D）低温阀门。

Lb5A1156　承担管道的垂直荷重，不允许管道产生任何方向位移的支架是（**A**）。

（A）固定支架；（B）活动支架；（C）导向支架；（D）恒力支架。

Lb5A1157　火力发电厂三大主机是指（**A**）。

（A）锅炉、汽轮机、发电机；（B）磨煤机、给水泵、汽轮机；（C）汽轮机、锅炉、主变压器；（D）锅炉、除氧器、发电机。

Lb5A1158 低压加热器是利用汽轮机的（**A**）来加热凝结水，提高整个机组效率。

（A）低压抽汽；（B）高压抽汽；（C）排汽；（D）再热蒸汽。

Lb5A1159 除氧器的任务是及时除去锅炉给水中的（**A**）和其他气体。

（A）氧气；（B）氮气；（C）空气；（D）氢气。

Lb5A1160 混合式加热器与表面式加热器比较：（**A**）。

（A）传热效果好；（B）传热效果差；（C）传热效果一样；（D）加热器后不必设置水泵，可以减少厂用电。

Lb5A1161 国产给水泵 DG500-240 型号中的"**500**"表示给水泵的（**A**）。

（A）体积流量；（B）水泵压力；（C）总扬程；（D）转速。

Lb5A1162 火力发电厂的汽水系统主要包括（**C**）、汽轮机、各类加热器、给水泵和凝结水泵等。

（A）制水系统；（B）空气预热器；（C）锅炉；（D）省煤器。

Lb5A1163 蒸汽在汽轮机内做完功后，排入（**B**）内并被循环冷却水冷却、凝结成水，再进入下一个循环过程。

（A）除氧器；（B）凝汽器；（C）冷油器；（D）加热器。

Lb5A2164 在高参数及超高参数的大容量电厂中通常采用的除氧器为（**C**）。

（A）真空式；（B）大气式；（C）高压式；（D）哪一种都行。

Lb5A2165 汽轮机（**B**）的作用是承受汽轮机转子的轴向推力，并保持转子正确的轴向位置。

（A）支持轴承；（B）推力轴承；（C）主轴承；（D）推力—支持联合轴承。

Lb5A2166 直接放在基础上的平底箱罐，在就位前应进行严密性试验，消除渗漏，在（**B**）涂刷防腐漆后方可安装。

（A）箱外部；（B）箱底外部；（C）箱顶部；（D）箱侧面。

Lb5A2167 （**A**）无色无味，易燃易爆，是最轻的物质。

（A）氢气；（B）氧气；（C）氮气；（D）二氧化碳。

Lb5A2168 凝结水泵排出的是凝汽器中的（**D**）。

（A）气体；（B）蒸汽；（C）水；（D）凝结水。

Lb5A2169 高压除氧器给水箱取样管采用的材料是（**C**）。

（A）紫铜管；（B）无缝管；（C）不锈钢管；（D）合金钢管。

Lb5A2170 轴流泵主要适用于（**A**）条件下使用。

（A）大流量、低扬程；（B）小流量、高扬程；（C）大流量、高扬程；（D）小流量、低扬程。

Lb5A2171 离心泵的机械密封与填料密封相比，泄漏量小，消耗功率相当于填料密封的（**C**）。

（A）50%左右；（B）120%～150%；（C）10%～15%；（D）几乎相等。

Lb5A2172 泵装置诱导轮的目的是（**A**）。

（A）防止汽蚀；（B）增加泵的总扬程；（C）提高泵的流量；（D）提高泵的功率。

Lb5A2173 黄铜中添加镍、锰和其他元素，就会提高它的（**A**）。

（A）强度；（B）机械性能；（C）可塑性；（D）耐磨性。

Lb5A2174 在管道安装中，遇到分支管，就需要安装（**B**）。

（A）弯头；（B）三通；（C）支架；（D）吊架。

Lb5A2175 由于各种离子交换树脂里都含有一定量的水分，因此无论在运输中或保管中应维持树脂温度在（**B**）以上，以防冻坏。

（A）0℃；（B）5℃；（C）10℃；（D）−5℃。

Lb5A2176 在火力发电厂的生产过程中，水是通过在（**A**）中的加热过程而升温变成过热蒸汽的。

（A）锅炉；（B）高压加热器；（C）除氧器；（D）凝汽器。

Lb5A2177 在火力发电厂中，除氧器基本上都是采用了（**D**）加热器的结构形式。

（A）蛇形管；（B）管板式；（C）集箱式；（D）混合式。

Lb5A2178 国产的 **DG** 型高压水泵是一种多级（**A**）式结构的离心泵。

（A）分段；（B）内外筒体；（C）上下壳体；（D）蜗壳。

Lb5A3179 在凝汽器铜管内表面进行硫酸亚铁成膜的作用是防止铜管（**B**）。

（A）冲刷；（B）腐蚀；（C）结垢；（D）磨损。

Lb5A3180 天然水中的杂质按颗粒大小分为悬浮物、胶体、溶解物质三种，其中胶体的颗粒直径为（**B**）。

（A）10^{-6}mm 以下；（B）$10^{-6}\sim10^{-4}$mm；（C）$10^{-4}\sim1$mm；（D）1mm 以上。

Lb5A3181 在水的预处理中，常用助凝剂和絮凝剂来提高混凝效果，其中助凝剂是（**C**）。

（A）聚丙烯酰胺；（B）骨胶；（C）活性二氧化硅；（D）海藻酸钠。

Lb5A3182 乏汽在凝汽器内放热的过程中，比体积（**C**）。

（A）不变；（B）增大；（C）减小；（D）先小后大。

Lb5A3183 一般设备进行水压试验，试验压力应该是工作压力的（**A**）倍。

（A）1.25；（B）1；（C）1.2；（D）1.5。

Lb5A3184 附属机械安装时，中心线及标高允许偏差应不大于（**A**）。

（A）10mm；（B）8mm；（C）6mm；（D）4mm。

Lb5A3185 除氧器水箱下水管安装时，管口应（**C**）。

（A）与箱底一样平；（B）高出箱底 50mm；（C）高出箱底 100mm；（D）高出箱底 80mm。

Lb5A3186 凝汽器铜管胀口处，管壁胀薄约为铜管壁厚度的（**A**）。

（A）4%～6%；（B）8%～12%；（C）10%～15%；（D）15%～20%。

Lb5A3187　流体能量方程的适用条件是（A）。

（A）流体为稳定流动；（B）流体可压缩流体；（C）流体为不稳定流动；（D）流体所选断面都不处在缓变流动中。

Lb5A3188　优质碳素结构钢中，20G 钢含碳量的平均值为（C）。

（A）0.10%～0.13%；（B）0.25%～0.32%；（C）0.17%～0.24%；（D）0.35%以上。

Lb5A3189　凝结水再循环管引入凝汽器（D）。

（A）热水井；（B）下部；（C）中间；（D）喉部。

Lb5A3190　表面式给水加热器按结构形式可分成（B）和管板式两大类。

（A）蛇形管式；（B）集箱式；（C）盘香管式；（D）焊接管式。

Lb5A4191　蒸汽管道最低点应设有（A）。

（A）疏水阀；（B）放空气阀；（C）安全阀；（D）止回阀。

Lb5A4192　不得在无补偿器的热胀现象的直管段上同时装两个或两个以上的（A）支架。

（A）固定；（B）活动支架；（C）弹簧支架；（D）导向支架。

Lb5A4193　热弯管时，一般应过弯（B）左右，以防弯头

在冷却时回伸。

（A）0°；（B）3°；（C）5°；（D）10°。

Lb5A4194 大功率机组的高、中压汽缸螺栓大多采用（**D**）的方式来进行松动和拆卸。

（A）气动扳手；（B）电动扳手；（C）大锤敲击；（D）电加热器。

Lb5A4195 汽缸主保温层材料的密度一般不宜超过（**C**）kg/m³。

（A）50；（B）200；（C）500；（D）1000。

Lb5A4196 在汽轮机的启动过程中，由于转子的质量比汽缸小、表面积比汽缸大，因此转子的受热膨胀速度要比汽缸（**A**）。

（A）快；（B）相等；（C）慢；（D）不确定。

Lb5A4197 为了防止过热损坏，一般滚动轴承的工作温度均限制在（**B**）℃以下使用。

（A）55；（B）85；（C）105；（D）125。

Lb5A4198 给水泵发生倒转时，应（**B**）。

（A）关闭入口门；（B）关闭出口门；（C）立即合闸启动；（D）无影响。

Lb5A4199 给水泵平衡管的作用是（**D**）。

（A）防止泵过热损坏；（B）防止泵超压；（C）防止泵过负荷；（D）减少轴向推力。

Lb5A5200 充沙热弯弯制管子弯头时，弯曲半径可取不小于管子外径的（**B**）倍。

（A）2；（B）3.5；（C）3；（D）4。

Lb5A5201 凝汽器铜管胀接深度，一般为管板厚度的（**B**）。

（A）60%以上；（B）75%~90%；（C）100%；（D）100% 或大于管子管板厚度。

Lb5A5202 离心泵轴的径向晃度值应（**A**）。

（A）不大于 0.05mm；（B）不大于 0.06mm；（C）不大于 0.10mm；（D）不大于 0.03mm。

Lb5A5203 由于超高压大功率机组的汽缸螺栓工作温度一般均大于 **500℃**，因此螺栓的材料大多选用的是高强（**C**）。

（A）耐酸不锈钢；（B）工具钢；（C）耐热合金钢；（D）碳素结构钢。

Lb5A5204 汽轮机凝汽器铜管内结垢可造成（**D**）。

（A）传热增强，管壁温度升高；（B）传热减弱，管壁温度降低；（C）传热增强，管壁温度降低；（D）传热减弱，管壁温度升高。

Lb5A5205 除氧器滑压运行时，当机组负荷突然降低，将引起除氧给水的含氧量（**B**）。

（A）增大；（B）减小；（C）不变；（D）波动。

Lb4A1206 给水管道（**A**）主要是除去管内的氧化铁等杂质，也有去除二氧化硅的作用。

（A）酸洗；（B）碱洗；（C）水冲洗；（D）钝化处理。

Lb4A1207 发电厂的管道上涂红颜色环标的是（**A**）管道。

（A）主蒸汽；（B）疏水系统；（C）真空系统；（D）给水系统。

Lb4A1208 乙炔管道使用前应用氮气吹扫,吹至系统内排出的气体经化验含氧量小于(**C**)为合格。

(A)1%;(B)2%;(C)3%;(D)4%。

Lb4A1209 主蒸汽系统的阀门门盖螺栓材质为(**B**)。

(A)低合金钢;(B)中合金钢;(C)高合金钢;(D)碳钢。

Lb4A1210 合金钢管热弯时,加热温度最低不应少于(**C**)。

(A)1050℃;(B)1000℃;(C)800℃;(D)700℃。

Lb4A1211 当用硫酸铝对天然水进行混凝时,最优水温为(**C**)。

(A)60℃左右;(B)50℃左右;(C)25～30℃;(D)10～20℃。

Lb4A1212 凝汽器(**A**)的作用是安装并固定冷却管,把凝汽器分为汽侧和水侧。

(A)端管板;(B)壳体;(C)水室;(D)伸缩节。

Lb4A2213 用氨熏法检验铜管残余应力时,应对试样氨熏(**D**)。

(A)1h;(B)2h;(C)3h;(D)4h。

Lb4A2214 电解槽安装前,应用**300mm**钢板尺检查极板,如果有超过(**B**)的不平度,应用木锤校平。

(A)0.5mm;(B)1mm;(C)2mm;(D)5mm。

Lb4A2215 立式水泵固定部分的安装,其底座安装的位置应符合设计要求,中心允许偏差(**D**)。

(A)5mm;(B)10mm;(C)8mm;(D)3mm。

Lb4A2216　凝结水泵、循环水泵和（**A**）是火力发电厂汽轮机辅机三大主力泵。

（A）给水泵；（B）喷射泵；（C）真空泵；（D）深井泵。

Lb4A2217　为了保证泵的安全运行，对修正后的吸入高度，按规定应留有（**C**）的余量，此值称为允许吸入真空度。

（A）0.1m；（B）0.2m；（C）0.3m；（D）0.5m。

Lb4A2218　因为离心泵工作时在其叶轮盖板两侧所承受的压力不对称，所以就产生了（**B**）推力。

（A）径向；（B）轴向；（C）水平；（D）垂直。

Lb4A2219　给水泵转子的轴向推力主要是靠（**D**）来承担的。

（A）平衡孔；（B）平衡盘；（C）滑动轴承；（D）平衡鼓。

Lb4A2220　机械密封中的动环是固定在（**B**）上并随之一同旋转的。

（A）叶轮；（B）泵轴；（C）导叶；（D）平衡盘。

Lb4A2221　机械密封中的静环是固定在（**C**）上而静止不动的。

（A）泵轴；（B）导叶；（C）泵壳；（D）密封环。

Lb4A2222　文丘里管装置用来测定管道中流体的（**B**）。

（A）压力；（B）体积流量；（C）阻力；（D）温度。

Lb4A3223　射水泵轴承装配时，在轴承的两端应留（**C**）mm的间隙。

（A）0.1～0.2；（B）0.2～0.3；（C）0.2～0.5；（D）0.4～0.5。

Lb4A3224 要使泵内最低点不发生汽化，必须使有效汽蚀余量（**D**）必需汽蚀余量。

（A）等于；（B）小于；（C）略小于；（D）大于。

Lb4A3225 液力耦合器启动时，工作油排油温度一般应在 60～90℃范围内，超过（**D**）报警。

（A）90℃；（B）95℃；（C）100℃；（D）105℃。

Lb4A3226 循环水泵运行时，轴承温度不允许高于（**B**）。

（A）65℃；（B）75℃；（C）80℃；（D）85℃。

Lb4A3227 转速 $n \leqslant 1000$r/min 的循环水泵运行时，水泵电动机、轴承振动不大于（**D**）。

（A）0.03mm；（B）0.04mm；（C）0.05mm；（D）0.1mm。

Lb4A3228 冷水管、低温排水管等类管路，若无任何伸缩变形，可用（**A**）。

（A）固定支持；（B）活动支持；（C）管子本身强度支持；（D）弹簧支持。

Lb4A3229 凝汽器外壳组合后进行（**B**）。

（A）水压试验；（B）焊缝渗油试验；（C）外观检查与清理；（D）灌水试验。

Lb4A3230 通常，弹簧（**B**）式机械密封适宜于强腐蚀性的介质中使用。

（A）内置；（B）外置；（C）平衡；（D）非平衡。

Lb4A3231 当水流在流出叶轮叶片的末端进入导叶或蜗壳时，必定要产生一定的水力冲击，且此冲击的程度随着水泵转速、叶轮尺寸的增大而（**C**）。

（A）降低；（B）不变；（C）增高；（D）不定。

Lb4A3232 通常，离心式水泵大多选用的是（**B**）式叶片。

（A）前弯；（B）后弯；（C）上弯；（D）下弯。

Lb4A3233 给水泵的推力轴承能够承担转子轴向推力的（**A**）。

（A）5%～10%；（B）20%～30%；（C）40%～50%；（D）60%～80%。

Lb4A3234 给水泵外筒体的自由端是由端盖（ ）封住的，而传动端则是由端盖（ ）封住的。（**C**）

（A）入口、进口；（B）入口、出口；（C）出口、入口；（D）出口、轴承。

Lb4A3235 给水泵的两端轴封均是选用（**C**）装置来加以密封的。

（A）填料函；（B）磁性密封；（C）机械密封；（D）浮动环。

Lb4A4236 两块斜垫铁错开的面积，不应超过该垫铁面积的（**C**）。

（A）20%；（B）15%；（C）25%；（D）30%。

Lb4A4237 凝汽器铜管涡流探伤或水压试验时，应抽查铜管总数的（**B**）。

（A）3%；（B）5%；（C）7%；（D）1%。

Lb4A4238 为了不使给水泵内的水高温汽化，一般均将除氧器布置在高于给水泵入口 **14m**（**A**）标高。

（A）以上；（B）以下；（C）位置；（D）附近。

Lb4A4239 配套大型给水泵的前置泵，大多选用的都是单级、（**D**）式、具有双吸水轮的结构形式。

（A）立式蜗壳；（B）卧式分段；（C）立式混流；（D）卧式中分泵壳。

Lb4A4240 大型立式循环水泵转子的轴承部件上，一般选用（**D**）来承担径向力并保证泵轴的正常运转。

（A）轴套；（B）平衡盘；（C）推力轴承；（D）橡胶导轴承。

Lb4A5241 辅助设备在二次浇灌混凝土前，垫铁应（**A**）。

（A）在侧面点焊固定；（B）在侧面全长焊接固定；（C）不用焊接固定；（D）在四周焊接固定。

Lb4A5242 水泵和一般附属机械试运行时，轴承油温不高于制造厂规定值，一般使用润滑油的为 **65～70℃**，用润滑脂的不超过（**D**）。

（A）60℃；（B）65℃；（C）70℃；（D）80℃

Lb4A5243 水泵和一般附属机械试运时，振动值的测定应是（**C**）。

（A）垂直；（B）横向、轴向；（C）垂直、横向、轴向；（D）横向。

Lb4A5244 如果水泵与驱动电动机连接时的中心不正，就可能造成水泵在运行中产生（**B**）性的振动。

（A）自激；（B）强制；（C）间歇；（D）不定。

Lb3A1245 阀门水压试验主要是对阀芯和阀座密封面的（**B**）试验。

（A）强度；（B）严密性；（C）硬度；（D）刚性。

Lb3A1246 对氧气管道进行严密性试验时，每小时漏气量不得超过（**C**）。

（A）2%；（B）1.5%；（C）1%；（D）0.5%。

Lb3A1247 对采用 U 形管的立式管板式加热器来说，将水室设置在加热器（**C**）的称为倒置立式加热器。

（A）上部；（B）中部；（C）下部；（D）背部。

Lb3A1248 在液力耦合器的工作过程中，工作油是在（　）内获得能量后又在（　）里释放能量而完成了能量的转换。（**C**）

（A）泵轮、叶轮；（B）涡轮、叶轮；（C）泵轮、涡轮；（D）涡轮、泵轮。

Lb3A2249 单独装设的水位调整器的安装标高，应符合图纸要求，偏差应不大于（**A**）。

（A）10mm；（B）12mm；（C）15mm；（D）20mm。

Lb3A2250 冷油器的冷却水源为循环水，备用水源为（**C**）。

（A）凝结水；（B）消防水；（C）工业水；（D）除盐水。

Lb3A2251 泵入口处的实际汽蚀余量称为（**A**）。

（A）装置汽蚀余量；（B）允许汽蚀余量；（C）最小汽蚀余量；（D）最大汽蚀余量。

Lb3A2252 （**A**）的化学处理分为化学软化法和化学除盐法两大类。

（A）生水；（B）循环水；（C）凝结水；（D）工业水。

Lb3A2253 水中的杂质按颗粒的大小分为三种,对溶解物质的处理方法采用的是（**A**）。

（A）离子交换处理；（B）混凝处理；（C）澄清处理；（D）过滤处理。

Lb3A2254 离子交换剂有化学性能和物理性能,反映化学性能的是（**D**）。

（A）溶解性；（B）耐磨性；（C）耐热性；（D）酸碱性。

Lb3A2255 水泵吸入端的轴封是用来防止泵外的空气漏（　），而水泵出水端的轴封则是用来防止泵内的高压水漏（　）。（**C**）

（A）出、出；（B）出、入；（C）入、出；（D）入、入。

Lb3A2256 水泵的（**B**）现象会使泵体、叶轮等部件的材料表面逐渐因受到冲击而疲劳损坏,进而引起金属表面剥蚀,出现蜂窝状的蚀洞。

（A）振动；（B）汽蚀；（C）腐蚀；（D）泄漏。

Lb3A2257 水泵轴封装置中设置的水封环主要是为了水泵工作时能在填料函内形成一圈水环以阻止外界空气（**C**）。

（A）腐蚀；（B）漏出；（C）漏入；（D）润滑。

Lb3A2258 大型机组给水泵大多为 **4～6** 级叶轮、（**D**）型结构,主要包括有外筒体及出口端盖、内泵壳、转子组件和轴承组件四大部分。

（A）立式蜗壳；（B）卧式蜗壳；（C）立式混流；（D）卧式芯包。

Lb3A2259　为了保证高压加热器水室的严密性，大型机组加热器的水室结构一般均采用的是（**C**）式或人孔盖式密封结构。

（A）普通堵板；（B）法兰；（C）自密封；（D）敞开。

Lb3A2260　在除氧器的（**B**）及以上的检修中，必须安排进行对除氧器焊口的检查工作。

（A）A 级；（B）B 级；（C）C 级；（D）D 级。

Lb3A2261　通常，只要投入凝汽器换热管总数（**B**）左右的胶球即可满足运行中清洗凝汽器换热管的要求了。

（A）1%；（B）10%；（C）50%；（D）80%。

Lb3A2262　运行过程中给水温度的变化较大，因此在大型给水泵的结构中为了不影响泵组正常的（**C**），设置了滑销系统。

（A）膨胀；（B）收缩；（C）热胀冷缩；（D）卡涩。

Lb3A3263　蒸汽在有摩擦的绝热流动过程中，其熵是（**A**）。

（A）增加的；（B）减少的；（C）不变的；（D）均可能。

Lb3A3264　向冷却水中加漂白粉以杀死水中的微生物，这种方法叫做（**D**）。

（A）离子交换处理；（B）混凝处理；（C）沉淀软化处理；（D）氯化处理。

Lb3A3265　向水泵输送较高温度的水时，启动应该（**A**）。

（A）暖泵；（B）开入口门即可启动；（C）启动后缓慢开起出口门；（D）启动后快速开起出口门。

Lb3A3266　给水泵总窜量（事故轴窜）是水泵很重要的组

装数据，它是（**B**）。

（A）平衡盘的活动窜量；（B）叶轮与水泵静止部分的窜量；（C）推力盘窜量；（D）平衡盘窜量与推力盘窜量之和。

Lb3A3267 为了防止水泵产生振动，在设计或安装水泵管路系统时应尽量（**C**）作用于泵体上的载荷及力矩。

（A）增加；（B）不改变；（C）减少；（D）增减不定。

Lb3A3268 机械密封中的补偿弹簧随着泵轴一同转动的称为旋转式机械密封，一般不适宜用在（**C**）的情形下。

（A）低速；（B）中低速；（C）高速；（D）任意速度。

Lb3A3269 泵转轴的任意断面中，相对位置的最大跳动值与最小值之差的一半称为泵轴此处的（**C**）。

（A）同心度；（B）晃度；（C）弯曲值；（D）偏心度。

Lb3A4270 凝汽器铜管在（**B**）时，容易造成脱锌腐蚀。

（A）水流速大；（B）管内水温度高；（C）管内水温度低；（D）水流速小。

Lb3A4271 加热器管子的胀口如有渗漏，补胀无效时允许堵管，其堵管数不得超过该加热器管子总数的（**A**）。

（A）3%；（B）5%；（C）8%；（D）10%。

Lb3A4272 多级水泵的相邻泵壳之间都是采用止口配合的，若止口间的径向配合间隙过大，将会影响水泵转子与静止部分的（**D**）。

（A）平面度；（B）平行度；（C）椭圆度；（D）同心度。

Lb3A4273 高压给水泵形成喘振后引发的水力振动的频

率大致在（**B**）Hz 范围内。

（A）0.1～1.0；（B）0.1～10；（C）0.1～100；（D）0.1～1000。

Lb3A4274 通过适当地增大叶轮出水口的间隙，就会（**C**）其引起的水力冲击。

（A）增大；（B）不改变；（C）降低；（D）不定。

Lb3A4275 水泵的压出管路中有积存空气的地方，是水泵产生压力脉动的（**B**）条件之一。

（A）随机；（B）必备；（C）不需要；（D）可有可无。

Lb3A4276 凝汽器按排汽流动方向可分为 4 种，目前采用较多的是（**D**）。

（A）汽流向下式；（B）汽流向上式；（C）汽流向心式；（D）汽流向侧式。

Lb3A4277 凝汽器内蒸汽的凝结过程可以看做是（**C**）。

（A）等容过程；（B）等焓过程；（C）等压过程；（D）绝热过程。

Lb3A5278 电解槽气密性试验按工作压力进行，经 24h，其压降平均每小时不超过（**A**）为合格。

（A）0.75%；（B）0.70%；（C）0.65%；（D）0.80%。

Lb3A5279 水的过滤处理中，影响过滤运行的因素是（**A**）。

（A）滤速、反洗、水流的均匀性；（B）滤速、反洗、水流量；（C）反洗、水流的均匀性、水流量；（D）滤速、水流的均匀性、水压力。

Lb3A5280 对同一种流体来说,沸腾放热的放热系数比无物态变化时的对流放热系数(**B**)。

(A)小;(B)大;(C)相等;(D)可小可大。

Lb2A1281 对(**B**)加热的加热器称为高压加热器。

(A)循环水;(B)给水;(C)除盐水;(D)凝结水。

Lb2A1282 与定压运行相比,大机组变压运行在低负荷时其热效率(**B**)。

(A)较低;(B)较高;(C)相等;(D)很差。

Lb2A1283 构件承受外力时抵抗破坏的能力称为该构件的(**A**)。

(A)强度;(B)刚度;(C)硬度;(D)稳定性。

Lb2A2284 在水泵内设置密封环的主要作用是防止泵内的( )水倒流回( )侧而使水泵的效率降低。(**D**)

(A)密封、高压;(B)密封、低压;(C)高压、出口;(D)高压、低压。

Lb2A2285 按照叶轮出水引入压出室的方式分类,水从叶轮流出后直接进入具有螺旋线形状泵壳的叫做(**C**)式泵。

(A)立;(B)轴流;(C)蜗壳;(D)导叶。

Lb2A3286 按照给水泵的设计要求,其出水段支撑爪下的紧固螺栓不能紧得过死,而应预留(**A**)mm 左右的间隙,以保证泵体的自由伸缩。

(A)0.05;(B)0.20;(C)0.40;(D)0.60。

Lb2A3287 按照给水泵的设计要求,其泵轴轴颈的椭圆度、泵轴的弯曲度均不得超过（**A**）mm 才能正常使用。

（A）0.02；（B）0.20；（C）0.40；（D）0.60。

Lb2A3288 大型给水泵泵轴轴套的径向晃度和与轴配合的间隙均不得超过（**A**）mm 才能正常使用。

（A）0.05；（B）0.20；（C）0.40；（D）0.60。

Lb2A3289 在水泵运转范围内的 *Q-H* 性能曲线上有"驼峰"的部分，是水泵产生压力脉动的（**B**）条件之一。

（A）随机；（B）必备；（C）不需要；（D）可有可无。

Lb2A3290 水泵的调节阀等节流装置位于泵压出管路中可积存空气的部位之后，这是水泵产生压力脉动的（**B**）条件之一。

（A）随机；（B）必备；（C）不需要；（D）可有可无。

Lb2A3291 对高速给水泵来说，必须分别进行（**C**）的测试、调整，才能确保其回转部件的平衡，避免由此引发的机械振动。

（A）泵轴；（B）静平衡；（C）动/静平衡；（D）每个叶轮。

Lb2A3292 对由于水泵回转部件不平衡而使泵轴产生的振动，其特征表现为振动的振幅随着水泵（**B**）的高低而变化。

（A）流量；（B）转速；（C）出口压力；（D）入口压力。

Lb2A3293 对于因水泵轴承磨损而引起的振动，其特征表现为振动的幅度是随着运行时间的增长而逐渐（**A**）的。

（A）增加；（B）不改变；（C）减少；（D）增减不定。

Lb2A3294 对于因水泵齿形联轴器的齿轮啮合情况不佳

而引起的振动，其特征表现为振动的幅度是随着运行时间的增长而逐渐（**A**）的。

（A）增加；（B）不改变；（C）减少；（D）增减不定。

Lb2A3295 从液力耦合器运行安全的角度考虑，一般均使涡轮的叶片数目较泵轮减少（**A**）片以避免产生共振现象。

（A）1～4；（B）3～9；（C）10～14；（D）12～16。

Lb2A3296 凝汽器的胶球清洗装置可以在机组负荷（**C**）的情况下完成循环清洗凝汽器换热管的工作。

（A）减半；（B）减少；（C）不变；（D）停止。

Lb2A3297 凝汽器的胶球清洗装置借助水流的作用力，将（**C**）换热管内径的海绵胶球挤过换热管，从而对换热管进行擦洗。

（A）小于；（B）等于；（C）大于；（D）不等于。

Lb2A3298 对于凝汽器的胶球清洗装置来说，必须选用湿态密度为（**C**）g/cm^3 的海绵胶球才能保证清洗效果。

（A）0.50～0.85；（B）0.85～1.05；（C）1.00～1.15；（D）1.25～1.55。

Lb2A3299 按照制造厂的规定，高压加热器的温降率必须在（**B**）℃/min 的范围内。

（A）0～1.5；（B）1.7～2；（C）2～5；（D）5～8。

Lb2A3300 由于加热器的过热段、凝结段、疏水段的内部布置要求，在立式加热器的上述传热面积中有一小部分是（**A**）作用的。

（A）不起；（B）起决定；（C）有绝对；（D）起相反。

Lb2A4301 加热器的疏水逐级自流系统是靠上下两级加热器（C）的压力差来将疏水自动导入压力较低的下一级加热器汽侧的。

（A）凝结水；（B）水侧；（C）汽侧；（D）给水。

Lb2A4302 旋膜除氧器中的再沸腾管主要用于锅炉上水时及机组启动前期对给水的预加热，通常在机组正常运行时是属于（C）状态。

（A）投用；（B）暖管；（C）停用；（D）运行。

Lb1A1303 给水回热系统中的高压加热器连接在给水泵和（C）之间，承受的是给水泵的出口压力。

（A）再热器；（B）过热器；（C）省煤器；（D）空气预热器。

Lb1A1304 高、低压加热器的作用就是将汽轮机内已做过功的蒸汽抽出来加热给水，利用这部分蒸汽的（C）损失，从提高机组的效率。

（A）绝热；（B）等温；（C）冷源；（D）换热。

Lb1A2305 为了防止水泵内部高压液体的漏流而导致效率降低，一般均在叶轮的进、出水侧的（B）以及泵壳之间设置密封环。

（A）内缘；（B）外缘；（C）流道；（D）轴套。

Lb1A2306 当高压给水泵发生汽蚀时,应立即适当地减小水泵的流量或（B）水泵的转速。

（A）加大；（B）降低；（C）任定；（D）不变。

Lb1A2307 内置式蒸汽冷却器能够使加热蒸汽在凝结放热之前，利用蒸汽的（A）来加热给水，达到降低给水端差的目的。

（A）过热度；（B）热能；（C）冷能；（D）过冷度。

Lb1A2308 在除氧器中将给水加热到饱和温度时，水蒸气的分压力就会接近（ ），而其他气体的分压力则降到（ ），从而使溶解于水中的气体析出、被排走。（**B**）

（A）78%、22%；（B）100%、0；（C）22%、78%；（D）0、100%。

Lb1A2309 下列哪种泵的比转速最大：（**C**）。

（A）射水泵；（B）给水泵；（C）循环水泵；（D）凝结水泵。

Lb1A2310 机组真空严密性试验时，真空的平均下降速度不应超过（**A**）。

（A）400Pa/min；（B）300Pa/min；（C）350Pa/min；（D）500Pa/min。

Lb1A2311 叶轮摩擦损失与（**D**）有关。

（A）部分进汽度；（B）余速；（C）叶高；（D）叶轮与隔板的间隙。

Lb1A3312 在离子交换器中，对新加入的阴离子交换树脂处理的顺序为（**A**）。

（A）食盐水处理—稀盐酸处理—稀氢氧化钠处理；（B）食盐水处理—稀氢氧化钠处理—稀盐酸处理；（C）稀盐酸处理—稀氢氧化钠处理—食盐水处理；（D）稀氢氧化钠处理—食盐水处理—稀盐酸处理。

Lb1A3313 在凝汽器运行中，漏入空气量越多，则（**C**）。

（A）传热端差越大，过冷度越小；（B）传热端差越小，过冷度越大；（C）传热端差越大，过冷度越大；（D）传热端差越小，过冷度越小。

Lb1A3314 大型水泵的水平扬度，一般应用精度为 0.01mm 的水平仪在（**B**）处测量。

（A）联轴器；（B）轴颈；（C）水泵入口法兰；（D）轴承水平面。

Lb1A3315 高压给水泵装设再循环管的目的就是为了改善泵在低负荷下的运行，使水泵的流量始终不（**C**）其最小流量。

（A）高于；（B）等于；（C）低于；（D）不等于。

Lb1A3316 在现代大型机组中，下列哪种情况不可能导致凝汽器真空下降：（**C**）。

（A）凝结水泵水封破坏；（B）凝汽器补水箱水位低；（C）7、8 号低压加热器蒸汽管道泄漏；（D）凝汽器回水管虹吸破坏。

Lb1A3317 高压给水泵的吸入管路应尽可能地（**C**），这样才能防止其发生汽蚀和诱发振动。

（A）增长；（B）增大；（C）缩短；（D）不变。

Lb1A3318 对设置在除氧水箱下部出水口处的防旋板来说，其主要作用就是避免水箱在（**A**）时产生给水的旋流而导致水泵入口汽化、汽蚀等损害。

（A）低水位；（B）正常水位；（C）高水位；（D）无水位。

Lb1A3319 在液力耦合器的旋转外壳上均装有（**D**），以便当耦合器内工作油温过高时可将其熔化而将高压油泄掉，达到迅速降温的目的。

（A）安全阀；（B）泄油阀；（C）匀管；（D）易熔塞。

Lb1A4320 对于一台工作性能良好的、装有平衡盘装置的水泵来说，在其正常运行时，应保持平衡盘与平衡环之间的轴向间隙处于（**D**）mm 的范围内。

（A）0～0.02；（B）0.02～0.05；（C）0.08～0.10；（D）0.10～0.20。

Lb1A4321 由凝汽器变工况特性知：当排汽量下降时，真空将（**A**）。

（A）提高；（B）降低；（C）不变；（D）有时降低，有时提高。

Lb1A4322 淋水盘式除氧器设多层筛盘的作用是（**B**）。

（A）为了掺混各种除氧水的温度；（B）延长水在塔内的停留时间，增大加热面积和加热强度；（C）为了变换加热蒸汽的流动方向；（D）增加流动阻力。

Lb1A4323 按照给水泵的设计要求，其叶轮密封环的径向晃度和叶轮的端面瓢偏均不得超过（**A**）mm 才能正常使用。

（A）0.05；（B）0.20；（C）0.40；（D）0.60。

Lb1A4324 凝汽器新铜管在作氨熏试验以检验铜管的残余应力时，若检出的残余应力大于（**B**）MPa，就必须对铜管进行整体回火处理。

（A）0.02；（B）0.20；（C）1.0；（D）2.0。

Lb1A4325 对采用堆焊硬质合金制成的机械密封摩擦副环，要求其端面在使用中的磨损量最大不得超过（**B**）mm。

（A）0.10～0.20；（B）0.50～0.80；（C）1.0～1.2；（D）1.5～1.8。

Lb1A5326 安装大型立式循环水泵过程中，应检查、调整转子上导轴瓦的单边间隙为（**A**）mm。

（A）0.08～0.10；（B）0.20～0.45；（C）0.50～0.80；（D）1.0～1.20。

Lb1A5327 热电偶测温时，其导热误差和热电偶被测表面的接触形式有关，下列四种形式中，导热误差最大的是（**A**）。

（A）点接触；（B）面接触；（C）等温线接触；（D）分立接触。

Lb1A5328 对于因水泵联轴器螺栓加工精度不高而引起的振动，其特征表现为振动的频率等于转速，振幅则随着负荷的（**C**）而变大。

（A）减少；（B）不改变；（C）增加；（D）增减不定。

Lc5A1329 使用电钻时，须戴（**B**）。

（A）帆布手套；（B）绝缘手套；（C）不戴手套；（D）线手套。

Lc5A1330 容易获得良好焊缝成形的焊接位置是（**D**）。

（A）横焊位置；（B）立焊位置；（C）仰焊位置；（D）平焊位置。

Lc5A1331 氧气瓶一般应（**A**）放置，并必须安放稳固。

（A）直立；（B）水平；（C）倾斜；（D）倾斜60°。

Lc5A1332 用量具测量工件尺寸时，可反复多次测量，取其（**A**）。

（A）平均值；（B）最大值；（C）最小值；（D）有效值。

Lc5A1333 线路中任何一根导线和大地之间的电压不超过（**C**）V 的，属于低压线路。

（A）36；（C）120；（C）250；（D）380。

Lc5A2334 为了防止触电，焊接时应该（**B**）。

（A）焊件接地；（B）焊机外壳接地；（C）焊机外壳与焊件同时接地；（D）以上全对。

Lc5A2335 钳工的主要任务是对产品进行零件（**B**），此外还担负机械设备的维护和修理等。

（A）加工；（B）加工和装配；（C）维护；（D）维护和修理。

Lc5A2336 金属切削机床使用的是（**D**）电动机。

（A）直流；（B）交直流；（C）同步；（D）异步。

Lc5A2337 质量方针应由（**A**）颁布。

（A）组织的最高管理者；（B）管理者代表；（C）质量经理；（D）总工程师。

Lc5A3338 方针目标管理是一种（**A**）。

（A）综合管理；（B）技术管理；（C）生产管理；（D）经济管理。

Lc5A3339 备用给水泵启动前，应先关（**B**）。

（A）入口门；（B）出口门；（C）空气门；（D）密封水门。

Lc5A3340 安全生产方针是（**C**）。

（A）管生产必须管安全；（B）安全生产，人人有责；（C）安全第一，预防为主；（D）落实安全生产责任制。

Lc5A3341 电焊机的外壳必须可靠接地，接地电阻不得大于（**C**）。

（A）3Ω；（B）6Ω；（C）4Ω；（D）10Ω。

Lc5A4342 给水泵运行中润滑油压低于（**B**）MPa 时，给水泵跳闸。

（A）0.01；（B）0.05；（C）0.08；（D）0.10。

Lc4A1343 凡在坠落高度基准面（**B**）有可能坠落的高处进行的作业均称为高处作业。

（A）3m 及以上；（B）2m 及以上；（C）1.5m 及以上；（D）4m 及以上。

Lc4A1344 高处作业区附近有带电体时，传递线应使用（**D**）。

（A）金属线；（B）潮湿的麻绳；（C）潮湿的尼龙绳；（D）干燥的麻绳或尼龙绳。

Lc4A1345 齿轮联轴器属于（**B**）联轴器。

（A）弹性；（B）刚性；（C）挠性；（D）液力。

Lc4A1346 管螺纹的公称直径，指的是（**B**）。

（A）螺纹大径的基本尺寸；（B）管子内径；（C）螺纹小径的基本尺寸；（D）螺纹的平均尺寸。

Lc4A2347 可以用于画（划）圆做石棉垫子的器具有（**A**）。

（A）划规；（B）游标卡尺；（C）深度尺；（D）钢板尺。

Lc4A2348 用电流表测得的交流电流的数值是交流电的 (**A**) 值。

（A）有效；（B）最大；（C）瞬时；（D）平均。

Lc4A2349 变压器都是利用 (**B**) 工作的。

（A）楞次定律；（B）电磁感应原理；（C）电流磁效应原理；（D）欧姆定律。

Lc4A2350 图样中所标注的尺寸，(**A**)。

（A）是所示机件的最后完工尺寸；（B）是绘制图样的尺寸，与比例有关；（C）以毫米为单位时，必须标注计量单位的代号或名称；（D）只确定机件的大小。

Lc4A3351 卷扬机工作时，其卷筒上余留钢丝绳圈数应不少于 (**A**) 圈。

（A）3；（B）5；（C）6；（D）8。

Lc4A3352 淬火的目的是为了得到 (**C**) 组织。

（A）奥氏体；（B）铁素体；（C）马氏体或贝氏体；（D）渗碳体。

Lc4A3353 保护接地防触电措施适用于 (**D**) 电源。

（A）一般交流；（B）直流；（C）三相三线制交流；（D）三相四线制交流。

Lc4A5354 普通低合金结构钢焊接时，最容易出现的焊接裂纹是 (**C**)。

（A）热裂纹；（B）再热裂纹；（C）冷裂纹；（D）层状撕裂。

Lc4A5355 砂轮上直接起切削作用的因素是 (**D**)。

（A）砂轮的硬度；（B）砂轮的孔隙；（C）磨料的粒度；（D）磨粒的棱角。

Lc3A1356 工作时的允许使用温度达到（**C**）℃以上的阀门即属于高温阀门。

（A）150；（B）350；（C）450；（D）650。

Lc3A1357 图纸的三要素不含（**D**）。

（A）尺寸标注；（B）视图选择；（C）技术要求；（D）名称规格。

Lc3A2358 热装轴承时，加热油温应为（**C**）。

（A）60～80℃；（B）80～100℃；（C）100～120℃；（D）120～140℃。

Lc3A2359 当图形不能充分表达机件上的某平面时，可用平面符号表示。平面符号为相交的两条（**D**）。

（A）粗实线；（B）点划线；（C）虚线；（D）细实线。

Lc3A2360 钨极氩弧焊时，氩气的流量大小取决于（**B**）。

（A）焊件厚度；（B）喷嘴直径；（C）焊丝直径；（D）焊接速度。

Lc3A2361 按照选用管道支吊架的原则，在管道上不能有任何位移的地方应设置（**B**）支架且支架需生根在牢固的厂房结构或专设的结构物上。

（A）活动；（B）固定；（C）弹簧；（D）悬吊。

Lc3A2362 对于埋弧焊，应采用具有（**A**）曲线的电源。

（A）陡降外特性；（B）缓降外特性；（C）水平外特性；

（D）上升外特性。

Lc2A3363　同体式弧焊机通过调节（**A**）来调节焊接电流。

（A）电抗器铁芯间隙；（B）初、次级线圈间距；（C）空载电压；（D）短路电流。

Lc3A2364　利用斜 Y 形坡口焊接裂纹试验方法产生的裂纹多出现在（**D**）。

（A）焊缝根部；（B）焊趾；（C）焊缝表面；（D）焊根尖角处的热影响区。

Lc3A2365　平面应力通常发生在（**B**）焊接结构中。

（A）薄板；（B）中厚板；（C）厚板；（D）复杂。

Lc3A2366　（**B**）将使焊接接头中产生较大的焊接应力。

（A）逐步跳焊法；（B）刚性固定法；（C）自重法；（D）对称焊。

Lc3A2367　普通砂轮机使用时，其转速一般为（**C**）m/s。

（A）15；（B）25；（C）35；（D）60。

Lc3A3368　为了防止或减少焊接残余应力和变形，必须选择合理的（**D**）。

（A）预热温度；（B）焊接材料；（C）热处理；（D）焊接顺序。

Lc3A3369　运行中电动机，当电压下降时，其电流（**C**）。

（A）不变；（B）减少；（C）增加；（D）不确定。

Lc3A3370　一台三相异步电动机，已知额定功率为 **11kW**，

额定电压为 **380V**，额定功率因素为 **0.8**，则其额定电流为（**A**）**A**。

（A）50.3；（B）36.2；（C）28.9；（D）20.9。

Lc3A3371 粗牙普通螺纹大径为 **20**，螺距为 **2.5**，中径和顶径公差带代号均为 **5g**，其螺纹标记为（**B**）。

（A）M20×2.5-5g；（B）M20-5g；（C）M20×2.5-5g5g；（D）M20-5g5g。

Lc3A3372 关于螺纹的表述有错误的是：（**D**）。

（A）螺纹大径是公称直径；（B）螺距和导程不是一个概念；（C）螺纹有左旋和右旋；（D）常用的螺纹是单线，左旋。

Lc3A4373 普通电力变压器不能作为弧焊电源是因为（**C**）。

（A）空载电压高；（B）动特性差；（C）外特性曲线是水平的；（D）成本高。

Lc3A5374 焊缝抗拉试样断面上的白点是由（**D**）引起的。

（A）氧；（B）一氧化碳；（C）氮；（D）氢。

Lc2A1375 检查焊缝表面裂纹的常用方法是（**D**）。

（A）超声波探伤；（B）磁粉探伤；（C）X 射线探伤；（D）着色检验。

Lc2A1376 汽轮机高压缸的喷嘴室一般设计至少为（**B**）个，并在高压内缸上沿圆周对称布置以使汽缸受热均匀。

（A）2；（B）4；（C）6；（D）8。

Lc2A1377 阀门驱动形式代号中的"9"表示的是（**C**）方式。

（A）气动；（B）液动；（C）电动；（D）蜗轮传动。

Lc2A2378 角接触球轴承在装配和使用过程中，可通过内、外套圈的轴向位置来获得合适的（**B**）游隙。

（A）径向；（B）轴向；（C）径向和轴向；（D）圆周方向。

Lc2A2379 表示圆锥销的规格是以（**A**）和长度。

（A）小头直径；（B）大头直径；（C）中间直径；（D）平均直径。

Lc2A2380 对于剖视图，不正确的说法是：（**C**）。

（A）剖视图按剖切的范围可分为全剖、半剖和局部剖三个种类；（B）剖视图一般都应进行标注；（C）剖切时可采用一个或多个平面对物体进行剖切，但不能采用其他剖切面；（D）剖视只是一种假想画法，除剖视图外，其他视图不受影响。

Lc2A2381 45 号钢轴为利于车削，热处理应采用（**C**）。

（A）淬火；（B）回火；（C）退火；（D）调质。

Lc2A2382 已知一锥销大端直径为 $\phi 100$，小端直径为 $\phi 50$，长度为 **100mm**，则其锥度为（**B**）。

（A）1:4；（B）1:2；（C）1:5；（D）2。

Lc2A2383 零件工作时所承受的应力大于材料的屈服点时，将会发生（**B**）

（A）断裂；（B）塑性变形；（C）弹性变形；（D）疲劳变形。

Lc2A2384 （**A**）型不锈钢的焊接性最好。

（A）奥氏体；（B）马氏体；（C）铁素体；（D）珠光体。

Lc2A2385 （**D**）是绝大多数钢在高温进行锻造和轧制时所要求的组织。

（A）渗碳体；（B）马氏体；（C）铁素体；（D）奥氏体。

Lc2A2386　起重机在发生电气火灾后，应用（C）灭火。

（A）泡沫灭火器；（B）水；（C）干粉灭火器；（D）普通灭火器。

Lc2A2387　起重机检修属高处作业，应佩戴安全带，安全带使用应（A）。

（A）高挂低用；（B）低挂高用；（C）高挂高用；（D）低挂低用。

Lc2A2388　20CrMnTi 钢是合金（B）钢。

（A）调质；（B）渗碳；（C）弹簧；（D）工具。

Lc2A2389　HТl50 牌号中数字 150 表示（C）不低于 150N/mm^2。

（A）屈服点；（B）疲劳强度；（C）抗拉强度；（D）布氏硬度。

Lc2A2390　质量计划是为达到质量要求所采取的（B）。

（A）有计划的活动；（B）作业技术和活动；（C）生产者作业活动；（D）有系统的活动。

Lc2A2391　在轴上固定过盈量较大的齿轮时，宜采用（B）。

（A）敲击法装入；（B）压力机压入；（C）液压套金装配法；（D）热装法。

Lc2A3392　齿轮泵的（C）间隙对压力影响最大。

（A）齿面啮合；（B）齿轮外圆与泵壳内孔；（C）齿轮端面与泵盖；（D）齿轮轴与泵壳内孔。

Lc2A3393 同时承受径向力和轴向力的轴承是（**C**）。

（A）向心轴承；（B）推力轴承；（C）角接触轴承；（D）滑动轴承。

Lc2A3394 一对互相啮合的标准直齿圆柱齿轮，其中心距为（**B**）。

（A）$2\pi(d_1+d_2)$；（B）$(d_1+d_2)/2$；（C）$m(d_1+d_2)/2$；（D）$2(d_1+d_2)$。

Lc2A3395 一般来说，大功率机组的汽缸合金钢螺栓的硬度值在（**C**）的范围内。

（A）HB40～HB40；（B）HBl40～HBl80；（C）HB240～HB280；（D）HB340～HB380。

Lc2A3396 通常，大功率机组低压缸的内缸进汽方式多采用的是蒸汽流入内缸后，沿（**C**）的方向流动、做功。

（A）由前向后；（B）由后向前；（C）对向分流；（D）随意。

Lc2A3397 高压加热器在工况变化时，热应力主要发生在（**C**）。

（A）管束上；（B）壳体上；（C）管板上；（D）进汽口。

Lc2A4398 对于输送易燃、易爆、有毒性或刺激性介质的管道上的法兰，无论管道工作压力是多少，法兰至少应选配（**C**）MPa 等级以上的。

（A）10.0；（B）6.4；（C）1.0；（D）0.1。

Lc2A4399 渐开线圆主齿轮安装时，接触斑点处于异向偏接触，其原因是两齿轮（**A**）。

（A）轴向歪斜；（B）轴线不平行；（C）中心距太大；（D）中心距太小。

Lc2A4400 一般规定汽轮机调速系统检修后的充油试验应该在（**D**）后进行。

（A）机组并网前；（B）机组并网后；（C）超速试验前；（D）超速试验后。

Lc2A4401 引起金属疲劳破坏的因素是（**D**）。

（A）交变应力大小；（B）交变应力作用时间长短；（C）交变应力循环次数；（D）交变应力的大小和循环次数。

Lc2A4402 金属零件在交变热应力反复作用下遭到破坏的现象称为（**D**）。

（A）热冲击；（B）热脆性；（C）热变形；（D）热疲劳。

Lc1A1403 外形简单内部结构复杂的零件最好（**A**）图表达。

（A）全剖视；（B）半剖视；（C）局部视；（D）阶梯剖视。

Lc1A1404 不合格是不满足（**C**）的要求。

（A）标准、法规；（B）产品质量、质量体系；（C）明示的、通常隐含的或必须履行的需求或期望；（D）标准、合同。

Lc1A1405 按照选用管道支吊架的原则，在水平管道上只能有单向水平位移的地方应设置（**D**）支架。

（A）固定；（B）弹簧；（C）悬吊；（D）活动导向。

Lc1A1406 属于机械方法防止松动装置的是（**A**）防松。

（A）止动垫圈；（B）弹簧垫圈；（C）锁紧螺母；（D）螺母。

Lc1A1407 机件与视图处于（**B**）关系的平面或直线，它在该视图上反映实形。

（A）垂直；（B）平行；（C）倾斜；（D）平行或垂直。

Lc1A1408 装配图的尺寸 $\phi50\dfrac{H7}{s6}$ 表示（**D**）。

（A）基轴制的间隙配合；（B）基孔制的间隙配合；（C）基轴制的过盈配合；（D）基孔制的过盈配合。

Lc1A2409 用低合金工具钢制造刃具的预备热处理通常采用（**C**）。

（A）完全退火；（B）正火；（C）球化退火；（D）扩散退火。

Lc1A2410 在由装配图拆画零件图时，对于轴的主视图的摆放常选择其（**B**）的位置。

（A）工作；（B）加工；（C）便于观察；（D）便于画图。

Lc1A2411 按预紧力要求，拧紧后的螺栓长度（**B**）拧紧前的螺栓长度。

（A）等于；（B）大于；（C）小于；（D）大于或小于。

Lc1A2412 精密机床工作台的直线移动精度，在很大程度上取决于（**C**）的精度。

（A）电动机；（B）主轴；（C）床身导轨；（D）齿轮。

Lc1A2413 为消除工件淬火后产生的内应力，应对工件进行（**C**）处理。

（A）调质；（B）渗氮；（C）回火；（D）正火。

Lc1A2414 往复式机械的易损件一般包括（**A**）。

（A）吸气阀、排气阀、活塞环；（B）活塞、曲轴；（C）十字头；（D）连杆瓦、主轴瓦。

Lc1A2415　在成对使用的轴承内圈或外圈之间加衬垫，不同厚度的衬垫可得到（**A**）的预紧力。

（A）不同的；（B）相同的；（C）一定的；（D）不能确定。

Lc1A2416　接触式密封装置，因接触处的滑动摩擦造成动力的损失和磨损，故用于（**B**）。

（A）高速；（B）低速；（C）重载；（D）轻载。

Lc1A2417　关于装配图，以下说法正确的是：（**C**）。

（A）装配图的表达方法与零件图基本相同，它们的内容也一样；（B）在装配图上，对于主要零件的加工表面应给出相应的粗糙度要求；（C）装配图一般都采用剖视图作为其主要的表达方法；（D）为了便于零件图的拆画，装配图上各零件的尺寸应完整、清晰、正确和合理。

Lc1A2418　一对互相啮合的齿轮，它们的（**D**）必须相等。

（A）分度圆直径；（B）齿数；（C）模数与齿数；（D）模数与压力角。

Lc1A2419　在装配图中，轴承与箱体孔的配合一般应选择（**B**）。

（A）基孔制配合；（B）基轴制配合；（C）可以是非基准制的配合；（D）国标中无规定。

Lc1A2420　通常，氟纤维填料应用在阀门最高使用压力不超过（**B**）MPa。

（A）10.0；（B）4.0；（C）1.0；（D）0.1。

Lc1A2421　为了避免造成不必要的受热不均、振动等不利的影响，大功率机组高、中压缸的进汽室基本采用的都是（**B**）进汽的方式。

（A）半周；（B）全周；（C）左右对称；（D）上下对称。

Lc1A2422　旋膜除氧器的水入口混合管是将各种补给水送入水室进行除氧之前的混合区域，其特点就在于可以混合不同（**C**）的来水。

（A）温度；（B）流量；（C）压力；（D）含氧量。

Lc1A3423　拧紧长方形的成组螺母或螺钉时，应从（**C**）扩展。

（A）左端开始向右端；（B）右端开始向左端；（C）中间开始向两边对称；（D）两边开始向中间。

Lc1A3424　下列轴承中，（**B**）轴承的抗油膜振荡能力最差。

（A）椭圆瓦；（B）圆筒瓦；（C）可倾瓦；（D）球形瓦。

Lc1A3425　叶轮背面的副叶片作用是（**A**）。

（A）减小轴向力；（B）增加流量；（C）减小泄漏；（D）提高压力。

Lc1A3426　起重机械起升机构和变幅机构的制动轮缘表面磨损量达到原轮缘厚度的（**D**）时，制动轮应报废。

（A）10%；（B）20%；（C）30%；（D）40%。

Lc1A3427　滑轮的轮槽壁厚磨损量达到原始壁厚的（**C**）应报废。

（A）5%；（B）10%；（C）20%；（D）30%。

Lc1A3428 装配图中为了反映零件的运动的极限位置,可采用(**C**)。

(A)夸大画法;(B)展开画法;(C)假想画法;(D)简化画法。

Lc1A3429 特殊工序是指(**C**)。

(A)需要有特殊技巧或工艺的工序;(B)有特殊质量要求的工序;(C)加工质量不能通过其后产品验证和试验确定的工序;(D)关键工序。

Lc1A3430 关于形位公差的表述错误的是(**D**)。

(A)线框用细实线;(B)框格高 2h;(C)箭头应指向被测要素;(D)指引线要相交零件。

Lc1A3431 对于直径在 **M64** 以下的汽缸螺栓来说,要求其材质的冲击韧性 α_k 值不低于(**C**)**N·m/cm^2** 才能满足使用标准。

(A)58;(B)78;(C)98;(D)118。

Lc1A3432 精密夹具在装配过程中要边装配边(**C**)。
(A)修配;(B)调整;(C)检测;(D)改进。

Lc1A3433 一般情况下,用精基准平面定位时,平面度误差引起的基准位移误差(**B**)。

(A)为零;(B)很小;(C)很大;(D)不确定。

Lc1A4434 通常,汽缸螺栓螺纹的第一圈承担着整个螺栓( )以上的负荷,第二、三圈又承担着整个螺栓( )以上的负荷。(**C**)

(A)15%、20%;(B)20%、30%;(C)33%、30%;

（D）30%、40%。

Lc1A5435 对大功率机组汽缸法兰的螺栓支承面与汽缸螺栓球形垫圈来说，两个平面的表面粗糙度 *Ra* 均应不低于（**C**）才算做合格。

（A）0.05～0.10；（B）0.10～0.20；（C）0.20～0.40；（D）0.40～0.80。

Jd5A1436 （**B**）主要用来研磨外圆柱表面。

（A）研磨平板；（B）研磨环；（C）固定式研磨棒；（D）可调式研磨棒。

Jd5A1437 锉刀的规格是用锉刀的（**C**）表示。

（A）厚度；（B）宽度；（C）长度；（D）质量。

Jd5A1438 ZG35、ZG55 表示含碳量分别为（**A**）的铸钢。

（A）0.35%、0.55%；（B）35%、55%；（C）35‰、55‰；（D）0.35‰、0.55‰。

Jd5A1439 常用的錾子用（**C**）钢材制作。

（A）45 号钢；（B）高速工具钢；（C）碳素工具钢；（D）合金钢。

Jd5A1440 钢直尺使用完毕，将其擦拭干净，悬挂起来或平放在平板上，主要是为了防止钢直尺（**C**）。

（A）碰毛；（B）弄脏；（C）变形；（D）生锈。

Jd5A1441 攻铸铁材料的螺纹时，可采用（**A**）作为切削液。

（A）煤油；（B）机油；（C）菜油；（D）乳化液。

Jd5A1442 一般的划线精度要求在（**B**）mm 之间。

（A）0.1～0.25；（B）0.25～0.5；（C）0.5～1；（D）0～0.1。

Jd5A2443 钻深孔时，一般钻进深度达到约钻头直径（**A**）倍时，钻头就要退出排屑。

（A）3.0；（B）2.0；（C）2.5；（D）1.5。

Jd5A2444 内径百分表的示值误差一般为（**D**）。

（A）±0.010mm；（B）±0.012mm；（C）±0.013mm；（D）±0.015mm。

Jd5A2445 在热紧汽缸结合面螺栓时，应先从汽缸的（**B**）开始进行。

（A）前端；（B）中间；（C）后端；（D）任意位置。

Jd4A1446 流体体积随压力增大而缩小的性质称为流体的压缩性，（**B**）具有显著的压缩性。

（A）液体；（B）气体；（C）水；（D）油。

Jd4A1447 液体和气体易变形，具有（**A**），故称为流体。

（A）易流动性；（B）压缩性；（C）膨胀性；（D）黏性。

Jd4A1448 根据帕斯卡原理，作用在水压机大小活塞上的力与其面积成（**B**）关系。

（A）反比；（B）正比；（C）相等；（D）无关。

Jd4A1449 高合金钢的合金元素总量（**A**）。

（A）大于 10%；（B）小于 10%；（C）大于 5%；（D）小于 5%。

Jd4A2450 当凝汽器换管时，对管口的（**B**）一般都是用胀管器来完成的。

（A）压缩；（B）胀接；（C）焊接；（D）压接。

Jd4A2451 1/20mm 游标卡尺的测量精度为（**D**）。

（A）0.01mm；（B）0.02mm；（C）0.04mm；（D）0.05mm。

Jd4A3452 高压加热器在进行水压试验时，试验压力为工作压力的（**C**）倍，且最小不低于工作压力。

（A）0.85～1.0；（B）1.0～1.2；（C）1.25～1.5；（D）1.5～1.75。

Jd4A3453 在进行水泵联轴器的找正工作时，一定要在（　）态下进行，（　）态时不能找中心。（**D**）

（A）温、冷；（B）热、冷；（C）热、温；（D）冷、热。

Jd4A4454 键与键槽的配合，两侧应该没有间隙，与叶轮配合，其顶部有间隙，一般为（**C**）mm 左右。

（A）0.10；（B）0.20；（C）0.30；（D）0.40。

Jd4A4455 在检修后组装淋水盘时，其水平偏差最大不得超过（**B**）mm。

（A）1.0；（B）5.0；（C）10；（D）30。

Jd4A4456 在焊接中低压管道时，通常要求管子相邻的两个接口之间的距离不得小于管子的外径，且不小于（**C**）mm。

（A）50；（B）100；（C）150；（D）200。

Jd4A4457 安装给水泵汽轮机时，其台板与垫铁及各层垫铁之间应接触密实、用（**A**）mm 塞尺塞不进才算合格。

（A）0.05；（B）0.25；（C）0.55；（D）1.05。

Jd4A4458 给水泵汽轮机安装时，汽缸水平结合面的紧固螺栓与螺栓孔之间应保留四周均不小于（**A**）mm 的间隙。

（A）0.50；（B）1.50；（C）3.0；（D）5.0。

Jd4A5459 通常液力耦合器的工作油温度不得超过（ ）℃，而在特殊情况下短时间内的工作油允许温度最高不得超过（ ）℃。（**C**）

（A）20、60；（B）40、80；（C）60、90；（D）70、110。

Jd4A5460 在液力耦合器解体检修之后的试运转过程中，应检查测试各轴承的温度不得超过（**C**）℃才算合格。

（A）20；（B）40；（C）70；（D）100。

Jd3A2461 对产生弯曲的泵轴进行直轴工作之前，应先将经过淬火加工的泵轴进行（**B**）处理。

（A）淬火；（B）退火；（C）加热；（D）冷却。

Jd3A3462 凝汽器更换新铜管时，铜管胀口的退火温度应保持在（**C**）℃左右。

（A）150～200；（B）350～400；（C）400～450；（D）500～550。

Jd2A1463 台虎钳装在钳台上，用来夹持工件，其规格以钳口的宽度表示，有（**D**）mm 等。

（A）10，20，30；（B）40，50，60；（C）70，80，90；（D）100，125，150。

Jd2A1464 在钢件上攻螺纹或套螺纹时，要加切削液，一般用（**B**），要求高时，可用菜油和二硫化钼。

（A）机油；（B）机油和浓度较大的乳化液；（C）菜油；（D）二硫化钼。

Jd2A1465 攻丝时，一般每转动（**A**）圈，就应倒转约半圈，使切屑容易排除。

（A）1/2～1；（B）1/3；（C）1/2；（D）1～2。

Jd2A1466 公制三角形螺纹的剖面角为 **60°**，螺距是以 **mm** 表示的，英制三角形螺纹的剖面角为（**C**），螺距是用一英寸长度的牙数表示的。

（A）30°；（B）45°；（C）55°；（D）60°。

Jd2A1467 按刮削工件的几何要素来分，刮削有（**C**）。

（A）平面刮削；（B）曲面刮削；（C）平面刮削和曲面刮削；（D）立体刮削。

Jd2A1468 扩孔的加工方法同钻削相似，扩孔余量一般控制在孔径的（**A**）左右。

（A）1/8；（B）1/6；（C）1/5；（D）1/4。

Jd2A1469 提高钢的硬度和耐磨度，可采用（**A**）。

（A）淬火处理；（B）回火处理；（C）退火处理；（D）调制处理。

Jd2A2470 使用捻打法直轴时，捻打的范围为弯曲最大部位附近圆周的大约（**B**）的范围。

（A）1/4；（B）1/3；（C）1/2；（D）3/4。

Jd2A3471 使用研磨平板来手工研磨阀门密封面时，不能

总是使用平板的（　　）研磨，而应在平板的（　　）不断变换部位。（**C**）

（A）中部、四角；（B）一角、四角；（C）中部、全部表面；（D）一角、中部。

Jd2A3472　在对动力管道系统通过打水压进行强度试验时，一般应至少按照管道工作压力的（　　）倍以上并保持（　　）**min**，检查管道无变形、泄漏才算合格。（**D**）

（A）5、30；（B）5、10；（C）1.25、30；（D）1.25、10。

Jd2A3473　如果选用的汽缸螺栓与螺母使用同一种材质时，螺栓材料的加工硬度应该比螺母材料的加工硬度（**A**）一个等级。

（A）提高；（B）降低；（C）等同于；（D）随意配置。

Jd2A4474　为了保证 **CrMo** 合金钢材质的汽缸螺栓的预紧应力，其伸长量应为该螺栓自由长度的（**C**）左右。

（A）0.03%；（B）0.06%；（C）0.15%；（D）0.35%。

Jd2A5475　对大功率机组汽缸法兰的螺栓支承面与汽缸螺栓球形垫圈来说，两个平面的接触率应不低于（**C**）才算合格。

（A）50%；（B）60%；（C）70%；（D）90%。

Jd1A1476　使用锯条，一般往复长度应不小于锯条全长的（**C**）。起锯的角度要小，一般不超过 **20°** 为宜。

（A）1/2；（B）1/3；（C）2/3；（D）全长。

Jd1A1477　在手锯上安装锯条时，应使齿尖方向朝前。锯割速度以每分钟往复（**C**）次为宜，锯软材料可快些，锯硬材料可慢些。

（A）10～20；（B）20～30；（C）20～40；（D）大于40。

Je5A1478 钢号 **T10** 表示含碳量为（**A**）的碳素工具钢。

（A）10/1000；（B）10/100；（C）1/1000；（D）0.1/100。

Je5A1479 凝汽器灌水试验的目的是（**B**）。

（A）进行凝结水泵试运转；（B）检查冷却管和与凝汽器汽侧连接的各种管道的安装质量；（C）进行抽气器试运行；（D）进行凝汽器支座弹簧的压缩试验。

Je5A1480 紧固加热器大法兰螺栓时，应按（**A**）顺序拧紧。

（A）对称；（B）顺时针；（C）逆时针；（D）无顺序。

Je5A2481 离心泵曲折密封环与平密封环相比，在间隙相同的情况下（**D**）。

（A）漏流量也相同；（B）比平密封环漏流量大；（C）漏流量相当于平密封环的一半；（D）漏流量相当于平密封环的1/3。

Je5A2482 （**B**）是轴颈任一纵断面（过中心线）最大直径和最小直径之差。

（A）轴颈椭圆度；（B）轴颈不柱度；（C）轴瓦间隙；（D）轴瓦紧力。

Je5A2483 水位计玻璃管安装前应在沸盐水中煮（**B**）左右。

（A）0.5h；（B）1h；（C）10min；（D）20min。

Je5A3484 润滑油的牌号以数字表示，其数值表示润滑油的（**C**）。

（A）冷却效率；（B）润滑程度；（C）黏度；（D）冷却速度。

Je5A3485 在已加工表面上划线时，一般应涂上（**B**）。
（A）石灰水；（B）蓝油；（C）红丹粉；（D）粉笔。

Je5A3486 划线用划针，一般用中碳钢材料制成，尖部用高速钢材料制成，尖端角一般在（**D**）范围内。
（A）5°～10°；（B）10°～15°；（C）15°～20°；
（D）20°～25°。

Je5A3487 人工拆卸和安装电动机部件时，两个人的抬运重量不得超过（**A**）。
（A）100kg；（B）150kg；（C）200kg；（D）120kg。

Je5A3488 对常用的单列向心球轴承来说，原始径向游隙一般为（**B**）mm。
（A）0～0.02；（B）0.01～0.04；（C）0.08～0.12；（D）0.20～
0.30。

Je5A4489 低碳钢含碳量（**B**）。
（A）>0.25%；（B）≤0.25%；（C）<0.60%；（D）>0.60%。

Je5A5490 （**A**）是在轴颈同一横断面上，最大直径和最小直径之差。
（A）轴颈椭圆度；（B）轴颈不柱度；（C）轴弯曲度；
（D）轴的晃度。

Je5A5491 电机转速为 **3000r/min** 时，振动值应小于（**A**）
mm。
（A）0.06；（B）0.10；（C）0.12；（D）0.16。

Je4A1492 为解决高温管道在运行中的膨胀问题，应进行（**C**）补偿。

（A）冷；（B）热；（C）冷热；（D）应力。

Je4A1493 当直管段长度大于 **3m** 时，管端轴线与设计中心线的误差值不得超过（**C**）。

（A）5mm；（B）10mm；（C）15mm；（D）20mm。

Je4A1494 油管道静泡洗时，钝化时间一般在（**D**）**h** 以上。

（A）0.5；（B）1；（C）2；（D）3。

Je4A1495 研磨时，研具的材料应比工件的材料（**B**）。

（A）硬度高；（B）硬度低；（C）硬度相同；（D）硬度接近。

Je4A1496 火力发电厂常用（**C**）来制作汽轮机主轴、水泵轴、风机轴、高温紧固件等。

（A）合金弹簧钢；（B）合金渗碳钢；（C）合金调质钢；（D）普通低合金结构钢。

Je4A1497 除氧器安全门水压试验整定压力应是工作压力的（**C**）。

（A）1.25 倍；（B）1.2 倍；（C）1.1 倍；（D）1.0 倍。

Je4A1498 电解槽水压试验是先按工作压力的（**D**），维持 **5min** 不漏，然后降至工作压力进行检查，无渗漏为合格。

（A）1 倍；（B）1.2 倍；（C）1.4 倍；（D）1.5 倍。

Je4A2499 凝汽器铜管胀接完后，进水侧的铜管端头应进行（**C**）翻边。

（A）5°；（B）10°；（C）15°；（D）20°。

Je4A2500 凝汽器铜管若试胀后管壁胀薄小于（**C**），说明欠胀。

（A）2%；（B）3%；（C）4%；（D）5%。

Je4A2501 采用退火方法消除铜管内应力，退火温度为 300～350℃保持时间（**D**）h。

（A）1；（B）2；（C）3～4；（D）4～6。

Je4A2502 大型附属机械或高速转子的联轴器装配后，其径向晃度和端面瓢偏都应小于（**C**）。

（A）0.03mm；（B）0.05mm；（C）0.06mm；（D）0.8mm。

Je4A2503 大型水泵的水平扬度，一般应用精度为 0.01mm 的水平仪在（**B**）处测量。

（A）联轴器；（B）轴颈；（C）水泵入口法兰；（D）轴承水平面。

Je4A2504 立式离心泵安装，应以主轴联轴器法兰平面为准进行测量，其水平度误差应小于（**C**）。

（A）0.10mm/m；（B）0.08mm/m；（C）0.05mm/m；（D）0.01mm/m。

Je4A2505 滑动轴承对于轴颈小于 100mm 的轴瓦每侧间隙为轴颈的 1/1000，但不小于（**A**）。

（A）0.06mm；（B）0.04mm；（C）0.02mm；（D）0.01mm。

Je4A2506 对产生弯曲的泵轴进行直轴工作（**B**），应先行消除泵轴上的裂纹缺陷。

（A）同时；（B）之前；（C）之后；（D）以后。

Je4A2507　在组装多级分段式水泵时，要求其叶轮出口槽道与导叶入口槽道的中心应处于（**D**）位置。

（A）平行；（B）垂直；（C）相背；（D）重合。

Je4A2508　当静环密封端面的磨损量超过其凸台高度的（**C**）以上时，就应考虑予以更换。

（A）1/4；（B）1/3；（C）1/2；（D）2/3。

Je4A3509　吊架吊杆冷态安装时需留出倾斜量，其倾斜角度应使管箍与支点的垂直距离为该处热位移量的（**B**）。

（A）1 倍；（B）1/2；（C）1/3；（D）1/4。

Je4A3510　管子弯制后弯曲部分波浪选择：管子外径$\phi \leqslant$ **273mm** 时，波浪度的允许值为（**C**）。

（A）5；（B）6；（C）7；（D）8。

Je4A3511　汽水管道连接安装时,应有一定坡度,坡度为（**B**）。

（A）1/1000；（B）2/1000；（C）3/1000；（D）4/1000。

Je4A3512　衬胶管道的安装大致可分为（**A**）三个主要工序。

（A）配管、衬胶、吊装；（B）衬胶、配管、吊装；（C）吊装、配管、衬胶；（D）配管、吊装、衬胶。

Je4A3513　**U** 形管式表面加热器蒸汽进口处的管束外加装保护板，以减轻汽流对管束的（**A**）。

（A）冲刷；（B）腐蚀；（C）氧化；（D）磨损。

Je4A3514　检修卧式单级单吸的 **IS** 型水泵，一般要求其轴套基本无磨损且与轴的配合间隙为（**B**）mm 左右才能继续使用。

（A）0～0.02；（B）0.02～0.05；（C）0.08～0.10；（D）0.12～0.15。

Je4A3515　检修卧式单级单吸的 **IS** 型水泵，一般要求其叶轮的径向跳动不大于（**B**）**mm** 才能正常使用。

（A）−0.10；（B）0.05；（C）0.10；（D）0.30。

Je4A3516　对单级双吸型水泵来说，一般要求其滚动轴承与轴承端盖之间应保持（**C**）**mm** 左右的轴向间隙。

（A）0.02；（B）0.12；（C）0.20；（D）0.80。

Je4A3517　对于中型水泵来说，其联轴器端面的距离一般保持为（**B**）**mm** 左右。

（A）2～4；（B）6～8；（C）8～12；（D）12～16。

Je4A3518　在多级分段式水泵组装完毕之后，应检测转子的轴向窜动间隙与标准值相差不能超过（**A**）**mm**。

（A）1～2；（B）6～8；（C）8～12；（D）12～16。

Je4A3519　对 **DG** 型水泵来说，要求其组装后泵壳的紧固穿杠螺栓的上下左右的紧固程度偏差不得超过（**A**）**mm**。

（A）0.05；（B）0.15；（C）0.25；（D）0.50。

Je4A3520　大型立式循环水泵解体检修后的回装过程中，应注意检查各固定法兰的结合面要接触严密，只能允许有不超过（**A**）**mm** 的局部间隙。

（A）0.10；（B）0.45；（C）0.80；（D）1.20。

Je4A4521　如果将氧气排空时，压力调整器的氧气侧浮子可比氢气侧浮子高（**D**）。

（A）5～10mm；（B）10～15mm；（C）15～20mm；（D）20～30mm。

Je4A4522 用百分表垂直指向被测断面的轴心，转子轴颈在支持面上盘动，被测表上各点读数最大值与最小值之差，为外圆的（**A**）。

（A）径向晃度；（B）瓢偏值；（C）摆度；（D）弯曲度。

Je4A4523 滑动轴承在研刮时，轴瓦和轴颈的接触角的大小，取决于轴瓦长度 **L** 与轴颈直径 **D** 的比值，即长颈比。当 $L/D \leqslant 1.5$ 时，接触角为 **90°**；当 $L/D > 1.5$ 时，接触角可小些；当 $L/D \geqslant 2$ 时，接触角为（**D**）。

（A）30°；（B）40°；（C）50°；（D）60°。

Je4A4524 检查给水泵汽轮机转子，应保证其轴颈的椭圆度和圆柱度的偏差均不得超过（**A**）mm。

（A）0.02；（B）0.12；（C）0.22；（D）0.52。

Je4A4525 给水泵汽轮机扣盖时应保证在汽缸法兰同一断面处用 **0.05mm** 塞尺从内、外两侧塞入的长度总和不得超过汽缸法兰宽度的（**C**）才算合格。

（A）1/5；（B）1/4；（C）1/3；（D）1/2。

Je4A5526 非固定式联轴器连接时，两端面间的距离应（**A**）。

（A）大于轴在运行时受热伸长和窜动值之和；（B）等于轴在运行时的窜动值；（C）小于运行时的窜动值；（D）小于轴在运行时受热伸长值。

Je4A5527 定压运行除氧器，维持稳定的压力是保证除氧效果的重要条件之一，因此，在除氧器连接系统中（**C**）。

（A）补充水进入除氧器前必须装设压力调整器；（B）凝结水进入除氧器前应装设水位调节器；（C）加热蒸汽进入除氧器前均应装设压力调整器；（D）不装设压力调整器。

Je3A1528 无热位移的管道，其吊架应（**A**）安装。

（A）垂直；（B）水平；（C）有一定倾斜度；（D）倾斜20°。

Je3A1529 管子接口不应布置在支吊架上，至少应离开支架边缘（**D**）。

（A）150mm；（B）130mm；（C）100mm；（D）50mm。

Je3A1530 管道进行水压试验时，试验压力一般为工作压力的（**B**）倍。

（A）1.5；（B）1.25；（C）1.15；（D）1.10。

Je3A1531 打水压检查阀门的严密性，其压力保持时间不少于（**A**）min，无泄漏为合格。

（A）5；（B）4；（C）3；（D）2。

Je3A1532 钢材在各种介质的侵蚀作用下，被破坏的现象称（**C**）。

（A）偏析；（B）氧化；（C）腐蚀；（D）生锈。

Je3A1533 单级离心泵的泵壳一般应耐腐蚀、耐磨损并应有一定的强度，多由（**A**）制成。

（A）铸铁和铸钢；（B）合金钢；（C）不锈钢；（D）中碳钢。

Je3A1534 真空系统灌水试验时，灌水高度应在汽封洼窝以下（**A**）mm 处。

（A）100；（B）90；（C）80；（D）110。

Je4A1535　凝汽器汽侧作灌水试验时，其灌水高度一般应在（**D**）以上 **100mm** 处。

（A）汽封洼窝；（B）油挡洼窝；（C）末级叶片外圆；（D）凝汽器顶部铜管。

Je3A1536　换热器大面积换管后的严密性试验应在试验压力下维持（**B**）**min**。

（A）0～3；（B）5～10；（C）10～15；（D）0～5。

Je3A1537　圆筒轴瓦与轴颈的接触角一般为（**C**）。

（A）45°；（B）90°；（C）60°；（D）30°。

Je3A1538　在水处理除盐系统里用作耐酸设备衬里、耐酸管道、耐酸阀门及耐酸泵等玻璃钢一般为（**A**）。

（A）环氧玻璃钢；（B）聚酯玻璃钢；（C）酚醛玻璃钢；（D）环氧煤焦油玻璃钢。

Je3A1539　深井泵的井管管口应伸出基础相应的平面，不少于（**A**）。

（A）25mm；（B）20mm；（C）15mm；（D）10mm。

Je3A1540　在重要的机械传动中，齿轮的磨损不超过齿厚的（**D**）。

（A）10%；（B）20%；（C）25%；（D）8%。

Je3A2541　滚动轴承装配时，在端盖侧轴向应与端盖留有（**B**）的膨胀间隙。

（A）0.01mm；（B）0.20～0.50mm；（C）0.75mm；（D）1.00mm。

Je3A2542　采用疏水逐级自流连接方式的疏水系统与采

用疏水泵连接系统相比较（**A**）。

（A）冷源损较大；（B）系统复杂；（C）热经济性好；（D）节约厂用电。

Je3A2543 水泵盘根轴封发热的原因一般是（**C**）。

（A）水泵输送介质温度高；（B）盘根数量不够；（C）冷却水压力低、水量不够；（D）盘根数量过多。

Je3A2544 转动机械检修完毕后，转动部分的防护装置（**B**）。

（A）暂时不装；（B）应牢固地装复；（C）试运完后装复；（D）可以不装。

Je3A2545 给水泵组装后，测量动静平衡盘的相对不平行度，应不大于（**A**），可用压熔丝法测量。

（A）0.02mm；（B）0.03mm；（C）0.04mm；（D）0.05mm。

Je3A2546 对卧式单级单吸的 **IS** 型水泵来说，一般要求其转子轴承的推力间隙应保持在（**C**）**mm** 的范围内。

（A）0.02～0.05；（B）0.05～0.10；（C）0.15～0.20；（D）0.22～0.45。

Je3A2547 检修卧式单级单吸的 **IS** 型水泵，一般要求其叶轮与密封环的径向间隙应保持在（**C**）**mm** 的范围内才能正常使用。

（A）0.05～0.12；（B）0.12～0.15；（C）0.50～0.60；（D）1.50～1.60。

Je3A2548 对单级双吸型水泵来说，一般要求其双吸密封环与泵盖配合边的径向跳动不得超过（**B**）**mm** 才算合格。

（A）0.02；（B）0.05；（C）0.10；（D）0.15。

Je3A3549 水泵滑销间隙应按设计（或有关规定），如无规定时，可考虑使用：顶部间隙（**A**）；两侧间隙 **0.03～0.05mm**。

（A）1～3mm；（B）0.01～0.02mm；（C）0.05～0.08mm；（D）0.08～1mm。

Je3A3550 当凝汽器铜管泄漏，使冷却水漏入凝结水中时，凝结水的硬度会（**A**）。

（A）上升；（B）下降；（C）不变；（D）先升后降。

Je3A3551 表面加热器内漏时，疏水液位会出现（**A**）。

（A）上升；（B）下降；（C）不变；（D）先升后降。

Je3A3552 氢气（或氧气）管道敷设，一般应有一定的坡度，当氢、氧管道并敷设时，其相间的距离应大于（**D**）。

（A）100mm；（B）150mm；（C）200mm；（D）250mm。

Je3A3553 对采用锡青铜或铸铁材料制作的中高压水泵的导叶，应每隔（**A**）年就解体检查一次冲刷情况，必要时还应更换新导叶。

（A）2～3；（B）3～5；（C）5～8；（D）8～10。

Je3A3554 通常 **DG** 型水泵的导叶与泵壳的径向配合间隙应保持为（**A**）mm，过大时则会影响转子与静止部件的同心度。

（A）0.04～0.06；（B）0.06～0.08；（C）0.08～0.12；（D）0.12～0.16。

Je3A3555 安装给水泵底座上的滑销系统时，要求滑销装配时的顶部间隙应保持在（**A**）mm 的范围之内。

（A）1～3；（B）5～10；（C）15～20；（D）25～30。

Je3A3556 安装给水泵底座上的滑销系统时，要求滑销装配时的两侧总间隙应保持在（**A**）mm 的范围之内。

（A）0.03～0.05；（B）0.06～0.10；（C）0.15～0.22；（D）0.25～0.35。

Je3A3557 大型立式循环水泵转子检修后的回装过程中，应调整在填料函内泵轴的对中精度保持在（**A**）mm 以内。

（A）0.10；（B）0.45；（C）0.80；（D）1.20。

Je3A3558 立式循环水泵解体检修的过程中，应检测泵轴轴颈处的径向晃度不得超过（**A**）mm 才能继续正常使用。

（A）0.06；（B）0.16；（C）0.26；（D）1.06。

Je3A3559 安装大型立式循环水泵，应检测联轴器的端面瓢偏、径向晃度不得超过（**A**）mm 才符合要求。

（A）0.04；（B）0.14；（C）0.24；（D）1.04。

Je3A3560 通常，机械密封的动、静环密封端面的瓢偏度不应大于（**A**）。

（A）0.02；（B）0.15；（C）0.30；（D）0.50。

Je3A3561 对采用陶瓷制成的机械密封摩擦副环，要求其端面在使用中的磨损量最大不得超过（**B**）mm。

（A）0.80；（B）1.80；（C）±0.80；（D）±1.80。

Je3A3562 给水泵汽轮机其推力间隙应在（**A**）mm 范围内且最大轴向窜动不得大于所驱动的给水泵的允许轴向窜动值。

（A）0.25～0.50；（B）0.55～0.80；（C）1.0～1.3；（D）1.2～1.5。

Je3A3563 检查给水泵汽轮机联轴器，应保证其联轴器法兰端面光洁无毛刺且法兰端面的瓢偏不得超过（**A**）**mm** 才能正常使用。

（A）0.03；（B）0.13；（C）0.23；（D）0.53。

Je3A3564 胀管时，应先把铜管穿入管板孔，且铜管在管板两端各露出（**A**）**mm**。

（A）1～2；（B）3～4；（C）8～10；（D）12～15。

Je3A3565 当加热器堵管总数超过全部管数的（**B**）时，既增大了给水的压力损失和对管系的冲刷程度，又加快了给水流速，应重新更换管系。

（A）5%；（B）10%；（C）15%；（D）18%。

Je3A4566 压缩机的纵、横向不水平度均不应超过（**C**）。
（A）0.3/1000；（B）0.4/1000；（C）0.2/1000；（D）0.5/1000。

Je3A4567 在液力耦合器解体检修之后的试运转过程中，应检测液力耦合器工作油的正常工作温度最高不得超过（**C**）℃才算合格。

（A）40；（B）55；（C）75；（D）110。

Je3A5568 顺流式固定床离子交换器的运行可分为（**C**）四个步骤。
（A）反洗、正洗、再生和交换；（B）正洗、反洗、再生和交换；（C）反洗、再生、正洗和交换；（D）正洗、再生、反流和交换。

Je2A1569 电解槽气密性试验按工作压力进行，经（**B**）**h**，其压降平均每小时不超过 **0.75%** 为合格。

（A）12；（B）24；（C）1；（D）10。

Je2A1570 起锯是锯割工作的开始。起锯有几种形式，一般情况下采用（**A**）。

（A）远起锯；（B）中起锯；（C）近起锯；（D）任意位置起锯。

Je2A2571 水泵在初次试运时，出口门开快，易造成泵出口压力表下降甚至不上水，其原因是（**A**）。

（A）由于出口管内无水造成瞬间无流量；（B）泵压力表有毛病；（C）水泵吸入管太长；（D）水泵吸入管太粗。

Je2A2572 对卧式单级单吸的水泵来说，一般要求其在轴颈处的轴弯曲不大于（**A**）mm 才可继续正常使用。

（A）0.06；（B）0.16；（C）0.26；（D）0.36。

Je2A2573 对单级双吸型水泵来说，一般要求其双吸密封环与泵壳之间应保持有（**A**）mm 的径向配合间隙。

（A）0～0.03；（B）0.02～0.05；（C）0.08～0.10；（D）0.12～0.15。

Je2A2574 对单级双吸型水泵来说，一般要求其轴承壳体与轴承外圈的配合间隙应保持在（**A**）的范围之内。

（A）−0.01～0.03；（B）0.05～0.08；（C）0.08～0.10；（D）0.12～0.15。

Je2A2575 对产生弯曲的泵轴选用捻打直轴法进行直轴工作时，捻打的轴向长度应控制在变形最大处（**D**）mm 的范围内。

（A）10～20；（B）30～50；（C）40～80；（D）50～100。

Je2A2576 一般情况下机械密封轴套的内表面加工精度应在（**B**）μm 的范围之内。

（A）0.1～0.2；（B）0.4～0.6；（C）0.8～1.0；（D）1.2～2.0。

Je2A2577 多弹簧式机械密封中，同一密封中的各个弹簧的自由高度差不应超过（**B**）mm。

（A）0.02；（B）0.05；（C）0.20；（D）0.50。

Je2A3578 电动机联轴器热装后，还需（**B**）。

（A）向轴瓦加油盘动转子；（B）往联轴器上及轴颈上加水冷却；（C）加以保温防止联轴器变形；（D）在室温下缓慢冷却。

Je2A3579 凝汽器铜管胀管时，铜管管壁的减薄量应在管壁厚度的（**C**）左右。

（A）0～2%；（B）2%～4%；（C）4%～6%；（D）10%～12%。

Je2A3580 凝汽器的中间管板通常被设计成支持管板，使换热管的中间位置略（**B**）两端以减小换热管的热胀应力。

（A）低于；（B）高于；（C）大于；（D）小于。

Je2A3581 凝汽器更换新铜管之前，应先行抽取总数（**B**）%的铜管进行有无拉延痕迹、裂纹、砂眼、分层现象等缺陷的内部检查。

（A）0.01；（B）0.10；（C）1.0；（D）10。

Je2A3582 采用薄膜法检测凝汽器的泄漏时，需将凝汽器换热管的（**A**）保持真空，这样就能使薄膜在已泄漏的换热管管口处被吸成低凹的状态。

（A）外侧；（B）内侧；（C）管口；（D）两端。

Je2A3583 对 **DG** 型水泵来说，新加工的密封环、导叶衬套安装就位后，与叶轮的同心度偏差应小于（**A**）**mm**。

（A）0.04；（B）0.10；（C）0.22；（D）0.36。

Je2A3584 对 **DG** 型水泵来说，要求其导叶衬套与导叶之间采用过盈量为（**A**）**mm** 的过盈配合，才能保证水泵的正常工作。

（A）0.015～0.02；（B）0.06～0.08；（C）0.08～0.12；（D）0.12～0.16。

Je2A3585 大型立式循环水泵解体检修的过程中，应检测泵轴的弯曲度不得超过（**A**）**mm** 才能继续正常使用。

（A）0.10；（B）0.40；（C）0.85；（D）1.20。

Je2A3586 在正常情况下，分段式多级水泵的相邻泵壳间止口的径向配合间隙为（**A**）**mm** 才能满足止口间同心度的要求。

（A）0～0.05；（B）0.16～0.28；（C）0.32～0.52；（D）0.60～0.80。

Je2A4587 抽汽器喷嘴与扩散管的中心线检查时（**A**）。

（A）应相吻合；（B）误差 1mm；（C）误差 2mm；（D）误差 3mm。

Je2A4588 测量水泵叶轮有不平衡质量时，通常不是采用在叶轮较轻一侧加重块的方法处理，而是采取在叶轮较重一侧（**D**）的方法来保持平衡。

（A）焊补；（B）堆焊；（C）涂镀；（D）铣削。

Je2A4589 转子经过静平衡测试、调整之后，剩余的不平衡质量在正常运行时产生的离心力不得超过转子质量的（**B**）。

（A）1.0%；（B）5.0%；（C）15%；（D）20%。

Je2A4590 对采用石墨制成的、凸台高度为 **3mm** 的机械密封摩擦副环，要求其端面在使用中的磨损量最大不得超过（**B**）**mm**。

（A）0.50；（B）1.00；（C）±0.50；（D）±1.0。

Je1A1591 立式泵基础的中心线与进出口水管接口构筑物的中心线的误差，一般应在（**D**）以内。

（A）20mm；（B）15mm；（C）12mm；（D）10mm。

Je1A1592 凝汽器更换新铜管时，在水压试验完毕后应再抽取总数（**A**）的铜管截段做氨熏试验以检验铜管的残余应力是否合格。

（A）1%～2%；（B）11%～12%；（C）21%～22%；（D）31%～32%。

Je1A1593 凝汽器的定期清洗工作大多是在（**D**）的情况下完成的。

（A）停炉；（B）停机；（C）不停炉；（D）不停机。

Je1A1594 当凝汽器与汽轮机之间采用波纹管伸缩节连接方式时，在安装过程中必须对波纹管进行一定的（**B**）才能保证其在运行中的正确位置。

（A）热紧；（B）冷拉；（C）侧拉；（D）膨胀。

Je1A1595 对于凝汽器的胶球清洗装置来说，必须选用湿态直径比换热管内径大（**C**）**mm** 的海绵胶球才能满足清洗要求。

（A）0.50～0.85；（B）0.85～1.05；（C）1.00～2.00；（D）2.25～2.55。

Je1A2596 射汽抽气器的一级疏水管，采用 **V** 形管高度为（**A**）。

（A）不小于 3m；（B）不小于 3.5m；（C）不小于 4m；（D）不小于 4.5m。

Je1A2597 深井泵启动前向泵内注水的目的是（**B**）。

（A）使泵壳内充水，以便启动；（B）使泵轴和橡胶轴承之间形成一层水膜，以便润滑；（C）测量井内水位；（D）冷却水泵。

Je1A2598 当液力耦合器采用控制工作油（**D**）方式时，会出现因涡轮无法迅速增速以适应机组负荷急速增加工况的缺陷。

（A）温度；（B）转速；（C）进油量；（D）出油量。

Je1A2599 在进行高压加热器的堵头焊接时，应将管板上焊口周围的平均温度保持在（**B**）℃左右，以除掉潮气。

（A）20；（B）65；（C）90；（D）120。

Je1A2600 为了避免液体进入水泵叶轮时与叶片发生撞击而产生冲击和涡流损失，故要求合理地选择叶片入口安置角，一般为（**D**）。

（A）0°～20°；（B）5°～30°；（C）10°～20°；（D）10°～40°。

Je1A2601 叶轮作静平衡时，其静平衡允许偏差的数值近似为叶轮外径值乘以（**B**）g/mm。

（A）0.005；（B）0.025；（C）0.10；（D）0.25。

Je1A2602 对高压给水泵中的机械密封来说，动、静摩擦副环材料的（**C**）越好，则其使用寿命就越长。

（A）耐酸性；（B）耐碱性；（C）耐磨性；（D）耐油性。

Je1A2603 两传动带轮的对应槽必须在同一平面内，其须斜角不超过（**C**）。

（A）4°；（B）7°；（C）10°；（D）15°。

Je1A2604 测量精密的锥度量规时，应采用（**B**）测量。

（A）万能量角器；（B）正弦规；（C）水平仪；（D）涂色法。

Je1A2605 水泵组装后，转子两端滑动轴承的轴瓦紧力不得超过（**A**）mm。

（A）±0.02；（B）±0.08；（C）0.20；（D）0.36。

Je1A3606 在水泵运行时，盘根冷却水的调节应该是（**B**）。

（A）完全不漏水；（B）每隔数分钟有水滴；（C）有一小股水流流出；（D）有水流向外喷射。

Je1A3607 若多级分段式水泵的泵壳止口配合间隙超标时，最简单的修复方法就是在超标的泵壳止口上均匀地（**A**）6～8点后，再按所需尺寸进行车修。

（A）堆焊；（B）切割；（C）錾切；（D）铣削。

Je1A3608 对产生弯曲的泵轴选用局部加热加压法进行直轴工作时，要注意对某一个部位的加热次数最多不能超过（**B**）次。

（A）2；（B）3；（C）4；（D）5。

Je1A3609 对 DG 型水泵来说，要求其组装后的动、静平衡盘的平行度偏差不得超过（**A**）mm。

（A）0.02；（B）0.08；（C）0.12；（D）0.26。

Je1A3610 按照给水泵的设计要求，其转子在推力轴承处测得的轴向总间隙应保持为（**C**）mm 左右。

（A）0.02；（B）0.10；（C）0.40；（D）0.60。

Je1A3611 立式循环水泵解体检修的过程中，应检查各推力瓦块与推力盘在每平方厘米上接触 3～4 点的面积达到（**D**）以上才能继续正常使用。

（A）5%；（B）15%；（C）50%；（D）70%。

Je1A3612 立式循环水泵检修过程中，应检查经研修的推力头分半卡环受力之后所遗留的未严密接触部分的长度不得超过圆周的（**B**）。

（A）1%；（B）20%；（C）50%；（D）70%

Je1A3613 为了保证装有机械密封的给水泵在启动过程中密封端面不致受到损伤，要求泵轴的轴向窜动量在（**C**）mm 以内为宜。

（A）0.50；（B）0.05；（C）±0.50；（D）±0.05。

Je1A4614 油管道浸泡酸洗时，酸液的配比为（**D**）。

（A）4%～5%的盐酸加入 0.2%的缓蚀剂若丁；（B）8%的盐酸加入 0.2%的缓蚀剂若丁；（C）10%的盐酸加入 0.8%的缓蚀剂若丁；（D）10%的盐酸加入 0.2%的缓蚀剂若丁。

Je1A4615 电动机的定子与转子间的空气间隙应调整到四周均匀，其误差应小于各磁极平均空气间隙的（**A**）。

（A）10%；（B）8%；（C）6%；（D）4%。

Jf5A1616 薄板气焊时最容易产生的变形是（**C**）。

（A）角变形；（B）弯曲变形；（C）波浪变形；（D）扭曲变形。

Jf5A1617 用钻夹头装夹直柄钻头是靠（**A**）传递运动和扭矩的。

（A）摩擦；（B）啮合；（C）机械的方法；（D）螺纹件坚固的方法。

Jf5A1618 氧气瓶一般应（**C**）放置，并必须安放稳固。
（A）水平；（B）倾斜；（C）直立；（D）倒立。

Jf5A1619 氧气瓶与乙炔发生器、明火、可燃气瓶或热源的距离应（**A**）。

（A）>10m；（B）>5m；（C）>1m；（D）>2m。

Jf5A1620 吊方形物件时，四根绳索的位置应在重心的（**C**）。
（A）左边；（B）右边；（C）四边；（D）两边。

Jf5A1621 用于捆绑设备的钢丝绳的安全系数是（**D**）。
（A）4；（B）4.5；（C）6；（D）10。

Jf5A1622 在检修施工过程中，应提倡推广使用新（**B**）、新工艺、新材料、新工具和新方法，以利于提高工作效率和检修质量。

（A）专用工具；（B）技术；（C）工序；（D）调试方法。

Jf5A1623 钻床操作工不准戴（**B**）。
（A）帽子；（B）手套；（C）眼镜；（D）图纸。

Jf5A2624 三脚架在使用时，备板的支点与地面夹角应不小于（**D**）。

（A）45°；（B）30°；（C）50°；（D）60°。

Jf5A2625 螺旋千斤顶在使用时，每次顶升量不得超过螺杆牙距的（**C**）。

（A）1/2；（B）1/3；（C）3/4；（D）2/3。

Jf5A3626 在检修施工过程中，按照质量保证体系的不同要求而确定的质量控制点分为（　）点和（　）点两类。（**B**）

（A）M、H；（B）W、H；（C）V、H；（D）K、H。

Jf5A4627 通常，钎焊时的焊缝应选择为（**B**）mm。

（A）0～0.05；（B）0.05～0.20；（C）0.50～0.80；（D）0.80～1.10。

Jf4A1628 滚运设备在下坡时，应（**A**）防止滑坡。

（A）设置拖拉绳；（B）用撬杠撬；（C）用人力顶；（D）以上均可以。

Jf4A1629 钢丝绳作吊挂和捆绑用安全系数应不小于（**C**）。

（A）4；（B）5；（C）6；（D）7。

Jf4A1630 千斤顶在使用时应放平整，并在上下端垫以（**A**）以防止千斤顶在受力时打滑。

（A）坚韧的木板；（B）铁板；（C）涂油的铁板；（D）纸板。

Jf4A2631 汽缸法兰螺栓的预紧力（**C**），这也是形成高、中压外缸法兰结合漏汽的主要原因之一。

（A）充足；（B）过盈；（C）不足；（D）增加。

Jf4A3632 通常情况下，阀门上的高温螺栓的初紧应力取为（**B**）kg/mm。

（A）0～15；（B）30～35；（C）50～55；（D）80～100。

Jf4A3633 在管道焊接对口时，应保持管子的内壁平齐、管子与管件的局部错口不得超过管子壁厚的（**B**）且不大于 1mm。

（A）2%；（B）10%；（C）50%；（D）100%。

Jf4A3634 在安装汽水管道时，应保证管道的水平段具有一定的坡度，一般选取汽水管道的坡度为（**A**）左右。

（A）2‰；（B）20‰；（C）2%；（D）20%。

Jf3A1635 用千斤顶支承工件时其支承点应尽量选择在（**D**）。

（A）斜面；（B）凹面；（C）凸面；（D）平面。

Jf3A1636 划线在选择尺寸基准时，应使划线的尺寸基准与图样上的（**B**）一致。

（A）测量基准；（B）设计基准；（C）工艺基准；（D）定位基准。

Jf3A1637 利用滚杠搬运设备，当需要转弯时，应（**A**）并用大锤敲击滚杠调整角度，使设备顺利转弯。

（A）将滚杠放置成扇形；（B）用卷扬机；（C）用导向滑车；（D）用撬杠撬。

Jf3A1638 电钻在使用前，需空转（**B**）min，以便检查传动部分是否正常。

（A）0.1；（B）1；（C）5；（D）10。

Jf3A2639 通常阀门密封面损伤的深度达到或超过（**C**）mm

时，就应采取磨削、车削等机械修复加工的方法来进行修复。

（A）0.05；（B）0.15；（C）0.30；（D）0.50。

Jf3A2640 在焊接中低压管道时，通常要求直管段上相邻的两个环形焊缝之间的距离不小于（**B**）mm。

（A）50；（B）100；（C）150；（D）200。

Jf3A2641 超重时选择钢丝绳卡的尺寸应适合钢丝绳的直径，一般钢丝绳卡的尺寸以大于钢丝绳直径（**A**）mm 左右为佳。

（A）1；（B）2；（C）3；（D）4。

Jf3A3642 根据管道安装的基本原则，对真空管道中使用的法兰应按照不低于（　）MPa 的等级来选配（　）形式的法兰。
（**B**）

（A）0.1、凹凸面；（B）1.0、凹凸面；（C）0.1、光滑面；
（D）1.0、光滑面。

Jf3A3643 在进行阀门多层填料的装填工作时，应注意将各层填料之间的搭接接口至少要相互错开（**C**）左右。

（A）0°；（B）30°；（C）90°；（D）180°。

Jf3A3644 使用电加热器拆除汽缸螺栓的加热时间一般控制在（**C**）min 左右即可，太长或太短都不够妥当。

（A）5～10；（B）10～15；（C）15～30；（D）30～50。

Jf3A3645 拆除汽缸结合面螺栓时，应首先选择汽缸变形（或结合面变形）（**C**）处的螺栓进行松动工作。

（A）最小；（B）中等；（C）最大；（D）任意。

Jf3A3646 揭开汽缸大盖时，应严格保证在全过程中均保持汽缸大盖的（**B**）程度。

（A）垂直；（B）水平；（C）旋转；（D）倾斜。

Jf2A1647 一般主吊装用钢丝绳宜选用（**B**）钢丝绳。

（A）同向捻；（B）交互捻；（C）混合捻；（D）复合捻。

Jf2A1648 在铁碳状态图中，含碳量小于 0.77% 的钢称为（**B**）。

（A）共析钢；（B）亚共析钢；（C）过共析钢；（D）共晶白口铁。

Jf2A1649 水压试验时，周围的环境温度不低于空气的露点外，还应高于（**C**）。

（A）0℃；（B）10℃；（C）5℃；（D）−5℃。

Jf2A1650 钢丝绳的破坏主要原因是（**A**）。

（A）弯曲；（B）疲劳；（C）拉断；（D）压扁。

Jf2A1651 按照选用管道支吊架的原则，在管道上没有垂直位移或垂直位移很小的地方应设置（**D**）支架。

（A）固定；（B）弹簧；（C）悬吊；（D）活动。

Jf2A2652 由实际经验可知，当阀门开启、关闭到位之后，应反向旋转或预留（**A**）圈左右的余度，以防止阀门因受热膨胀而产生卡涩。

（A）0.5；（B）2；（C）3；（D）4。

Jf2A2653 登高中的二级高处作业，其高度正确的选项是（**B**）。

（A）1～5m；（B）5～15m；（C）15～20m；（D）20～30m。

Jf2A2654 20 号优质碳素钢一般用于工作温度（**C**）的受热面上。

（A）等于 450℃；（B）大于 450℃；（C）低于 450℃；（D）以上全对。

Jf2A2655 纯铁的晶粒越细则（**D**）。

（A）强度越低，塑性越差；（B）强度越低，塑性越好；（C）强度越高，塑性越低；（D）强度越高，塑性越好。

Jf2A3656 亚共析钢加热上临界点用（**B**）表示。

（A）A_{ccm}；（B）A_{r_3}；（C）A_{c_3}；（D）A_{rcm}。

Jf2A3657 拖拉长物件时，应（**B**）拖拉。

（A）顺宽度方向；（B）顺长度方向；（C）与长度方向成一角度；（D）与宽度方向成一角度。

Jf2A3658 使用钢丝绳索卡时，一定要把螺栓拧紧，直到钢丝绳直径被（**A**）左右为止。

（A）压扁 1/3；（B）压扁 1/5；（C）拉长一倍；（D）压扁 2/3。

Jf2A4659 地锚的拉绳与地面的水平夹角为（**B**）。

（A）20°左右；（B）30°左右；（C）40°左右；（D）60°。

Jf2A4660 吊钩和吊环的制作材料一般都采用 **20** 号优质碳素钢和 **16** 锰钢，因为这种材料的突出优点是（**A**）。

（A）韧性较好；（B）硬度较好；（C）强度较好；（D）刚度较好。

Jf1A1661 用百分表测量平面时，侧头应与平面（**B**）。

（A）倾斜；（B）垂直；（C）水平；（D）视情况。

Jf1A1662 合理选择切削液，可减小塑性变形和刀具与工件间摩擦，使切削力（**A**）。

（A）减小；（B）增大；（C）不变；（D）增大或减小。

Jf1A1663 在攻丝中，若工件材料为（**A**）时底孔直径等于螺纹小径。

（A）青铜；（B）低碳钢；（C）铝板；（D）合金钢。

Jf1A2664 属于过渡配合的是（**A**）。

（A）轴承与轴；（B）泵体口环与叶轮口环；（C）轴瓦与轴；（D）汽轮机的轴和叶轮。

Jf1A2665 用涂色法检查刮研轴瓦与轴颈的接触面，要求均匀达到（**C**）以上。

（A）100%；（B）50%；（C）75%；（D）90%。

Jf1A2666 根据经验，当碳含量大于（**A**）时容易产生冷裂纹。

（A）0.45%～0.55%；（B）0.15%～0.25%；（C）0.35%～0.40%；（D）0.25%～0.35%。

Jf1A2667 定滑车可以（**C**）。

（A）省力；（B）省功；（C）改变力的方向；（D）既省力又省功。

Jf1A2668 在吊装作业中，掌握物件的（**A**）很重要。

（A）重心；（B）质量；（C）体积；（D）面积。

Jf1A2669　在研磨平板上用手工方法研磨工件时，应用手一边旋转工件，一边作直线运动或作（**A**）运动。由于研磨运动方向的不断变更，使磨粒不断地在新的方向起磨削作用，故可提高研磨效率。

（A）8字形；（B）十字形；（C）X字形；（D）任意方向。

Jf1A2670　如果选用的汽缸螺栓与螺母为不同种类的材质时，螺栓材料的加工硬度应该比螺母材料的加工硬度（**A**）一个等级。

（A）提高；（B）等同于；（C）降低；（D）随意配置。

Jf1A3671　对于检修过程中需预先确认的见证 **W** 点，应在（**D**）h 之前以书面通知的形式告知有关的验收人员。

（A）4；（B）8；（C）12；（D）24。

Jf1A3672　不论是冷紧或热紧的汽缸螺栓，在拧紧后一般都是以螺栓的（**C**）作为鉴定螺栓是否紧固适当的基准。

（A）热紧转角；（B）热紧弧长；（C）伸长量；（D）手锤敲击音量。

Jf1A3673　大型给水泵轴封多采用（**B**）做冷却水源。

（A）循环水；（B）凝结水；（C）工业水；（D）生水。

Jf1A3674　对于工作温度高于（　）℃或在（　）℃以下的管道，除连接管道法兰时对螺栓的紧固之外，在系统投运初期还需进行连接螺栓的热紧和冷紧工作。（**B**）

（A）100、0；（B）200、0；（C）300、0；（D）400、0。

Jf1A3675　钻孔时，当孔呈多角形时，产生的主要原因可能是钻头（**B**）。

（A）前角太大；（B）后角太大；（C）前角太小；（D）后角太小。

Jf1A3676 粗齿锉刀的加工精度在（**C**）mm 范围。

（A）0.01～0.05；（B）0.05～0.2；（C）0.2～0.5；（D）0.005～0.01。

Jf1A4677 用于加工同心圆周上的平行孔系或分布在几个不同表面上的径向孔的是（**D**）钻床夹具。

（A）固定式；（B）移动式；（C）翻转式；（D）回转式。

Jf1A4678 磨削工件表面有直波纹，其原因可能是（**A**）。

（A）砂轮主轴间隙过大；（B）砂轮主轴间隙过小；（C）砂轮太软；（D）磨削液不充分。

Jf1A4679 汽轮机的相对内效率为（**A**）。

（A）有效焓降与理想焓降之比；（B）汽轮机轴端功率与理想功率之比；（C）发电机输出功率与汽轮机理想功率之比；（D）发电机输出功率与汽轮机轴端功率之比。

4.1.2 判断题

La5B1001 绘制螺纹图时，牙顶用粗实线，牙底用细实线。（√）

La5B1002 螺栓 M16 表示公称直径为 16mm 的粗牙普通螺纹螺栓。（√）

La5B1003 力偶中力的大小与力偶臂的乘积称为力偶矩。（√）

La5B1004 作用力和反作用力总是成对出现的。（√）

La5B1005 钻头的后角大，切削锋利，但钻削时易产生多角形。（√）

La5B1006 砂轮的砂粒在磨的过程中逐渐变钝，并失掉其切削性能。（√）

La5B1007 使用砂轮研磨时，应戴防护眼镜或装设防护玻璃。不准用砂轮的侧面研磨。（√）

La5B1008 火力发电厂的生产过程就是通过一系列的转换，最终将热能转变成电能的过程。（√）

La5B1009 在汽轮机的工作过程中，蒸汽是通过汽轮机做功把热能直接转变成电能的。（×）

La5B2010 凡是有温度差存在的地方，必然有热量的传递。（√）

La5B2011 在定压条件下，水汽化时必然吸热。（√）

La5B2012 热量传递的方式有导热、对流和热辐射三种。（√）

La5B2013 擦净千分尺的测量表面和工件的被测量表面是测量前的必要工作。（√）

La5B2014 不得在钢筋爬梯上拉设电源线，严禁将钢筋爬梯作为接地线。（√）

La5B2015 遇有六级以上大风或恶劣气候时，应停止露天

高处作业。（√）

La5B2016　火力发电厂的主要生产系统包括汽水系统、燃烧系统、控制系统和电气系统等。（√）

La5B2017　按传热方式划分，除氧器属于混合式加热器。（√）

La5B3018　蒸汽在汽轮机内做完功后，排入除氧器内并被循环冷却水冷却、凝结成水再回到下一个循环过程。（×）

La5B3019　吊钩上的承力部位缺陷不得进行焊补。（√）

La5B3020　在串联电路中，负载两端电压的分配与各负载电阻成反比；在并联电路中，各支路电流的分配与各支路电阻成正比。（×）

La5B3021　交流电每秒钟周期性变化的次数叫频率，用字母 f 表示，其单位是赫兹，用 Hz 表示。（√）

La5B3022　碱性焊条抗裂纹的能力比酸性焊条差。（×）

La5B3023　E4303 与 E5015 两种焊条相比较，E4303 焊条的工艺性能比 E5015 焊条的工艺性能好。（√）

La5B4024　合力的作用与它的各分力同时作用的效果相同，故合力一定大于任何一个分力。（×）

La5B4025　凝汽器的端差是指凝结水温度与冷却水出口温度的差。（×）

La5B4026　使用游标卡尺时，游标的"0"刻线与尺身的"0"刻线对齐，此时量爪之间的距离为 0.01mm。（×）

La5B5027　常用的热补偿器有凸形或凹形补偿器、波形补偿器。（√）

La5B5028　采用中间再热循环可以提高循环热效率，但排汽湿度增大。（×）

La4B1029　公差与配合标准是实现互换性的必备条件之一。（√）

La4B1030　当气体温度不变时，气体密度与压力成正比。（√）

La4B1031 麻花钻有两条形状相同的螺旋槽，其作用是形成两条切削刃的前角，并可导向。（√）

La4B1032 管道的附件或管道焊口上可以开口和连接管座。（×）

La4B1033 离子交换剂有天然的和人造的、有机的和无机的、阴离子型的和阳离子型的等，种类很多。（√）

La4B1034 电厂热力设备中常用的轴承合金是巴氏合金。（√）

La4B1035 不同的金属材料，在相同外力作用和同等外界条件下，弹性相同。（×）

La4B1036 U 形管式加热器管束一般由钢管组成。（×）

La4B1037 高压加热器蛇形管的材质为 20 号钢。（√）

La4B1038 水环式真空泵主要由叶轮、泵轴、壳体和吸排气口等部件组成。（√）

La4B1039 凝汽设备的任务之一是在汽轮机低压缸建立高度真空。（√）

La4B1040 弹簧内置式机械密封就是指弹簧固定在密封压盖之内的机械密封。（×）

La4B1041 机械密封中的静环是静止不动的，一般是靠键、销钉或螺栓连接来固定在水泵转子上的。（×）

La4B1042 在通过轴心线的水平面上开有泵壳结合缝的离心式水泵叫做水平中开式泵。（√）

La4B1043 机械密封工作时是靠动、静环端面的紧密贴合来实现密封功能的。（√）

La4B2044 凝汽器铜管清洗只能采用机械清洗。（×）

La4B2045 加热器水压试验压力应是工作压力的 1.25 倍，最低不应低于工作压力。（√）

La4B2046 普通压力方式过滤器又称双流式过滤器。（×）

La4B2047 给水泵的振动值，规定必须小于 0.1mm 以下。（×）

La4B2048 输送凝结水的泵类轴封水应采用凝结水。(√)

La4B2049 凝结水泵的诱导叶轮,是为了使凝结水进入水泵。没有它,凝结水泵无法运行。(×)

La4B2050 给水泵必须装有暖泵装置,但不一定要装再循环管。(×)

La4B2051 一般附属机械安装时,应符合图纸要求,方向应正确,中心线的标高允许偏差值为 10mm。(√)

La4B2052 附属机械安装时,在设备水平结合面或底座加工面上用水平仪测量,一般应保持水平。(√)

La4B2053 热工仪表对带有腐蚀介质的测量,常用衬胶办法或隔离液将仪表与被测腐蚀介质分开。(√)

La4B2054 企业的质量方针是独立的,所以应与企业的总方针不一样。(×)

La4B2055 滚动轴承的内圈与轴的配合采用基孔制。(√)

La4B2056 在星形连接的三相对称电源或负载中,线电压等于相电压。在三角形连接的对称电源或负载中,线电流等于相电流。(×)

La4B2057 变压器是利用电磁感应原理制成的一种置换电压的电气设备,它主要用来升高或降低电压。(√)

La4B2058 研磨阀门的专用工具是研磨头,所用材料的硬度应低于阀瓣和阀座的硬度。(√)

La4B2059 旧国标中,三大类配合的名称为间隙配合、过渡配合和过盈配合。(×)

La4B2060 水位计是用来指示容器内水位高低的表计。(√)

La4B2061 水泵密封环的作用除了防止泵内高压水倒流回低压侧而使泵的效率降低外,还有对转子的辅助支撑作用。(×)

La4B2062 在水泵的结构上采用双吸叶轮、增设前置诱导轮等手段可以防止水泵产生汽蚀。(√)

La4B2063 按吸气和排气方式划分,水环真空泵有轴向吸排气和径向吸排气两种。(√)

La4B2064 抽气器的空气吸入口管道上必须装有止回装置，以保证抽气器的效率和使用效果。（√）

La4B2065 空气漏入凝汽器后，过冷度增大，端差增大。（√）

La4B2066 凝汽器端部管板的主要作用就是用来安装并固定换热管，并把凝汽器分为汽侧和水侧。（√）

La4B3067 如果管道水平布置，要保持 0.1%～0.3%的斜度，以利于管路的疏水流通。（√）

La4B3068 管子吊架装设时，弹簧可以不预先压缩到一定尺寸。（×）

La4B3069 碳钢管弯制后可不进行热处理，只有合金钢管弯制后，才对弯曲部分进行热处理。（√）

La4B3070 沥青涂料可分为自干型和热烘型两种，在水处理室外的防腐工程中，主要用自干型涂料，它能在室温下很快干燥。（√）

La4B3071 装箱设备开箱检查后不能立即安装者，应再把箱封闭好，对长时间露天放置的箱件，应加防雨罩。（√）

La4B3072 凝汽器铜管胀口大量泄漏可进行补胀。（√）

La4B3073 电解槽按其性质可分为单极性电解槽和双极性电解槽两大类。（√）

La4B3074 立式离心泵安装，应以主轴联轴器法兰平面为准进行测量，其水平度误差应小于 0.5mm/m。（√）

La4B3075 开箱检查时，设备的转动和滑动部件，在防腐涂料未清理前，不得转动和滑动，检查后仍应进行防腐处理。（√）

La4B3076 给水泵再循环管的作用是为了防止给水泵过热，使泵能正常运行，再循环水管的流量一般应是水泵出力流量的 1/4。（×）

La4B3077 设备开箱检查时，应使用合适的工具，不得猛烈敲击，以防损坏设备。对装有精密设备的箱件，更应注意对加工面妥为保护。（√）

La4B3078 氢气和氧气管道上、下平行敷设时，氧气管道

应在氢气管道的上方。（×）

La4B3079 在倒链的转动部分及摩擦胶木片内要经常上油，以保证润滑，减少磨损。（×）

La4B3080 离心泵的轴向推力是由于平衡盘的前后压力不同而产生的。（×）

La4B3081 常见的给水泵大多为 3～6 级叶轮、卧式芯包型结构，其内泵壳有多级分段式结构，也有精密铸造的水平中分式的蜗壳结构。（√）

La4B3082 混合式加热器的主要优点是能够充分利用加热蒸汽的热量，使给水温度能达到加热蒸汽压力下的饱和温度。（√）

La4B4083 只有水泵的 $Q\text{-}H$ 曲线为连续下降的，才能保证水泵运行的稳定性。（√）

La4B4084 HSn70-1 表示含铜 70%、含锡 1.0%、以锡为主要添加元素的锡黄铜。（√）

La4B4085 基础垫铁安装，不允许采用环氧树脂砂浆将垫铁黏在基础上。（×）

La4B5086 电渗析器在组装时，可根据出水水质要求，组成串联和并联方式运行。（√）

La4B5087 给水泵轴在检修时，其轴的径向晃度应小于 0.03mm，轴的弯曲值应小于 0.02mm，其轴颈的椭圆度和不柱度应小于 0.02mm。（√）

La4B5088 液体的黏性随温度的升高而升高。（×）

La3B1089 定滑轮安装在位置固定的轴上，不仅可改变绳索或拉力方向，而且可以省力。（×）

La3B1090 对表面式给水加热器来说，按照其使用温度可划分为高压加热器和低压加热器两种类型。（×）

La3B2091 符合标准的产品是用户满意的产品。（×）

La3B2092 卷扬机必须有可靠的刹车装置，刹车装置不灵，在未修复前可以使用。（×）

La3B2093 机械密封中弹簧的作用就是促使动、静环在工作过程中能始终保持良好的贴合接触。（√）

La3B2094 由一对动、静环密封面组成的机械密封称为双端面机械密封。（×）

La3B2095 从工作情形来看，迷宫密封、浮动环密封、螺旋密封和机械密封均属于非接触型的动密封。（×）

La3B2096 射汽器抽气是通过使高速汽流形成的负压区吸入和夹带上凝汽器中的不凝结气体而后扩散、排出的。（√）

La3B2097 表面式加热器是通过金属管壁将蒸汽的热量传递给水的，其传热过程存在一定的温差和压损，因而较混合式加热器的经济性要差一些。（√）

La3B2098 给水泵出口装设再循环管的目的是为了防止给水泵在低负荷时发生汽化。（√）

La3B2099 离心泵是利用液体随叶轮旋转时所产生的向心力来工作的。（×）

La3B2100 给水泵的平衡鼓允许出现短时间的无水"干转"状况。（√）

La3B2101 国产大功率机组配置的循环水泵大多选用的是立式、单级单吸式的混流泵结构形式。（×）

La3B3102 移动式梯子宜用于高度在 4m 以下的短时间内可完成的工作，梯子使用前应进行检查，并应有专人负责保管、维护及修理。（√）

La3B3103 离心泵的容积损失有密封环泄漏损失、平衡机构泄漏损失和级间泄漏损失三种。（√）

La3B3104 从大型立式循环水泵的基本结构上来看，它们都是采用了不需拆卸泵体即可单独抽出转子部分的结构形式。（√）

La3B3105 从干饱和蒸汽加热到一定温度的过热蒸汽所加入的热量叫过热热。（√）

La3B3106 干度是干蒸汽的一个状态参数，它表示干蒸汽

的干燥过程。（×）

La3B4107 严禁在储存或加工易燃、易爆物品的场所周围 20m 范围内进行焊接、切割与热处理工作。（×）

La3B4108 绝缘电阻表是测量电压和电流的仪表。（×）

La3B4109 水泵的水力振动主要是由于泵内或其管路系统中的水流动不正常而引起的。（√）

La3B5110 钢材矫正时，因为加热温度对矫正能力影响很大，故应根据需矫正变形的大小来选择加热温度。（×）

La3B5111 电动执行机构就地用手操作时，只能在断电或电动操作器处于"手动"位置时进行。（√）

La2B1112 对于带挡板滚子花兰的轴承（如6240），必须注意只能用润滑油，不得用润滑脂。（√）

La2B1113 大型机组采用辅助汽轮机驱动给水泵后，可提高机组热效率 0.2%～0.6%。（√）

La2B1114 具有暖泵系统的高压给水泵，用高温水试运时，一般暖泵 30min 即可开泵。（×）

La2B1115 附属机械的壳体上应有表明转动方向的标志。（√）

La2B1116 作为一种混合式的加热器，除氧器可以综合利用各类疏水来加热给水，从而减少汽水损失并且提高循环热效率。（√）

La2B1117 离心式水泵采用双吸叶轮、蜗壳泵等构造形式均有助于对转子轴向推力的平衡。（√）

La2B2118 金属材料在交变应力长期作用下所产生的断裂破坏现象称为疲劳破坏。（√）

La2B2119 汽水管道上测温元件的插座及其保护套管应在水压试验前安装完毕。（√）

La2B2120 热工仪表及控制装置在安装前不一定进行全面检查和单体校验。（×）

La2B2121 产品质量就是产品符合规定要求，满足用户期

望的程度。（√）

La2B2122 抽样指从实体中随机抽样品组成样本的活动过程。（√）

La2B2123 水泵的泵壳一方面能够把叶轮给予流体的动能转化为压力能，另一方面还起着对流体的导流作用。（√）

La2B2124 减压阀的主要作用就是可以自动地将设备和管道内的介质压力升高到所需的压力。（×）

La2B2125 旋膜除氧器是将射流、旋膜和悬挂式泡沸三种传热、传质方式集于一体的一种新式的除氧装置。（√）

La2B2126 对多级泵来说，平衡轴向推力的方法主要是叶轮对称布置、采用平衡盘两种方式。（√）

La2B3127 检修照明电路时，发现灯泡两线均可使试电笔氖管发亮，通常是发生了地线断路故障。（√）

La2B3128 制氢设备运行时，注意电解液在槽内与分离器内的不断循环，若压差大于 0.29kPa 时，应取出碱液过滤器进行清洗。（√）

La2B3129 阀芯与阀片密封面发生磨损，导致严密性降低时，可用堆焊的办法修复。（√）

La2B3130 带平衡鼓的离心泵，其鼓与套应光洁无损伤，螺栓槽应畅通，其径向间隙每侧一般为 0.25～0.35mm，平衡套与壳体应紧密配合无松动。（√）

La2B3131 对水泵叶轮的开式、半开式、封闭式三种形式来说，封闭式叶轮的流通效率最低，而开式和半开式叶轮的效率相对高一些。（×）

La2B4132 弯管过程中，除管子产生塑性变形外，还存在一定的弹性变形。当外力撤除后，弯头将弹回一角度。（√）

La2B5133 大型给水泵都配有独立的润滑系统，在水泵正式启动前，必须将油泵试运转，油系统应经过冲洗，油质合格。待油温和油压达到要求值后，才能正式启动给水泵。（√）

La1B1134 清除凝结水中的杂质，主要采用过滤法和混合

离子交换法。（√）

La1B1135 带液力耦合器的给水泵，只要调速工作油及润滑油系统油循环合格，油压正常清洁无渗漏，即具备启动试运条件。（×）

La1B1136 施工及验收工作必须按照已批准的设计和设备制造厂的技术文件进行。如需修改设备或变更以上文件的规定，必须具备一定的手续。（√）

La1B1137 平衡单级离心式水泵轴向推力的常见方法主要有平衡孔法、平衡管法和采用双吸叶轮法等三种。（√）

La1B1138 只要有可靠的安全措施就可用气体代替水压试验。（×）

La1B1139 由于给水泵于锅炉汽包相对位置相差很多，为保证锅炉供水，要求给水泵的特性曲线必须陡峭一些。（×）

La1B1140 随着海拔高度的升高，水泵的吸上高度也会升高。（×）

La1B1141 为提高钢的耐磨性和抗磁性需加入适量的合金元素锰。（√）

La1B2142 使用热电偶测温时，要求热端温度稳定。（×）

La1B2143 钼在钢中的作用主要是提高淬透性和热强性，使钢在高温时能保持足够的强度和抗蠕变能力。（√）

La1B2144 流体与壁面间温差越大，换热面积越大，对流换热热阻越大，则换热量也就越大。（×）

La1B2145 铂铑—铂热电偶适用于高温测量和作标准热电偶使用。（√）

La1B2146 在一定的渗碳温度下，保温时间越长，渗碳层越浅。（×）

La1B2147 取源部件安装的开孔、焊接及热处理工作，必须在设备、管道衬胶、清洗、试压和保温前完毕。（√）

La1B2148 测温元件应安装在测量值能代表被测介质温度的地方，不得装在管道和设备的死角处。安装在高温高压汽、

水管道上的测温元件应与管道中心线垂直。（√）

La1B2149 为了和国际接轨，GB/T 19000 系列标准取代了全面质量管理标准。（×）

La1B2150 采用无垫铁安装的设备，待二次浇灌混凝土的强度达到 70%以上时再撤临时垫铁，并及时用混凝土填充空间。（√）

La1B2151 水环真空泵采用径向吸排气方式时，气体可以在叶片全宽范围内进入和流出叶轮，因而泵的效率比较高。（√）

La1B2152 根据给水泵底座上的滑销系统的设计要求，泵座上的膨胀死点是设置在进水段下方的。（√）

La1B2153 凝汽器组合平台必须垫平，两端四角高低差一般应不大于 20mm。（×）

La1B2154 凝汽器冷却管胀接工作环境应整洁、干燥，气温应保持在 0℃以上。（√）

La1B3155 聚碳酸酯不耐碱，即便稀碱液也能使它缓慢破坏。（√）

La1B3156 立式循环泵推力轴承的推力盘，应光洁平整无损伤，推力瓦与推力盘进行涂色检查，接触应均匀，为 2～3 点/cm^2，面积应达总面积的 70%以上，必要时修刮，每个瓦块进、出油侧都应刮出油楔。（√）

La1B3157 高压加热器满水保护装置的试验压力应大于加热器水侧试验压力的 5%。（×）

La1B3158 当圆管中的液体为层流状态时，越靠近管壁处，其流动速度越大。（×）

La1B3159 辐射是由高温物体辐射给低温物体的，所以在同温度下的物体之间不发生辐射。（×）

La1B3160 膜状凝结时蒸汽与壁面之间隔着一层液膜，凝结只在液膜表面进行，汽化潜热则以导热和对流方式穿过液膜传到壁面上。（√）

La1B3161 绝热节流过程不是等熵过程。（√）

La1B3162 离心泵的效率等于机械效率乘以容积效率乘以水力效率。（√）

La1B3163 凝汽器壳体表面的局部弯曲允许为 3mm，全长度上的弯曲不应大于 10～20mm（大机组取大值）。（√）

La1B3164 大型汽轮机的检修过程实际上也是一个全面质量管理体系中的 P、D、C、A 循环过程。（√）

La1B3165 通过避免使水泵运转范围内的 Q-H 性能曲线上有向上倾斜的部分，可以起到减少水泵产生压力脉动的作用。（√）

La1B5166 水泵由于水力冲击而引起振动的频率是叶片数和泵轴转速的乘积或其整倍数。（√）

Lb5B1167 油系统的阀门垫料用低压石棉垫。（×）

Lb5B1168 优质碳素钢（10g）管，推荐使用温度为−20～440℃，允许上限使用温度为 450℃。（√）

Lb5B1169 高碳钢含碳量大于 0.6%。（√）

Lb5B1170 碳钢按用途可分为碳素结构钢、碳素工具钢。（√）

Lb5B1171 在空气中能耐腐蚀的钢称不锈钢，而在强腐蚀性介质中不受腐蚀的称为耐酸钢。习惯上常将这两种钢统称为不锈钢。（√）

Lb5B1172 成型的柔性石墨密封填料，可在−200～1600℃温度下工作。（√）

Lb5B1173 管道的吊架有普通吊架和弹簧吊架两种。（√）

Lb5B1174 蒸汽在汽轮机内的膨胀过程是等压过程。（×）

Lb5B1175 电厂一般采用电解水的方法制取氢气。（√）

Lb5B1176 用离子交换法除去水中的各种盐类,基本上只剩下 H^+、OH^- 的水叫除盐水。（√）

Lb5B1177 回热加热的传热方式是汽水直接接触混合传热。（×）

Lb5B1178 高压加热器是用高压抽汽加热锅炉给水的表

面式热交换器。(√)

Lb5B1179 目前,我国高压或超高压电厂都广泛采用高压除氧器。(√)

Lb5B1180 高压除氧器的安全门应为全启式。(√)

Lb5B2181 从除氧器水箱,经给水泵和高压加热器,到锅炉省煤器的管道称为给水管道。(√)

Lb5B2182 从传热方式看,除氧器属混合式加热器。(√)

Lb5B2183 汽轮机轴承有支持轴承和推力轴承两种,都属于滚动轴承。(×)

Lb5B2184 处于真空状态下工作的管子,可采用灌水试验代替水压试验。(√)

Lb5B2185 除氧器给水箱组合焊接时,由于工作压力在1.6MPa以下,因此可按低压容器的要求进行焊接。(×)

Lb5B2186 为了保证胀管质量,在凝汽器正式胀管前应进行试胀。(√)

Lb5B2187 除氧器除作为给水脱氧的主要设备外,还是一级混合式加热器。(√)

Lb5B2188 U形管式加热器属于无水室加热器。(×)

Lb5B2189 管式反渗透器是将半透膜敷设在微孔管的内壁或外壁进行反渗透。(√)

Lb5B2190 对于压力小于或等于 6MPa,温度小于或等于450℃,介质为汽、水、气的管道,可按照不同压力采用高、中、低压橡胶石棉垫。(√)

Lb5B2191 现代高压给水泵轴向推力的平衡装置一般包括双向推力轴承、平衡盘和平衡鼓。(√)

Lb5B2192 大型给水泵不用设暖泵装置。(×)

Lb5B2193 凝结水泵运行中误关空气门,将造成停机。(×)

Lb5B2194 汽缸螺栓是将上、下两半的汽缸连接成一体,确保汽缸严密不漏的紧固件。(√)

Lb5B2195 超高压大功率机组汽缸螺栓的工作温度一般

在 300℃左右，大多选用耐酸不锈钢材质即可满足要求。（×）

Lb5B2196 高压合金钢螺栓材料主要对抗冲击性能的要求较高，对抗松弛蠕变的性能并不需做太多的要求。（×）

Lb5B2197 阀门阀体材料代号中的"C"表示的是铸钢或碳钢材质。（√）

Lb5B2198 阀门密封圈材料代号中的"r"表示的是不锈钢材质。（×）

Lb5B2199 根据闸阀启闭时阀杆运动情况的不同，闸阀可分为明杆式、暗杆式两类。（√）

Lb5B3200 使用垫铁进行设备安装时，每组垫铁只允许使用一对斜垫铁，其他使用平垫铁。（√）

Lb5B3201 环氧树脂涂料具有良好的耐稀酸、碱和很多无机盐及有机介质腐蚀的性能。（√）

Lb5B3202 阀门安装除有特殊规定外，手轮不应朝下。（√）

Lb5B3203 疏水装置的作用是可靠地将加热器中的凝结水及时排出，同时也可将部分蒸汽随凝结水一起排走，以维持汽侧压力和凝结水位。（×）

Lb5B3204 离心泵按叶轮级数可分为单级泵和多级泵两种。（√）

Lb5B3205 所有水泵安装时，在进口管中都应该加装滤网，以免杂物进入泵体，损坏叶轮。（×）

Lb5B3206 汽轮机辅机设备就位前，应对混凝土基础进行清理油污、油漆和其他不利于二次浇灌的杂物。（√）

Lb5B3207 金属材料的硬度和强度之间具有一定的关系，即通常金属的硬度越低，其强度越大。（×）

Lb5B3208 低碳钢可锻性最好，中碳钢次之，高碳钢稍差，铸铁则不能进行锻造。（√）

Lb5B3209 在各类碳素钢中，低碳钢的可焊性差，高碳钢和铸铁的可焊性好。（×）

Lb5B3210 在回热系统中，一般将除氧器之后经过给水

泵加压的、对锅炉给水进行加热的回热加热器称为低压加热器。(×)

Lb5B3211 高碳钢是指含碳量大于0.25%的铁碳合金。(×)

Lb5B3212 对碳钢进行淬火处理是常用的一种化学热处理方法。(×)

Lb5B3213 除氧水箱设于一定的高度,是为了提高前置泵入口静压(√)。

Lb5B3214 高压加热器的疏水也是除氧器的一个热源。(√)

Lb5B4215 投入高压加热器汽侧时,要按压力从低到高,逐个投入,以防止汽水冲击。(√)

Lb5B4216 转动机械安装时,垫铁一般安装在地脚螺栓两边和框基承力位置处。(√)

Lb5B4217 高压管道及其附件,应采用焊接方式连接,以避免连接处泄漏,增加运行的可靠性。(√)

Lb5B5218 凝汽器没有除氧的作用。(×)

Lb5B5219 凝汽器铜管等胀时,如尺寸不够长应用强力方法伸长铜管进行胀接。(×)

Lb4B1220 为减少泄漏,油管路应尽量少用法兰,在热体附近的法兰盘,应加装金属外罩。(√)

Lb4B1221 阀门在使用中常见的问题有泄漏、腐蚀、擦伤、振动和噪声等。(√)

Lb4B1222 旋转滤网安装完毕后提交验收时,应具备滚动轴承型号记录和验收签证书。(√)

Lb4B1223 液力耦合器主要由两个带有径向叶片的碗状工作轮组成,主动轴带动的称为泵轮,带动从动轴的称为涡轮。(√)

Lb4B1224 给水泵的滑销系统主要是为安装方便而设置的。(×)

Lb4B2225 具有暖泵系统的高压给水泵试运行时,一般应进行暖泵,使泵上下温差小于15℃,泵体与给水温度差小

于20℃时方可启动。（√）

Lb4B2226 对水泵的轴封装置而言，在中低压水泵中，一般选用机械密封的形式，在高压高速水泵中，则多用压盖、填料密封的方式。（×）

Lb4B2227 IS 型泵是采用悬架轴承形式来支撑水泵转子的，并使用滑动轴承来承受转子的径向、轴向作用力。（×）

Lb4B2228 IS 型泵属于低压水泵，其轴封装置必须选用填料密封形式。（×）

Lb4B2229 在大型立式循环水泵的入口处均设置有吸入喇叭管或导流管来将流体尽可能均匀、平稳地引入叶轮。（√）

Lb4B2230 引发水泵产生振动的原因主要分为水力振动和驱动电动机振动两大类。（×）

Lb4B2231 通过在布置水泵管路时不出现起伏并保持一定的斜度，就可以起到减少水泵产生压力脉动的作用。（√）

Lb4B2232 如果凝汽器与汽轮机之间是刚性连接，则凝汽器与基础之间就应该具有刚性的支撑。（×）

Lb4B2233 表面式给水加热器按照使用压力的不同可分为高压加热器、中压加热器和低压加热器三种。（×）

Lb4B2234 给水中含有氧气会造成对热力设备的腐蚀，从而降低热力设备的可靠性和使用寿命。（√）

Lb4B2235 在汽轮机启动过程中，使用水环式真空泵建立真空的时间要远小于使用射水、射汽抽气器建立同样真空所需的时间。（√）

Lb4B2236 在配合制度上，轴承与轴的配合采用基孔制，轴承与轴承体的配合采用基轴制。（√）

Lb4B2237 除氧器应有水位报警及高水位自动放水装置，以防止除氧器满水后灌入汽轮机。（√）

Lb4B3238 水泵回转部件的局部磨损或损坏，将造成转子部分的不平衡，进而会引起泵轴的振动。（√）

Lb4B3239 由于水泵滑动轴承的油膜刚性不足而引发的

水泵振动属于共振。（×）

Lb4B3240　对多级水泵中的平衡盘装置来说，它除了平衡转子的轴向推力之外，还承担着转子的径向定位作用。（×）

Lb4B3241　由于水泵平衡盘设计的稳定性差，也可能会引起转子的机械振动。（√）

Lb4B3242　为了消除液力耦合器泵轮、涡轮之间转差损耗的功率而造成的工作油温度升高，一般均配置有冷油器来完成冷却工作油的任务。（√）

Lb4B3243　液力耦合器的输出转速是靠调节泵轮、涡轮间工作腔内的工作油量来实现的。（√）

Lb4B3244　加热器水室分层隔板的泄漏不会造成加热器出水温度的下降。（×）

Lb4B3245　在除氧器的运行过程中，其汽、水侧安全门的正常与否并无太大的重要性。（×）

Lb4B3246　由于除氧器水室内壁有氧化层，因此在除氧器长期停运过程中无需考虑采用其他防腐保护措施。（×）

Lb4B3247　在喷雾填料式除氧器中的给水要经过两次除氧，第一次是喷出的雾状水滴被加热除氧，第二次则是水滴在填料层上的扩散除氧过程。（√）

Lb4B3248　旋膜除氧器是由除氧塔和水箱两部分组成的，而给水的除氧和加热则主要是在水箱中完成的。（×）

Lb4B3249　在喷雾填料式除氧器中，起辅助除氧作用的填料层一般都是由 Ω 形不锈钢片、编织不锈钢细钢丝网等组成的。（√）

Lb4B3250　机械真空泵在低真空条件下的抽吸能力要远大于射水、射汽抽气器在同样吸入压力下的抽吸能力。（√）

Lb3B1251　推力瓦钨金应无气孔、夹渣，表面无凹坑和裂纹，经渗油试验，应无脱胎。（√）

Lb3B1252　轴承分滚动轴承和滑动轴承两大类，滚动轴承一般加汽轮机油润滑，滑动轴承一般加润滑脂或机油润滑。（×）

Lb3B1253 质量不平衡的转子旋转时,会产生不平衡的离心力,引起机组振动。(√)

Lb3B1254 除氧器按压力分为真空式、大气式和高压式除氧器三种,大型火力发电厂采用高压式除氧器。(√)

Lb3B1255 汽轮机辅助设备试运行时,现场应有足够的照明,在寒冷的气候,厂房应封闭,室内温度应在0℃以上。(×)

Lb3B1256 水的沉淀处理一般经过混凝、沉淀软化、澄清三个过程。(√)

Lb3B1257 水的过滤处理,有机械筛分和接触凝聚两种作用。(√)

Lb3B1258 电解水制氢设备,一般由电解槽、碱液过滤器、分离器、洗涤器等设备组成,对于中压系统还必须有压力调整器和平衡箱等。(√)

Lb3B1259 当水泵的原动机为汽轮机时,一般应以调整水泵的地脚垫片为主来进行联轴器中心的找正工作。(√)

Lb3B2260 高压加热器连接阀门盖螺栓必须热紧。(×)

Lb3B2261 管道或法兰间禁止安装不带外露尾巴的堵板。(√)

Lb3B2262 对于凝汽器与汽缸间连接的短节,两个凝汽器间的平衡短节和拉筋膨胀伸缩节的焊缝,安装前不用进行渗油试验。(×)

Lb3B2263 带橡胶轴瓦的立式水泵,有专门润滑水泵时,其润滑水泵应经试运正常,水质清洁,滤网前后压差正常,并需用清水冲洗橡胶轴承20min以上。(√)

Lb3B2264 铝青铜主要用于制造承受较大载荷的耐磨、耐蚀和耐高温的零件,如齿轮、蜗轮、轴套、阀座、凝汽器管、阀门等。(√)

Lb3B2265 凝汽器与汽轮机排汽缸之间的连接方式有直接焊接、法兰连接、波纹管连接和密封套连接等。(√)

Lb3B2266 胶球清洗装置不仅能够不停机清洗铜管,而且

还具有减缓和防止凝汽器铜管内侧的结垢和腐蚀的作用。（√）

Lb3B2267 SH 型水泵的轴向推力主要是由叶轮自身平衡的，残余的小部分轴向推力则由轴承来承担。（√）

Lb3B2268 对蜗壳式水泵来说，可以采用双层蜗壳或是把相邻的两个蜗壳旋转 180° 两种方法来平衡其工作时的径向推力。（√）

Lb3B2269 对单级双吸的 SH 型水泵来说，泵体结合面密封垫的厚度必须通过对其双吸密封环的压紧力的测试工作才能最终确定下来。（√）

Lb3B2270 对多级分段式水泵来说，转子恰当的轴向定位必须保证使叶轮与导叶槽道达到对中的位置。（√）

Lb3B2271 给水泵的机械密封均是采用开式循环冷却水密封结构，其密封循环水无需设置单独的冷却器。（×）

Lb3B2272 驱动水泵的原动机自身产生了振动之后，对所连接的水泵基本不会造成影响。（×）

Lb3B2273 当水泵输送的流体中含有的杂质比较多时，一般应选用半开式或封闭式叶轮，这样可以避免叶轮被卡住而影响正常的运转。（×）

Lb3B3274 水泵试运时，对于入口无滤网的水泵，应加装足够通流面积的临时滤网，运行到水质清洁后拆除。（√）

Lb3B3275 凝汽器与汽缸采用焊接连接应在低压汽缸负荷分配合格，汽缸最终定位后进行。（√）

Lb3B3276 正常运行的电解槽，停车后又开车时，不用检查洗涤器液位。（×）

Lb3B3277 离心水泵大多选用后弯式叶片是因为它具有流动中的动压损失小、随负荷变化而引起的轴功率变化小、叶轮内部的水力损失小等优点。（√）

Lb3B3278 对高压给水泵来说，若在低于其允许的最小流量下运行，就会造成泵内的流动恶化等不利后果。（√）

Lb3B3279 水泵支持轴承架的刚性不佳也会造成泵轴的

中心变化，进而引起水泵的机械振动。（√）

Lb3B3280　在液力耦合器的工作过程中，工作油自泵轮内侧引入后受离心力作用被高速甩向对面的涡轮叶片并驱动涡轮旋转，最后再减速流回泵轮内侧而形成一个工作油的循环流动圆。（√）

Lb3B3281　在液力耦合器的变速齿轮箱中，一般均设置有2～3级减速齿轮以满足工况的需求。（×）

Lb3B3282　凝汽器中间管板的主要作用就是用来减小换热管的挠度、改善换热管在运行中的热胀应力和振动特性的。（√）

Lb3B3283　为保证高压加热器水室的严密性，大型机组加热器的水室结构均不采用法兰连接，而采用自密封式或人孔盖式密封结构。（√）

Lb3B3284　在加热器的几种疏水系统中，疏水泵连接方式的热效率和经济性要差于混合式加热器系统。（√）

Lb3B3285　在真空泵的工作过程中，被抽出的汽水混合物经过扩压、分离后将气体排出泵外，而分离出的水则继续参加以后的工作循环。（√）

Lb3B3286　水环式真空泵是通过吸气、压缩、排气这三个相互连续的过程来实现抽送气体的目的的。（√）

Lb3B3287　与凝汽器相连的水位计连通管，内径不应小于15mm，水侧连通管应引自热井，并呈 U 形。（×）

Lb3B4288　在过滤材料中，石英砂适用于中性和酸性的水，无烟煤和半烧白云石适用于带碱性的水。（√）

Lb3B4289　射汽抽气器蒸汽入口应有滤网，其孔眼应大于喷嘴的最小直径。（×）

Lb3B4290　通常情况下，疲劳点蚀、永久变形是滚动轴承最常见和主要的失效形式。（√）

Lb3B4291　高压加热器正常运行中，高压加热器疏水到扩容器截门是开启的。（×）

Lb3B4292 考虑到连续排放过程中的汽、水和能量损失，除氧器内的不凝结气体是积聚到一定程度后才予以排放的。（×）

Lb3B5293 液力耦合器与电动机、给水泵的联轴器找中心时，应考虑各部件运行中在热态下膨胀所引起的中心变化及主动齿轮与从动齿轮受力方向不同所引起的上抬值，并预留出相应的校正值。（√）

Lb2B1294 平衡盘除了平衡轴向推力外，还担负着转子轴向定位的作用。（√）

Lb2B1295 机械密封中的静环密封圈主要用于防止静环与泵轴之间的泄漏。（×）

Lb2B1296 多弹簧式机械密封的密封端面受力比较均匀，且弹簧的簧丝较粗、耐腐蚀性强。（×）

Lb2B1297 循环水中的机械杂质在管壁上的沉积、水中盐类的沉淀和微生物繁殖等因素，都是引起凝汽器脏污、受损的原因。（√）

Lb2B2298 在集箱式加热器的结构中没有水室，而是分别以用做给水进出口的集箱管来连接传热管的两端，实现给水的分配与汇集。（√）

Lb2B2299 加热器的疏水逐级自流系统是靠上下两级加热器水侧的压力差来将疏水自动导入压力较低的下一级加热器的汽侧的。（×）

Lb2B2300 改变水泵叶轮的流道型线就可以改善其引发的水力冲击的程度。（√）

Lb2B2301 通过对水泵叶轮流道的精细加工，可以降低泵内的水力冲击。（√）

Lb2B2302 除氧水箱的容量不能满足高压给水泵负荷急剧增减的需求时，就会引起水泵的汽蚀、噪声和剧烈的振动。（√）

Lb2B2303 给水泵通常将平衡鼓的设计平衡力比叶轮的轴向推力适当地大一些。（×）

Lb2B2304 根据给水泵底座上的滑销系统的安装要求，其

进水段支撑爪下的紧固螺栓是不可以紧死的。（×）

Lb2B2305 在分段式多级水泵中用于平衡转子轴向推力的平衡盘的直径约为水泵叶轮密封环直径的 1.05 倍。（√）

Lb2B2306 水环式真空泵的叶轮由叶片和轮毂构成，其叶片大多均为径向平板式或朝向叶轮旋转方向的前弯式两种结构。（√）

Lb2B2307 水环真空泵采用轴向吸排气方式时，气体的吸入和排出是通过壳体侧盖上的吸气口和排气口进行的。（√）

Lb2B2308 在液力耦合器的工作过程中，工作油量或工作油压的大小可以通过工作油泵的调节阀或涡轮输入油孔的改变来调节。（√）

Lb2B2309 从液力耦合器运行安全的角度考虑，一般均使涡轮的叶片数目较泵轮减少几片以避免产生共振现象。（√）

Lb2B2310 通过改变液力耦合器内的工作油量的多少，即可改变传递动力的大小，从而使涡轮的转速改变以适应负荷的需求。（√）

Lb2B2311 采用液力耦合器来改变给水泵转速时，可大大降低给水泵电动机的配置裕量使得给水泵可在较小的转速比下启动。（√）

Lb2B2312 高压给水泵在启动过程中的轴向窜动量较大，这时极易造成机械密封端面的热裂、胶合与磨损等损伤现象。（√）

Lb2B3313 采用在不锈钢上镶嵌硬质合金加工成的机械密封摩擦副环，在较高温度的情形下极易发生脱落或松动等现象。（√）

Lb2B3314 按照给水泵底座上的滑销系统的设计要求，在正常工况下泵体受热膨胀时是向进水侧方向移动的。（×）

Lb2B3315 在大型立式循环水泵转子的轴承部件上，一般都是选用滑动轴承来承担转子径向力的，并采用外接清水来加以润滑。（×）

Lb2B3316 在分段式多级泵工作时，其转子始终处于在某一个平衡位置上保持着轴向来回地微量窜动的动态自动调整过程中。（√）

Lb2B3317 在水环泵的工作过程中，工作介质从叶轮获得动能后流出，并在吸入区吸入气体，而后在压缩区内速度下降、压力上升，使得气体被压缩、挤出。（√）

Lb2B4318 对于因水泵动、静部件摩擦而引起的振动，其表现特征为振动的频率等同于转子的转速。（×）

Lb2B4319 通过改变滑动轴承的长径比，可以起到消除油膜振荡的作用。（√）

Lb1B1320 如果选取的胶球直径过大，将会造成胶球膨胀后堵塞凝汽器换热管而无法被回收的状况，反而影响了清洗的效果。（√）

Lb1B1321 叶轮上的平衡孔就是为了平衡叶轮的径向推力而设置的。（×）

Lb1B2322 水在泵叶轮中进行的是一种复合运动，它既要顺着叶片工作面向轴心流动，同时还要跟着叶轮高速旋转。（×）

Lb1B2323 从分段式多级泵的结构特点来看，它一般都采用平衡盘方式来平衡转子轴向推力。（√）

Lb1B2324 在水泵的启动瞬间，当液体进入叶轮时的流向由轴向变为径向时，对叶轮所造成的一个反冲力也会使得水泵转子产生很大的向后窜动量。（√）

Lb1B2325 水泵的基础下沉而使转子中心改变，这也可能是引起水泵产生振动的原因之一。（√）

Lb1B2326 机械密封中的动环密封圈主要是用于防止动环与密封压盖之间径向间隙的泄漏。（×）

Lb1B2327 选用背压式汽轮机驱动给水泵，虽然易于实现高转速且相对投资费用较少，但整个装置的热效率与负荷适应性要差得多。（√）

Lb1B2328 在液力耦合器的工作过程中，工作油在泵轮、

涡轮之间的循环是靠两轮的转差所产生的压差来实现的。(√)

Lb1B2329 在新型液力耦合器的工作过程中,可以实现联合采用改变工作油进油量、出油量两种方式来适应给水泵负荷变化需求的目的。(√)

Lb1B2330 在加热器的几种疏水系统中,疏水逐级自流系统的结构形式最简单而其热交换的经济性却是最差的。(√)

Lb1B2331 旋膜除氧器是将给水的自然降膜改为强力降膜,同时造成了液膜沿管壁的强力旋转而抽吸入大量的蒸汽,从而进一步增强换热、传质的效果。(√)

Lb1B3332 在正常运行过程中,射水抽气器的排水管必须插入射水池水位以下,以保证有一定的水封,防止漏空现象的发生。(√)

Lb1B3333 当泵轴发生弯曲时,需通过对泵轴的弯曲值以及轴上是否有裂纹、弯曲部位及周围的硬度、泵轴材质等检测工作后,才能选定正确的直轴方法。(√)

Lb1B3334 给水泵转子的径向重量、轴向推力都是由平衡鼓和自由端的双向推力轴承来共同承担的。(×)

Lb1B3335 发生泵入口有预旋或泵内进空气等情况,都可能造成大型立式循环水泵出力不足的现象。(√)

Lb1B3336 改变水泵管路系统的共振频率,就可以起到减轻泵内水力冲击的作用。(×)

Lb1B3337 对采用圆柱弹簧的内装式机械密封,在高速的情况下就会出现弹簧变形、密封端面比压减小、密封面泄漏量增大等问题。(√)

Lb1B3338 机械密封中的弹性元件、辅助密封圈等轴向缓冲机构,是用于消除转子轴向窜动、密封端面磨损等对密封面紧密接触所带来的不利影响的。(√)

Lb1B4339 凝汽器与排汽缸的接口可以加铁板贴焊,其上口弯边突入排汽缸内的部分,一般不应超过 20～50mm。(√)

Lb1B4340 收球阀出口到球泵入口一般顺流程方向应有

不小于 1%的坡度，不得超过一个 180°弯。（×）

Lc5B1341　焊条直径是指焊芯直径。（√）

Lc5B1342　焊机的空载电压一般不超过 100V，否则对焊工会产生危险。（√）

Lc5B2343　质量体系审核侧重于产品质量审核。（×）

Lc5B2344　HT150 是铸钢的一种。（×）

Lc5B2345　HT30-60 是灰口铸铁。（√）

Lc5B2346　汽轮机冷态启动中，从冲动转子到定速，一般相对膨胀差出现正值。（√）

Lc5B2347　Q235 属于低碳钢。（×）

Lc5B2348　转子与定子的轴向间隙，习惯上称为轴的窜量。（√）

Lc5B2349　HB 表示洛氏硬度，HRC 表示布氏硬度。（×）

Lc5B3350　当采用浸油润滑时，滚动轴承应完全处于液面下。（×）

Lc4B1351　低于低速重载的滑动轴承，一般采用润滑脂润滑。（√）

Lc4B1352　汽轮发电机组的相对电效率表示了整个汽轮发电机工作的完善程度。（√）

Lc4B1353　起重机械的额定起重量是指允许起吊的物品重力（最大）和从起重机上取下的取物装置重力之和。（√）

Lc4B1354　跨度是指桥式起重机的运行轨道两条钢轨边距之间的距离。（√）

Lc4B1355　总起升高度是指起升高度和下放深度之和。（×）

Lc4B1356　对质量有影响的三种人员是管理人员、执行人员、验证人员。（√）

Lc4B1357　现场管理就是开展 QC 小组活动。（×）

Lc4B1358　起重机司机应穿硬底鞋。（×）

Lc4B1359　两根钢丝绳的夹角一般应保持 120°吊物才安全。（×）

Lc4B2360 起重机制动器的制动轮磨损 10%应报废。（×）

Lc4B2361 起重机吊钩的危险断面磨损超过 10%应报废。（√）

Lc4B2362 热力管道的支吊架不仅可以用来固定管子、承受管道及介质的重力，而且还能满足管道热补偿和位移的要求。（√）

Lc4B2363 给水泵在试运时，轴承部位不需加防护罩。（×）

Lc4B2364 对于某一泵来说，流量大时扬程大，流量小时扬程小。（×）

Lc4B2365 离心式鼓风机和压缩机采用大直径和多个叶轮，其目的是为了使介质获得较大的流量。（×）

Lc4B2366 油膜振荡能够用提高转速的办法来消除。（×）

Lc4B2367 弹性挡圈可承受很大的轴向力。（×）

Lc4B2368 起重机的电源电压是 220V。（×）

Lc4B2369 塔吊的载荷随着幅度的增加而增加。（×）

Lc4B2370 起升限制器的作用是防止过卷扬。（√）

Lc4B2371 桥吊的三个运行机构可以同时动作。（×）

Lc4B2372 把电动机等电气的金属外壳用电阻很小的导线接到线路系统中的中性线上，叫做保护接地。（×）

Lc4B2373 正常工作状况下，机械密封的弹性体处于自由状态。（×）

Lc4B2374 热装轴承时加热温度在 100℃时，可采用火焰加热。（×）

Lc4B3375 直径小于 16mm 的定位销一般采用 45 号钢材料制作。（√）

Lc4B3376 凡是轴都起支撑旋转零件和起传递运动和动力的作用。（×）

Lc4B3377 对于指挥者的违章指挥可以灵活掌握。（×）

Lc4B3378 有一长 10m，直径 0.1m 的钢材，用一起重量 1t 的电葫芦可以起吊。（×）

Lc3B1379 珠光体耐热钢与普通低合金钢焊接时的主要问题是，在焊接接头的热影响区容易产生冷裂纹。（√）

Lc3B1380 由于正火较退火冷却速度快，过冷度大，转变温度低，因此正火的强度和硬度比退火高。（√）

Lc3B1381 螺纹的旋向是顺时针旋转时，旋入的螺纹是右螺纹。（√）

Lc3B1382 止回阀是利用阀门前后的压差来实现自动关闭的，它可使介质只能沿着两个方向流动而阻止其逆向流动。（×）

Lc3B2383 热力管道的自然补偿方式是利用管道的自然变形以及固定支架的位置来补偿管道所产生的热应力的。（√）

Lc3B2384 幅度是指臂架式起重机的旋转中心线与取物装置中心线之间的距离。（×）

Lc3B2385 额定起升速度是指起升电动机在额定转速下取物装置的起升速度。（×）

Lc3B2386 调质处理就是淬火加高温回火。（√）

Lc3B3387 轴承箱中甩油环的主要作用是搅拌润滑油，以使油快速冷却。（×）

Lc3B3388 活塞式压缩机的工作原理是依靠活塞在气缸内的往复运行完成气体的吸气、压缩、排气三个过程来工作的。（×）

Lc3B3389 零位保护是指保证起重机手柄不在零位送不上电。（√）

Lc3B3390 起重机司机室照明应采用 36V 电源。（×）

Lc2B1391 长径比大、转速低的转子只需进行静平衡。（×）

Lc2B1392 活塞式压缩机的工作原理是依靠活塞在气缸内的往复运动完成气体的吸入、排出两个过程来工作的。（×）

Lc2B1393 轴承分 C、D、E、F、G 五种精度等级，其中 G 级精度最高。（×）

Lc2B1394 吊物正下方除指挥人员外不可以站人。（×）

Lc2B2395 钢丝绳的编结长度是绳径的 15 倍。（√）

Lc2B2396 对不同种类的阀门来说，在满足各零部件的强度匹配并足够、阀体内部的流动阻力小、结构简单并操作灵活等基本要求方面是共同的。（√）

Lc2B2397 螺纹连接有自锁性，在受静载荷的条件下，不会自行紧固。（×）

Lc2B2398 圆柱销可以多次装拆，一般不会降低定位精度和连接的紧固。（×）

Lc2B2399 高速旋转的滑动轴承比滚动轴承使用寿命长，旋转精度高。（√）

Lc2B2400 利用外界的油压系统供给一定的压力润滑油，使轴颈与轴承处于完全液体摩擦状态，即为液体动压润滑。（×）

Lc2B2401 滑动轴承在其承载区开油槽可提高轴承的承载能力。（×）

Lc2B2402 起重机械操作的稳钩技术是指控制运行机构跟钩。（√）

Lc2B2403 钢丝绳的抗拉强度相同，破断拉力和绳径成反比。（×）

Lc2B2404 塔吊的安全稳定系数应小于 1。（×）

Lc2B2405 桥吊的大车运行速度一般在 30～120m/min 的范围。（√）

Lc2B2406 两台桥吊的距离至少应保持 1m 以上。（√）

Lc2B3407 对热力管道进行热补偿常用管道的自然补偿、加装各种形式的补偿器、冷态时施加预紧力等三种方式。（√）

Lc2B3408 凡轴向定位采用滚动轴承的离心式冷油泵，其滚动轴承的外圈轴向间隙应为 0.02～0.06mm。（√）

Lc2B3409 多油楔及多油楔可倾式轴承一般不容许刮研。（√）

Lc2B3410 同一公称直径的普通螺纹中，细牙螺纹螺杆的强度要比粗牙螺纹螺杆的强度高。（√）

Lc1B1411 转子需不需要作动平衡，是由其重要程度决定

的。（×）

Lc1B1412 弹簧式安全阀是利用压缩弹簧的力量来平衡阀瓣的压力，进而平衡和密封容器或管道内介质压力的。（√）

Lc1B1413 承压容器安全门动作压力及回座压力应按制造厂规定，一般压力容器可按工作压力的 1.05～1.10 倍整定。（√）

Lc1B1414 油楔动压润滑的优点是对中性好，适应载荷的变动能力强，制造也比较方便。（√）

Lc1B2415 静压轴承处于空载时，相对油腔压力相等，薄膜处于平直状态，轴浮于中间。（√）

Lc1B2416 安装中心距是影响互相啮合齿轮侧隙的主要原因。（√）

Lc1B2417 直径 1cm 的钢丝绳允许吊起 10t 的重物。（×）

Lc1B2418 "停止"的手势信号是小臂水平置于胸前，五指伸开，手心朝下，水平朝下，水平挥向一侧。（√）

Lc1B2419 "预备"的手势信号是手臂伸直，置于头上方，五指自然分开，手心朝前保持不动。（√）

Lc1B2420 "要主钩"的手势信号是单手自然握拳，置于头上，轻触头顶。（√）

Lc1B2421 在高温、高应力的长期作用下，高压合金钢螺栓的冲击韧性和塑性逐渐降低的现象称为钢材的热脆性。（√）

Lc1B2422 在氢系统附近动用电焊，火焊时，不必办理动火作业票，经总工程师批准，并在测定空气中的含氢量不大于 0.4%后方可进行。（×）

Lc1B3423 给水箱取样管应采用耐腐蚀的无缝管材，高压除氧器采用不锈钢管，低压除氧器采用紫铜管，内径不应小于 20mm。（×）

Lc1B3424 减温减压装置试验压力应根据其压力区段分别进行，一般按 1.25 倍工作压力维持 15min，各焊缝和法兰均应无渗漏。（×）

Lc1B3425 对于高压合金钢螺栓常用的 20CrlMolVNiTiB

材质来说，其中的 Ni、Ti、B 均是用来提高材料的晶界强度、降低缺口敏感性的。（✓）

Lc1B3426 角接触轴承，接触角越大，承受的轴向力越小，承受径向力越大。（×）

Lc1B3427 振动烈度和振幅的评定都是根据转速和功率制定的。（×）

Lc1B3428 临界转速即产生共振时的转子转速。当工作转速高于一阶临界转速时，称为刚性转子。（×）

Lc1B3429 滚动轴承的装配方法，应根据轴承结构及轴承部件的配合性质来定。（✓）

Lc1B3430 滚动轴承的游隙在轴承工作时，会因内、外圈的温升而增大。（×）

Lc1B3431 当静压轴承轴颈受载荷 W 时，上油腔游隙减小，油压增大。（×）

Jd5B1432 采用手提电钻带动钢丝刷或砂皮布的方法来清除凝汽器管板与隔板上管孔内的油质和铁锈，直到呈现金属光泽为止。（✓）

Jd5B1433 使用砂轮时必须戴防护眼镜。（✓）

Jd5B1434 可以在砂轮上磨软金属和木质材料。（×）

Jd5B1435 在密闭容器内，不准同时进行电焊及火焊工作。（✓）

Jd5B2436 容器内作业当空气中含氧低于规定时，必须向容器内送氧气。（×）

Jd5B2437 除氧器入孔门打开前应确认压力温度降至零时方可进行检修、检查、清理工作。（✓）

Jd5B2438 油箱清理时，必须派专人监护，油箱周围严禁有明火作业，并且保证油箱内空气流畅。（✓）

Jd5B2439 使用钻床时，需把钻眼的物体安设牢固后，方可开始工作。（✓）

Jd5B3440 一般含碳量较高的中碳钢很容易焊接，而且焊

后缺陷少。（×）

Jd5B3441 钻头用高速工具钢制作。（√）

Jd5B3442 胀接好的管子应露出管板 1～3mm，管端光平无毛刺。（√）

Jd5B3443 玻璃水位计组装完毕后应作灌水试验，要求严密无渗漏。（√）

Jd5B3444 机组运行中凝结水硬度增大，应判断为凝汽器铜管破裂。（√）

Jd5B4445 凝汽器循环水温升过大，应判断为循环水量不足并检查凝汽器铜管是否堵塞或大量积空气。（√）

Jd5B4446 10 号钢表示钢中含碳量为 10%。（×）

Jd4B1447 使用电磨头前不用开机空转。（×）

Jd4B1448 量具在使用过程中，不要和工具、刀具放在一起，以免碰坏。（√）

Jd4B1449 衬胶成品存放处不能有易燃品和其他有害溶剂。（√）

Jd4B1450 热弯管时，在管内装填砂子主要是防止弯管时断面变成椭圆形。（×）

Jd4B2451 安装阀门的传动装置时，传动杆同阀杆轴线的夹角不应大于 30°。（√）

Jd4B2452 确定支吊架间距时，可不考虑介质和保温材料的重量对管道造成的变形。（×）

Jd4B2453 常用的不停机清理凝汽器铜管的方法主要有加氯处理、胶球清洗等。（√）

Jd4B2454 升降式止回阀不仅能够安装在水平管道上，也可以安装在垂直管道上。（×）

Jd4B2455 用液压工具拆、装给水泵出口端盖上的大螺母时，可以不必按照一定的拆、装顺序来进行操作。（×）

Jd4B2456 在测量水泵轴弯曲的过程中，要尽量避免转子的轴向窜动，以免引起测量准确性方面的误差。（√）

Jd4B2457 水泵轴封填料的接头是否错开一定的角度不会有太大的影响。（×）

Jd4B2458 联轴器找中心时，即使偏差超标也不会造成任何危害。（×）

Jd4B3459 玻璃布的贴衬层数主要是根据操作介质和操作条件而定，并与选用的玻璃布种类、厚度及施工方法等因素有关。（√）

Jd4B3460 凝汽器更换新铜管时，铜管胀口应进行淬火处理。（×）

Jd4B3461 水泵轴封填料的压紧程度必须适中，以泵内介质通过盘根与轴套的间隙逐渐降压并保持一层水膜，压盖处保持不断有少量介质流出为佳。（√）

Jd4B3462 因为水泵各级安装尺寸都是有要求的，故只要第一级叶轮出口中心对正之后就可以保证其他叶轮也处于对中的位置上。（√）

Jd4B4463 在大型立式循环水泵进行解体检修或其他任何情况下，均不能将泵的吸入喇叭管作为承重的支撑点来使用。（√）

Jd3B1464 机械密封属于比较精密的部件，因而在安装过程中必须注意不能狠敲猛碰、随意丢置。（√）

Jd3B1465 凝汽器水侧的检查一般是在停机后进行的，但也可在运行中停运半侧凝汽器来完成。（√）

Jd3B2466 凝汽器更换新铜管时，对铜管应进行剩余应力的检查试验和退火热处理。（√）

Jd3B2467 凝汽器更换新铜管时，为保证管口与端部管板之间严密不漏，必须对铜管管口处进行焊接处理。（×）

Jd3B2468 凝汽器在运行中常易发生的故障主要是泄漏和换热管的脏污。（√）

Jd3B2469 若发现泵轴的弯曲很大且经过多次直轴后仍发生弯曲的情况，则应立即将其更换为新轴。（√）

Jd3B2470 在解体检修给水泵的机械密封时，必须全部更换掉原有的密封圈后才能回装。（√）

Jd3B2471 测量水泵轴弯曲时，千分表在某个断面上通过盘动转子一周所测得的最大读数与最小读数的差值的一半，就是该泵轴此断面处的晃度。（×）

Jd3B2472 由于水泵转子的平衡是由其上的泵轴、叶轮、轴套以及平衡装置等各个部件的质量平衡来达到的，因此对新换的叶轮、轴套等转动部件必须进行静平衡的测试工作。（√）

Jd3B3473 在使用液压工具拆、装给水泵出口端盖上的大螺母时，只要螺母未松动就应加大液压工具的压力而无需考虑其他的原因。（×）

Jd2B1474 凝汽器在安装结束时应有防止杂物落入汽侧的设施。（×）

Jd2B1475 只在危险部位的步道、栏杆的根部设有护板。（×）

Jd2B2476 通过对水泵转子晃度的测量，就可以及时发现转子组装过程中的工艺问题或转子部件不合格等情况。（√）

Jd2B2477 在安装或装配机械密封组件时，只能使用硅基脂对新的密封圈进行润滑。（√）

Jd2B2478 机械密封安装完成后，应能用手沿转子正常的旋转方向灵活盘动，且感到密封摩擦副环端面松紧适当为宜。（√）

Jd2B2479 直接放在基础上的平底箱罐，在就位后应进行严密性试验，消除渗漏。（×）

Jd2B2480 冷却器管束应清洁无杂物、无堵塞、无任何损伤和缺陷，隔板与外壳的间隙一般不超过 1mm。（√）

Jd2B2481 钛管扩管率一般与铜管相同。（√）

Jd2B3482 凝汽器水侧应做严密性水压试验，不允许用循环水直接充压。（×）

Jd2B3483 设备除有特殊规定用气体代替水压试验外，一

般不得采用气压试验。（√）

Jd2B3484　在大型立式循环水泵检修后的回装过程中，推力头分半卡环必须经过研磨修整且不存在毛刺、裂纹等缺陷才能使用。（√）

Jd2B3485　凝汽器两端水室和管板上应按设计规定涂刷防腐层。（√）

Jd2B3486　减温减压装置安装完毕后应与管道分开进行严密性水压试验。（×）

Je5B1487　密封油管道的法兰结合面，应使用耐油耐氢的丁氢橡胶垫。（×）

Je5B1488　滚动轴承除有轴承箱采用液体润滑剂外，大部采用润滑脂（黄油）。（√）

Je5B1489　U 形管式加热器管束一般由钢管组成。（×）

Je5B1490　阀门研磨时，磨具最好采用合金钢制成。（×）

Je5B1491　在研磨阀门密封面时，施加的研磨压力越大，研磨效率越高。（×）

Je5B1492　在合金管热弯时，严禁向管子浇水，否则会引起金属组成变化和引起管子裂纹。（√）

Je5B1493　油管道安装，应尽量采用法兰连接。（×）

Je5B2494　弯管加热呈白色，就是加热过度，应冷却至橙红色时再弯。（√）

Je5B2495　除氧器一般都安装在 10m 以上，为的是增加给水泵入口的压力，在压力波动时不至于发生汽化。（√）

Je5B2496　基础的纵向中心线，对凝汽器和发电机的横向中心线应垂直，与基础的偏差不大于 1mm/m。（√）

Je5B2497　轴颈的不柱度是轴颈任一纵断面（过中心线）最大直径和最小直径之差。（√）

Je5B2498　水泵的试运转，是对水泵制造和安装质量的具体考验，同时，也是运行人员对设备操作性能的熟悉和掌握过程。（√）

Je5B2499 胀口的胀接深度一般为管板厚度的 60%～75%。（×）

Je5B2500 凝汽器冷却管应具备出厂合格证和物理性能及热处理证件，并应抽查冷却管总数的 5%进行水压试验或涡流探伤。（√）

Je5B3501 轴的永久性弯曲是指轴应力消除后仍然存在的弯曲。（√）

Je5B3502 滚动轴承能承受的转速没有滑动轴承高。（×）

Je5B3503 锉削是用锉刀对工件表面或边缘进行手工切削的方法。（√）

Je5B3504 测量平面瓢偏时，百分表应架设得使其表杆垂直于被测平面，并尽可能架设在靠外的边缘。（√）

Je5B3505 阀门研磨时，应按逆时针方向旋转。（×）

Je5B3506 过滤器配水帽安装时应用扳手拧紧。（×）

Je5B3507 电渗析器的排列原则是：阳膜和阴膜交替排列，靠近电极处安置极框，阳膜和阴膜之间安置隔板。（√）

Je5B3508 半透膜只允许水分子通过，而不允许水中溶解质通过。（√）

Je5B3509 用火花检漏器检查衬里制品时，凡衬复层表面产生剧烈火花（漏电）为不合格，需要返工和修补。（√）

Je5B3510 在拆卸高压合金钢螺栓之前，向螺栓螺纹处喷洒渗透液是为了浸润螺纹之间的氧化物，以减少松动螺栓时的紧力和咬死现象。（√）

Je5B4511 化学水处理室对压缩空气的含油量要求很严，所以常采用无油润滑空气压缩机。（√）

Je5B4512 用圆规划圆时，圆规的尖脚必须要在所划圆周的同一平面上。中心高于或低于圆平面时，则两尖脚间的距离就不是所划圆的平径。（√）

Je5B4513 在使用电加热器加热高压合金钢螺栓的过程中，一般螺母松动时应趁热快速将松下。（×）

Je5B4514　使用电加热器拆出高压合金钢螺栓时，应尽量选用功率较大的加热器以缩短加热时间。（√）

Je5B4515　热紧汽缸螺栓时，严禁在螺栓伸长量未达到要求时就用强力拧紧到预定的热紧弧长。（√）

Je5B5516　对阀门填盘根时，可将填料盒内填满盘根，用压盖一次压紧即可。（×）

Je5B5517　往复泵在启动时应关死出口阀。（×）

Je4B1518　钢制法兰垫片的硬度要高于法兰密封面的硬度。（×）

Je4B1519　双流式过滤器出力比普通过滤器出力大，但对滤料粒度的要求较高，运行操作和维护等较复杂。（√）

Je4B1520　过滤器和离子交换安装就位时，应在设备顶部每隔 180° 方位放线垂一个，当设备外壳各处垂直度误差不超过其高度的 0.4% 时，认为该设备垂直度合格。（×）

Je4B1521　当澄清器的运行情况稳定后，即可进行最优工况调整试验，求出最优加药量和最优运行条件。（√）

Je4B1522　高低压加热器、冷油器、除氧器、凝汽器都属于表面式热交换器。（×）

Je4B1523　因除氧器装设有事故放水门保护，可不装设安全门。（×）

Je4B1524　齿轮啮合情况的检查，包括测量齿隙和齿面接触情况。（√）

Je4B1525　碱液喷射器常用有机玻璃制作，而盐酸喷射器大多采用碳钢制作。（×）

Je4B1526　螺杆泵的检修主要是检查零件的磨损和测检各部间隙。（√）

Je4B2527　蒸汽管路布置不妥，能引起汽轮机振动。（√）

Je4B2528　高压阀门门盖法兰结合面，都使用材质为碳钢和合金钢制成的垫片，为了保证密封面的可靠性，常把金属垫片加工成齿形。（√）

Je4B2529 加热器大法兰使用的石棉垫片在组装前应涂铅粉。（√）

Je4B2530 用棉纱蘸油清洗后的电解槽表面，不得有纤维或油迹残留其上。（√）

Je4B2531 凝汽器铜管胀管时，一端管子胀完后，在另一端管子，应自然伸出管板 1～3mm。若伸出不到 1mm，则可用加热或其他方法伸长管子。（×）

Je4B2532 若凝汽器铜管试胀后管壁胀薄超过 6%，说明欠胀。（×）

Je4B2533 检查除氧器内部装置时，应将凝结水喷嘴拆下，进行喷水试验，检查其雾化情况，雾化必须良好。（√）

Je4B2534 滚动轴承装配时，在端盖侧轴向应留有 0.20～0.50mm 的膨胀间隙。（√）

Je4B2535 从轴上退下轴承时要施力于外圈，从轴承室取出轴时要施力于内圈。（×）

Je4B2536 对于带有油环的滑动轴承，油环应光洁无缺陷，接头应牢固，随轴转动灵活，无卡涩现象。（√）

Je4B2537 对方形容器或无压容器应进行 24h 的灌水试验。（√）

Je4B2538 凝汽器组合后的壳体焊缝应做水压试验，确认无渗漏。（×）

Je4B2539 在连接射水抽气器扩散管与排水排汽混合管时，不得强力对口焊接。（√）

Je4B2540 当水泵的原动机为电动机时，一般应以调整电动机的地脚垫片为主来进行联轴器中心的找正工作。（√）

Je4B2541 若发生泵轴弯曲或联轴器螺栓损坏等情况，都可能造成大型立式循环水泵发生异常振动的现象。（√）

Je4B2542 在大型立式循环水泵转子上设置的橡胶导轴承都是用润滑水外接管引入洁净的清水来进行润滑的。（√）

Je4B2543 当检查发现机械密封摩擦副环的端面发生热

裂情形时,应将其立即更换且不得再进行修复、重新使用。(√)

Je4B2544 在进行凝汽器新铜管的翻边工作时,用力不能过猛以防止造成管口处产生裂纹、凹坑等缺陷。(√)

Je4B3545 为了增加衬胶时的黏结力,裁剪好的橡胶板可在烤台上刷浆。(√)

Je4B3546 高压加热器水侧一般都设有自动保护装置,这是由于水侧压力很高,防止加热器管一旦泄漏,水位上升太快。(√)

Je4B3547 凝汽器铜管镀膜结束后,应将凝汽器内冲洗干净并吹干,以加强膜的黏合力。(√)

Je4B3548 凝汽器灌水时,若发现成股的水流自冷却管淌出,说明冷却管破裂,应用木塞及时封堵,待以后更换。(√)

Je4B3549 混合床离子交换器内衬以 3～4mm 厚的橡胶板一层,工作压力为 0.6MPa。(√)

Je4B3550 滑动轴承对于轴颈小于 100mm 的轴瓦顶部间隙,一般为轴颈的 2/1000,但不小于 0.10mm。(√)

Je4B3551 在安装射水抽气器时,必须将抽水管与喉部都可靠地加以固定,以免在运行中因振动过大而导致损坏事故。(√)

Je4B3552 凝汽器管板、隔板对底板应垂直,其垂直度偏差不大于 1mm/m。(√)

Je4B3553 射水抽气器排水气的管口应浸入水槽的水面以下不少于 200mm,确保当系统启动水槽水位下降时,管口仍在水面以下。(×)

Je4B4554 电解槽水压试验合格后,应检查电解槽对地绝缘电阻,应不大于 1MΩ。(×)

Je4B4555 在运行中,发现凝汽器铜管振动,应在管束之间嵌塞竹片或木板条,以减少和消除振动。(√)

Je4B4556 将铅丝放在齿轮的啮合处,转动齿轮,将铅丝压扁测量其厚度就是啮合间隙(侧隙)。若将铅丝放在齿顶和齿

底间，即可得出啮合顶隙。（√）

Je4B5557　在凝汽器运行中，如发现铜管只有针状的泄漏时，可不停机检修，而在循环水中加入一些锯木屑，就可以消除。（√）

Je4B5558　罗茨式鼓风机应用成对斜垫铁找平，轴的纵向不水平度不应超过 0.02%。（√）

Je3B1559　高压给水管道的冲洗，应在给水泵试运合格前进行。（×）

Je3B1560　阀门的严密性试验压力为公称压力的 1.5 倍。（×）

Je3B1561　在电厂管道设计中，管道及管道附件的选择，应满足介质、压力、温度的要求。（√）

Je3B1562　液压传动的原理是以液体作为工作介质来传动的一种方式，它是依靠密封容积变化传递运动，靠液体的压力传递动力的。（√）

Je3B1563　用绳夹卡接钢丝绳做吊索时，所需绳夹的个数最少是 3 个，最多是 6 个。（√）

Je3B2564　直轴常用的方法有捻打法、机械加压法、局部加热法、局部加热加压法、内应力消除法。（√）

Je3B2565　水泵静平衡盘套筒与其相对应的轴套（或调套）总间隙一般为 0.50～0.60mm。（√）

Je3B2566　转子找静平衡的工作，一般是在转子和轴检修完毕后进行，在找完平衡后，转子与轴不应再进行修理。（√）

Je3B2567　泵组启动前应做液力耦合器的静态试验，调整凸轮转角和勺管行程的对应关系，并应符合要求。（√）

Je3B2568　当氢气、氧气管道上下平行敷设时，氢气管应在氧气管之下。（×）

Je3B2569　润滑油的牌号用数字表示，数值越大黏度越高。（√）

Je3B2570　油循环前，首先检查油管路上的法兰和阀门

螺栓是否松动，以防油循环时漏油，造成浪费和设备二次污染。（√）

Je3B2571 当机械密封的密封端面在使用后出现了内、外缘相连通的划痕或沟槽时，就应及时对其进行更换。（√）

Je3B2572 射水抽气器在解体检修之后回装时，必须将喷嘴与扩散管的中心对正，以免造成对扩散管壁的冲刷。（√）

Je3B2573 SH 型泵属于单级、双吸入口叶轮，泵体为水平中开的结构，在检修时只需拆开泵盖即可进行泵内转子部件的检查工作。（√）

Je3B2574 由于水泵轴弯曲之后将会引起转子的不平衡以及动、静部件的摩擦，因而在解体检修时必须对泵轴弯曲进行测量。（√）

Je3B2575 联轴器的销钉、螺母、垫圈、防护圈等部件的材质、规格应保持一致，否则就会影响联轴器的动平衡。（√）

Je3B3576 管道水压试验时应把系统内空气排除，以避免试验时压力降的假象（偏低）和升压时间过长。（√）

Je3B3577 检修轴承时，轴瓦两侧间隙与塞尺的塞入深度关系不正确时，必须进行修刮。（√）

Je3B2578 高压除氧器的安全装置常采用弹簧式安全阀和重锤式安全阀两种形式。（√）

Je3B4579 水处理设备及管道安装结束后，不用经过系统水压试验及箱罐灌水试验，便可进行分部试运。（×）

Je3B4580 对于 DQ–4 型电解槽试运时，可由电解液温度来判断循环系统是否堵塞。（√）

Je3B3581 对带推力轴承的给水泵，推力盘与工作推力瓦块紧密接触时，动静平衡盘的轴向工作轴窜应为总轴窜的 1/2。（√）

Je3B3582 给水泵作抬轴试验，其数值测量时，应为取出上瓦与取出上下瓦所测得的转子上下移动间隙。（√）

Je3B3583 对胶球回收装置应进行工作压力 1.15 倍的严

密性水压试验，并应无渗漏。（×）

Je3B3584 抽气器的水泵进水室的水分配器的固定角度，在安装过程中调好。（×）

Je3B3585 如发现凝汽器冷却管管子质量低劣时（不合格管达安装总数的1%），则90%冷却管都应进行试验。（×）

Je3B3586 如果检查出水泵泵体的承压部位产生了裂纹，可以采取在裂纹的始、末端各钻一个小孔的方法以防止裂纹继续发展。（×）

Je3B3587 凝汽器的检修工作主要就是检查、消除管板和换热管的泄漏以及对冷凝管内壁污垢的清理。（√）

Je3B4588 底部具有弹簧的凝汽器，在灌水前应在弹簧处加临时支撑并检查各管道支吊架，必要时也应加临时支撑，或将弹簧吊架锁住。（√）

Je3B4589 通常，只要投入凝汽器换热管总数30%左右的胶球，即可满足运行中清洗凝汽器换热管的要求。（×）

Je3B4590 抽气器的水泵（真空泵）水分配器与叶轮的出水口中心线应一致，误差应不大于0.5mm。（√）

Je3B4591 采用退火方法消除凝汽器铜管内应力，退火温度应为300～350℃（罐内蒸汽温度）。（√）

Je3B5592 液力耦合器与给水泵及电动机的联轴器找中心时，由于设备在热态下和其他机械原因，厂家都给出一定的校正值，实际在找中心时，此值可忽略不计或越小于校正值，越接近优良级标准。（×）

Je2B1593 除氧器及水箱安装完毕，对其壳体上各孔洞应加永久堵板严密封闭。（×）

Je2B1594 凝汽器铜管剩余应力的试验有三种方法，分别为氨熏法、硝酸亚汞法和切开法。（√）

Je2B1595 检查凝汽器换热管泄漏常用的方法有烛火法、薄膜法、静水压法、荧光法和氢气检漏法等。（√）

Je2B1596 大型电动机的转子与定子的磁力中心线应相

吻合。（√）

Je2B1597 基础混凝土强度达到 70%以上，并经验收合格，便可以进行机组安装。（√）

Je2B1598 热交换器在试运前，有关的蒸汽管道最低点应装好疏放水设施。（√）

Je2B2599 水泵试运时，对于入口无滤网的水泵，应加装足够通流面积的临时滤网，运行到水质清洁后拆除。（√）

Je2B2600 射水抽气器若工作不正常，设备本体首先应检查调整喷嘴和扩散管的配合距离及止回阀灵活严密程度。（√）

Je2B2601 除氧器在运行中需随时监督其溶解氧、压力、温度和水位等主要项目。（√）

Je2B2602 油管道浸泡酸洗工艺的主要过程是碱洗→钝洗→酸洗。（×）

Je2B2603 对水泵轴封装置来说，所选填料的规格和性能与介质是否相适应、尺寸大小是否恰当均关系不大，只要保证不漏水即可。（×）

Je2B2604 如果在水泵解体检修过程中对密封环作了抬高调整工作，在回装时就必须重新测量、配制泵盖的结合面密封垫。（√）

Je2B2605 在进行水泵联轴器的找正工作时，测量过程中应保持转子的轴向位置始终不变，以免引起测量误差。（√）

Je2B2606 根据热交换器结构条件的可能，对其水侧和/或汽侧应分别做工作压力 1.25 倍的严密性水压试验。（√）

Je2B2607 除氧器与给水箱连接对焊，其对口施焊工艺及焊缝检验，应严格按《电力建设施工及验收技术规范》（焊接篇）的规定进行，确保焊接质量。（√）

Je2B2608 凝汽器换热管的清理工作可以在不停机的情况下定期或不定期地进行，不会影响汽轮机组的正常运转。（√）

Je2B2609 如果胶球比重配置不当，将会影响对凝汽器换热管的清洗效果，甚至还会造成部分换热管长期得不到清洗而

结垢的现象。（√）

Je2B2610　射水抽气器在解体检修之后回装时，应注意对管道法兰严密性的检查，以免造成漏空而影响喷射的效率。（√）

Je2B3611　多级水泵在拆卸时，拆下水泵或推力瓦后，应在 0°和 180°两个方位测量工作轴窜，其结果基本一致，误差不大于 0.10mm，否则应分析原因。（√）

Je2B3612　凝汽器冷却管工艺性能试验不合格时，可在铜管的胀口部位进行 400～450℃的退火处理。（√）

Je2B3613　对多级分段式水泵来说，通过对平衡盘间隙的调整即可实现对转子轴向定位尺寸的确定。（√）

Je2B3614　对于水泵叶轮内孔间隙过大的缺陷，一般是通过在叶轮内孔局部点焊后再车修或在内孔镀铬后再磨削的方法予以修复。（√）

Je2B3615　凝汽器组装完毕后，水侧要进行灌水试验，灌水高度要充满整个冷却管的水侧空间，并高出顶部冷却管 100mm，维持 24h 应无渗漏。（×）

Je2B3616　胀口及翻边处应平滑光洁，无裂纹和显著的切痕。翻边角度一般为 15°左右。（√）

Je2B3617　穿管用导向器以及对管端施工用的工具，每次使用前都必须用酒精清洗，必须使用铅垂。（×）

Je2B4618　滑销间隙不合格时，应进行调整，对于过大间隙，允许在整个接触面上进行补焊或离子喷镀，其硬度可低于原金属，并允许用捻挤的方法缩小滑销间隙。（×）

Je2B4619　射水抽气器各管段结合面止口间隙应均匀一致，一般偏差应不大于 0.10mm。（√）

Je1B1620　除氧器水箱安装高度是直接影响给水泵工作能否产生汽化的主要因素。（√）

Je1B1621　凝汽器内换热管的固定方法都是采用与管板焊接的方法进行连接的。（×）

Je1B1622　对多级泵来说，采取将两组叶轮的进水方向

相反地装在轴上的方法可以起到使其轴向推力相互抵消的效果。（√）

Je1B2623　禁止在油管道上进行焊接工作，在拆下的油管道上进行焊接时，必须事先将管子冲洗干净。（√）

Je1B2624　油管道进行碱洗的目的，是为了清除管子内的锈污。（×）

Je1B2625　对于一台装有平衡盘装置的水泵来说，如果平衡盘的端面飘偏度过大，将会造成轴向推力平衡的失常、平衡盘磨损等一系列问题。（√）

Je1B2626　使用捻打法直轴时，应将轴凸面向上放置，在最大弯曲断面下部用硬木支撑并垫以铅板。（×）

Je1B2627　对水泵轴封装置来说，压紧填料之后还应检查填料压盖四周的缝隙，要保持均匀以防止出现压盖与泵轴触碰、摩擦的现象。（√）

Je1B2628　在测量推力间隙的过程中，可在推力瓦块与推力盘之间插入塞尺片来测取轴向间隙的数值。（×）

Je1B2629　钛管扩管及切管机具必须彻底清洗，每扩管 1～3 根后即用酒精清洗一次，扩管时应用扩管机油做清洗剂。（×）

Je1B2630　管端切齐尺寸一般为 0.3～0.5mm；切下的钛屑必须及时清理，严防钛材着火。（√）

Je1B2631　给水泵汽轮机调节的目的就是在锅炉负荷变化时能自动调整进汽量来改变给水泵的转速以适应锅炉给水的需求。（√）

Je1B2632　在液力耦合器的工作过程中，工作油量或工作油压的大小可以通过改变转动外壳中的勺管行程以控制泄油量来实现。（√）

Je1B2633　在大型立式循环水泵检修后的回装过程中，当检测泵轴的对中精度合格之后还应将转子向上提升一定的高度才能保证其以后的正常运行。（√）

Je1B3634　手攻螺纹时，每扳转铰杠 1/2～1 圈，就应该倒

转 1/2 圈，不但能断屑，且可减少切削刃因粘屑而使丝锥轧柱的现象。（√）

Je1B3635 通过对水泵转子的试装工作，可以达到消除转子的紧态晃度、调整好叶轮间的轴向距离、确定好各个调整轴套的尺寸等目的。（√）

Je1B3636 对由于水泵回转部件不平衡而使泵轴产生的振动，其特征表现为振动的振幅不随负荷的大小而变化。（√）

Je1B3637 机械密封为圆柱面密封形式，与原有的填料密封的端面密封的形式相比有了很大的改变。（×）

Je1B4638 电解槽水压试验是按工作压力的 1.5 倍，维持 5min 不漏，然后降至工作压力进行检查，无渗漏为合格。（√）

Je1B4639 采用控制工作油出油量方式时，液力耦合器就无法满足涡轮转速激增以适应负荷需求迅速增加的工况。（√）

Je1B4640 在水环式真空泵工作之前需向泵内灌入一定量的水，它不仅起着传递能量的媒介作用，且因其黏性小可以提高真空泵的效率。（√）

Je1B5641 对于立式泵，电动机与水泵分层安装时，以下层基础为基准的各层标高的相对误差，应在 15mm 以内。（×）

Jf5B1642 在起吊重物时，所用的千斤绳夹角越大，则千斤绳受力越大；反之夹角越小，千斤绳受力越小。（√）

Jf5B1643 使用滚杠搬运重物时选择的道路要平整、畅通，如有坑沟应填平。（√）

Jf5B2644 搬运、装卸危险物品时，首先要了解它们的特性，然后按各类不同的危险物品的安全要求进行装卸。（√）

Jf5B2645 在加热器内工作时，必须使用不高于 36V 的行灯来照明。（√）

Jf5B2646 为了防止錾子沿錾切表面脱落，应注意保持錾子刃部的锋利并注意保持合理的錾切角度。（√）

Jf5B2647 安装锯条时，应注意必须使锯条的锯齿齿尖方向向后，否则就不能正常锯割。（×）

Jf5B2648 使用手电钻时必须戴绝缘手套，换钻头时须拔下插头。（√）

Jf5B3649 在锯割较软的材料或被锯割的工件较厚时，应选用较粗齿的锯条。（√）

Jf5B3650 使用电动工具时，必须握住工具手柄，但可拉着软线拖动工具。（×）

Jf5B3651 手弧焊时，主要应保持电弧长度不变。（√）

Jf5B4652 气焊或气割点火时，可以用烟蒂。（×）

Jf5B5653 焊缝表面经机械加工后，能提高其疲劳强度。（√）

Jf5B5654 焊接应力和变形在焊接时是必然要产生的，是无法避免的。（√）

Jf4B1655 在使用吊环前，应检查螺栓杆部位是否有损伤及弯曲变形现象。（√）

Jf4B1656 电动葫芦在工作中，可以倾斜起吊或作拖拉工具使用。（×）

Jf4B1657 所有起重机械、工器具、绳卡等在使用时不得超过铭牌规定的吊载量。（√）

Jf4B1658 用大锤进行拆卸螺检时不许戴手套，不准单手抡大锤，所用的敲击扳手应用麻绳绑牢防止飞出伤人。（√）

Jf4B1659 钻头套可用在立钻钻床上。（√）

Jf4B1660 普通钻床，根据其结构和适用范围不同可分为台钻、立钻和摇臂钻三种。（√）

Jf4B1661 台钻钻孔直径一般在 15mm 以下。（√）

Jf4B1662 双重绝缘的电动工具,使用时不必戴橡胶手套。（√）

Jf4B1663 汽缸结合面螺栓在冷紧时可以用大锤等进行紧固，也可以使用扳手加套管或电动、气动、液压工具等进行紧固。（×）

Jf4B2664 闸阀是通过改变闸板与阀座之间的相对位置来

改变流道截面的大小，从而实现介质流量的改变的。（√）

Jf4B2665　起吊重物前应先进行试吊，确认可靠后才能正式起吊。（√）

Jf4B2666　焊条横向摆动的目的是为了获得一定宽度的焊缝。（√）

Jf4B2667　当减少焊缝尺寸，有利于减少焊接残余变形。（√）

Jf4B2668　奥氏体不锈钢手弧焊时，要作横向摆动，以便获得一定宽度的焊缝。（√）

Jf4B3669　工业纯铝是指不含杂质的纯铝，所以焊接性能特别好。（×）

Jf4B3670　气割时，割嘴后倾角应随钢板厚度的增加而增大。（×）

Jf4B3671　在加热汽缸螺栓时，使用氧—乙炔火焰直接加热的方法会造成螺栓局部过热从而影响金属的组织和性能。（√）

Jf4B4672　导体电阻的大小，不但与导体的长度和截面积有关，而且还与导体的材料及温度有关。（√）

Jf3B1673　质量记录是指直接或间接地证明产品或质量体系是否符合规定要求的证据。（√）

Jf3B2674　超高压非铸造容器耐压试验压力为 $1.25p$。（√）

Jf3B2675　除氧器内进行工作时，至少有两人，其中一人进行监护，发现问题及时进行救护。（√）

Jf3B2676　安装三角皮带时，先将其套在大带轮轮槽中，然后套在小轮上。（×）

Jf3B2677　离心泵转速在 3000r/min 时，其轴向振动允许值为 0.08mm。（×）

Jf3B2678　使用摩擦式攻螺纹夹头攻制螺纹时，当切削扭矩突然增加时，能起到安全保险作用。（√）

Jf3B3679　卸扣在使用中应注意其受力方向，其力点应在卸扣的弯曲部分。（√）

Jf3B4680 金属在蠕变过程中，弹性变形不断增加，最终断裂。（×）

Jf2B1681 预防措施是指防止已出现的不合格、缺陷再次发生、消除其原因所采取的措施。（×）

Jf2B1682 排汽管、疏水管的系统连接应正确，安装路线不得妨碍设备的拆卸，可敷设在人行道但禁止靠近电气设施的地方。（×）

Jf2B1683 在容器箱槽内工作，如需站在梯子上工作时，工作人员应该使用安全带,安全带要拴在外面牢固的地方。（√）

Jf2B1684 钻孔时，加切削液的目的主要是为了润滑。（×）

Jf2B1685 在铸铁工件上钻深孔时必须经常提起钻头进行排屑。（√）

Jf2B2686 所有泵启动前,出口阀门必须处于关闭状态。（×）

Jf2B2687 快换式攻螺纹夹头可以不停机调换各种不同规格的丝锥。（√）

Jf2B2688 热处理的目的主要是改善金属材料性能。（√）

Jf2B3689 正弦交流量的有效值是它的最大值的 $\sqrt{3}$ 倍。（×）

Jf2B3690 高速钢常用的牌号是 Cr12MoV。（×）

Jf2B3691 氧化处理也称发黑处理，是表面氧化处理的一种方法，主要用于碳钢和低合金工件。（√）

Jf2B3692 含碳量低于 0.25% 的碳钢,可用正火代替退火，以改善切削加工性能。（√）

Jf2B3693 锉刀经淬火处理，硬度可达 62～67HRC。（√）

Jf2B3694 圆锥齿轮与圆柱齿轮的画法基本相同，直齿圆锥齿轮啮合时，在剖视图中，节线相交于一点。（√）

Jf1B1695 在设备进行水压试验时，如必须拆卸某些部件才能观察水压试验情况而在水压试验后又可能因此造成设备永久变形时，可不必进行临时加固工作。（×）

Jf1B2696 钻小孔时,应选择较大的进给量和较低的转速,

钻大孔时，则相反。（×）

Jf1B2697 内径百分表的示值误差很小，再测量前不要用百分表校对。（×）

Jf1B2698 攻丝前底孔直径应稍小于螺纹小径，便于攻丝。（×）

Jf1B2699 用游标卡尺测量精度要求较高的工件时，必须将游标卡尺的公差考虑进去。（√）

Jf1B2700 用塞尺可以测量温度较高的工件，测量时不能用力太小。（×）

Jf1B2701 滚动轴承内圈与轴配合时，力应该加在外圈上。（×）

Jf1B2702 装配工作转速越高的联轴节，其两轴的同轴度偏差应越小。（√）

Jf1B3703 皮带安装中，带的松紧程度通常以手指按中间部位，下陷量相当于带的厚度即可。（√）

Jf1B3704 热油泵启动前要预热，使泵体温度低于入口温度40℃，预热速度为50℃/h。（√）

Jf1B3705 由于正火较退火冷却速度快，过冷度大，转变温度低，获得组织较细，因此正火的钢强度和硬度比退火高。（×）

Jf1B3706 表面淬火是将工件的表面层淬硬到一定深度，而心部仍然保持未淬火状态的一种局部淬火法。（√）

Jf1B3707 钢材根据加热保温和冷却方式的不同可将热处理分为退火、淬火、回火及表面热处理五种。（√）

Jf1B3708 镀铬层具有高的硬度（HB＝800～1000），耐磨性能好，同时有高的耐热性，约在500℃以下不变形。（×）

Jf1B3709 火焰加热表面淬火的淬透层深度2～6mm。（√）

Jf1B3710 对于高压加热器汽侧外壳螺栓，材质为合金钢的应采用加热紧固。（√）

Jf1B3711 除氧给水箱下水管管口应高出箱底 100mm以上，排污管口应低于箱底。（×）

Jf1B3712 对于凝汽器与汽缸间连接的短节、两个凝汽器间的平衡短节和拉筋膨胀伸缩节的焊缝，安装前应进行渗油试验，并应无渗漏。（√）

Jf1B4713 高压合金钢螺栓的裂纹大多发生在螺栓螺纹第1～3圈的部位。（√）

Jf1B4714 在设计改进各种高难度的工艺装配时，可以依照工件的技术要求、工艺装备的设计原理，设计改进工艺装备，这种方法对于任何生产厂家及任何方式都适应。（×）

Jf1B4715 钢的热处理常见的缺陷是硬度不够、不匀或硬度偏高，过热和过烧，氧化、脱碳变形和开裂等。（√）

4.1.3 简答题

La5C1001 三面正投影的投影规律是什么？

答：主视俯视长对正；主视左视高平齐；左视俯视宽相等，也可简单说长"长对正，高平齐，宽相等"。

La5C1002 识图方法和步骤是什么？

答：识图方法一般可采用分析法、线面分析法以及补画视图的方法。步骤一般是先概略后细致，先形体后线面，先外部后内部，最后综合起来想象出物体的形状。

La5C1003 什么是力臂、力矩？它们的单位各是什么？

答：转动中心到力的作用线的垂直距离称为力臂。力的大小与力臂的乘积称为力矩。若力的单位以牛顿计，力臂的长度以米计，则力矩的单位在我国法定计量单位中为牛顿·米，符号为 N·m。

La5C2004 力的合成和分解方法是什么？

答：平面汇交力系的合力等于力系中各力的矢量和，合力的作用线通过力系的汇交点。将一已知力分解为沿已知互相垂直方向的二分力的方法，称为力的正交分解法。

La5C2005 在千分尺上读数的方法是怎样的？

答：（1）读出微分筒边缘在固定套管主尺的毫米数和半毫米数；

（2）看微分筒上哪一格与固定套管上基准线对齐，并读出不足半毫米的数；

（3）把两个读数加起来就是测得的实际尺寸。

La5C2006　什么是滑动轴承的间隙?

答：滑动轴承的间隙是指轴瓦与轴颈之间的空隙，分为径向间隙和轴向间隙两种。

滑动轴承的径向间隙又分为轴瓦顶部间隙和瓦口（也称作瓦侧）间隙；滑动轴承的轴向间隙又分为推力侧间隙和承力侧（膨胀侧）间隙。

La5C2007　简述游标卡尺的作用及种类。

答：游标卡尺是最常用的量具之一，它可以测量零件的外径、内径、长度、和孔距等，有的游标卡尺还可以直接进行深度的测量。

常见的游标卡尺的读数精度可分为 0.1、0.05mm 和 0.02mm 三种。

La5C2008　汽轮机按工作原理分有哪几种? 按热力过程特性分为哪几种?

答：（1）汽轮机按工作原理分为冲动式汽轮机和反动式汽轮机两种。

（2）汽轮机按热力过程特性分为凝汽式汽轮机、背压式汽轮机、调整抽汽式汽轮机和中间再热式汽轮机 4 种。

La5C3009　电动自动控制式胀管器由什么组成?

答：电动自动控制式胀管器由胀管器、三相电钻和电气控制柜三部分组成。

La5C3010　使用塞尺时应注意什么?

答：（1）根据结合面间隙情况，使所选塞尺的片数尽可能少；

（2）测量时不能用力太大，以免塞尺弯曲和折断；

（3）应注意不能测量温度较高的工件。

La5C3011　简述火力发电厂的生产过程及主要系统。

答：火力发电厂的生产过程就是通过高温燃烧，把燃料的化学能转变为热能，再将水加热成为高温高压的蒸汽，利用蒸汽推动汽轮发电机做功，从而将热能最终转变成电能。

火力发电厂的生产过程中主要包括有汽水系统、燃烧系统、热控系统和电气系统，此外还有供水系统、化学水处理系统、输煤系统、除尘系统等辅助系统和设施。

La5C3012　凝汽器的工作任务是什么?

答：凝汽器的工作任务为：

（1）在汽轮机的排汽口建立并保持高度的真空，使蒸汽在汽轮机内膨胀到尽可能低的压力，将更多的热能转变为机械能；

（2）将补给水加热到一定的温度，并进行初步的除氧；

（3）把汽轮机的排汽凝结成水并作为锅炉给水，维持工质循环使用，提高火力发电厂的经济性；

（4）排除做功后的蒸汽在凝结过程中析出的不凝结性气体，提高蒸汽凝结的换热效率，减少不凝结气体中氧气等的腐蚀作用。

La5C3013　水泵的特性曲线是什么?

答：在转速为某一定值的情况下，扬程与流量的关系曲线即 $Q\text{-}H$ 曲线，就是一般指的特性曲线（$Q\text{-}N$ 关系曲线；$Q\text{-}\eta$ 关系曲线也属于特性曲线）。

La5C4014　滚动轴承的轴向有哪些固定方式?

答：根据滚动轴承固定时外圈的受力情况可分以下几种固定方式：

（1）单侧受力固定；

（2）双侧受力固定；

（3）自由固定。

La5C4015　什么叫滚动轴承的寿命？

答：滚动轴承的一个套圈或滚动体的材料首次出现疲劳点蚀前，一个套圈相对于另一个套圈的转数称为轴承的寿命。寿命还可以用在恒定转速下的运转小时来表示。一组同一型号轴承在相同条件下运转，其可靠度为 90%时，能达到或超过的寿命称为额定寿命，单位为百万转（10^6r）。

La5C4016　碳素钢是怎样分类的？

答：碳素钢是含碳量为 0.02%～2.11%的铁碳合金，按碳的含量可分为低碳钢、中碳钢和高碳钢三类。

低碳钢——含碳量小于 0.25%；

中碳钢——含碳量在 0.25%～0.6%范围内；

高碳钢——含碳量大于 0.6%。

La4C1017　怎样选择公差与配合的基准制？

答：选择基准制应从结构工艺和经济性等方面综合考虑：

（1）一般情况下，优先采用基孔制；

（2）基轴制通常仅用于具有明显经济利益的场合；

（3）与标准件配合时，基准制的选择依标准件而定；

（4）为了满足配合的特殊需要，允许采用任一孔、轴公差带组成配合。

La4C1018　设备开箱检查要注意哪些事项？

答：设备开箱，要在有关部门协同下进行。开箱后，应根据供货范围的装箱单、供货清单及有关技术资料进行清点，检查设备数量、质量及规格。如发现包装破损，内部设备有锈蚀、损坏、缺件等问题时，应做好记录，分析原因，提出意见报主管部门研究处理。

La4C1019　常见的除盐系统主要设备有哪些？

答：常见的除盐系统主要设备有机械过滤器、阳离子交换器、除二氧化碳器、中间水箱、中间水泵、阴离子交换器和混合离子交换器。

La4C1020　如何进行高压加热器的安装？

答：基础复查、基础处理、设备就位、找正找平、二次灌浆、水压试验、交管道安装、附件安装（压力表、温度计、水位计、安全门、放水管）等。

La4C1021　什么是工作质量？工作质量的特点是什么？

答：工作质量是与产品质量有关的工作对于产品质量的保证程度。工作质量不像产品质量那样直观地表现在人们面前，而是涉及企业所有部门和人员，体现在企业的一切生产、技术、经营活动中，并通过企业的工作效率、工作成果，最终通过产品质量和经济效果表现出来。

La4C1022　什么叫汽化潜热？

答：在饱和水等压加热过程中，将饱和水加热变到干饱和蒸汽所加的热量叫汽化潜热。

La4C1023　试述液体静压力的特性。

答：液体静压力的方向和其作用面相垂直并指向作用面。静止液体内任一给定点的各个方向的液体静压力均相等。

La4C1024　影响传热的因素有哪些？

答：由传热方程 $Q=KF\Delta t$ 可以看出，传热量是由三个方面的因素决定的，即：冷、热流体传热平均温差 Δt，换热面积 F 和传热系数 K。

La4C2025　热力学第一定律与热力学第二定律有什么区别？

答：热力第一定律的实质是能量守恒与转换定律在热力学

中的应用，它说明了热能与机械能互相转换的可能性及其数值关系。热力学第二定律指出了能量转换的条件、方向及转换的程度。

La4C2026　发电厂热力设备和管道为什么要保温？

答：发电厂中有大量高温介质在热力设备中进行热量交换，或从管道中流过，使热力设备管道表面有很高的温度。若没有保温设施，热量将通过这些表面散失到空间，一方面会使发电厂热经济性降低；另一方面散失出来的热量会使主厂房内气温过高，造成工作条件恶化，有时还会烫伤人，所以发电厂管道一定要保温。

La4C2027　怎样安装除氧器支座？

答：（1）除氧器支座的弧度应与水箱弧度一致，并与水箱贴合紧密。

（2）除氧器水箱安装时，应保证纵、横中心线，标高等符合图纸规定。

（3）滑动支座下的滚子应平直无弯曲，滚子表面以及与其接触的底板和支座表面应光洁，无毛刺或焊瘤，以使水箱受热后膨胀自由。

La4C3028　如何进行管道系统的水压试验？

答：在管道系统水压试验前，管道安装、支吊架安装应符合设计图纸要求，还应安装临时放水管、压力表放空气管等，准备一台试压泵，一切检查完，如符合要求，经管道上水，排出管道内的空气，打压为该系统工作压力的 1.25 倍，升压后检查该系统管道的焊缝，阀门、法兰及支吊架受力情况，如在30min 不掉压，证明该管道水压合格。

La4C3029　简述冲动式汽轮机工作原理。

答：具有一定压力和温度的蒸汽进入，喷嘴后，由于喷嘴截面形状沿汽流方向变化，蒸汽的压力温度降低，比体积增大，流速增加，即蒸汽在喷嘴中膨胀加速，热能转变为动能。具有较高速度的蒸汽由喷嘴流出，进入动叶片流道，在弯曲的动叶片流道内改变汽流方向，蒸汽给动叶片以冲动力，产生了使叶片旋转的力矩，带动主轴的旋转，输出机械功，将动能转化为机械能。

La4C3030 简述凝汽器常见缺陷及消除方法。

答：（1）真空系统不严或凝结水硬度增大，可能是因为铜管破裂或胀口泄漏，此时应做查漏试验，找出泄漏部位，换管或加堵头，或重新胀管。

（2）铜管腐蚀、脱锌、结垢严重，可能是因为循环水质不良，这时应与化学人员共同研究，采取处理循环水的方法解决。

（3）凝汽器内铜管有杂质和污物堵塞，可能是因为过滤网破裂或循环水太脏，此时应更换滤网，清理水池，改进过滤网的方式。

La4C3031 润滑剂主要分为几类？

答：润滑剂分为以下三种：
（1）液体润滑剂，即润滑油，如普通机油、汽轮机油等；
（2）半固体润滑剂，即润滑脂，如钙基脂、锂基脂等；
（3）固体润滑剂，如石墨、二硫化钼粉等。

La4C4032 水泵密封环选用不锈钢或锡青铜制造的优缺点各是什么？

答：选用不锈钢制造的密封环寿命较长，但对其加工及装配的质量要求很高，否则易于在运转中因配合间隙略小，轴弯曲度稍大而发生咬合的情况。若用锡青铜制造，则加工容易，成本低，也不易咬死，但其抗冲刷性能相对稍差一些。

La3C2033 热力学第一定律的实质是什么？它说明了什么问题？

答：热力学第一定律的实质是能量守恒与转换定律在热力学上的一种特定应用形式。它说明了热能与机械能互相转换的可能性及其数值关系。

La3C2034 简述水定压加热过程的三个阶段。

答：在密封的锅炉里，水定压加热过程中可以分为三个阶段：水的定压预热过程，即从任意温度的水加热到饱和水；饱和水的定压汽化（蒸发）过程，即从饱和水加热变成干饱和蒸汽；干饱和蒸汽的定压过热过程，即从干饱和蒸汽加热到任意温度的过热蒸汽。

La3C2035 什么叫干饱和蒸汽和湿饱和蒸汽?并说出水蒸气的形成过程。

答：液态水全部汽化为蒸汽而温度仍保持沸点，这时的蒸汽叫做干饱和蒸汽。而湿饱和蒸汽是水与蒸汽处于饱和状态的混合物。水蒸气的形成过程常分为三个阶段：

（1）水的等压加热过程。把任意温度的水加热到饱和水。

（2）饱和水等压汽化过程。把饱和水加热变成干饱和蒸汽。

（3）干饱和蒸汽等压加热过程。把干饱和蒸汽加热到任意温度的过热蒸汽。

La3C2036 液压千斤顶有什么优缺点？

答：液压千斤顶具有起重量大、操作省力、上升平稳、安全可靠等优点，但其上升速度比齿条式和螺旋式千斤顶慢，一般不能在水平方向操作使用。

La3C2037 机械密封辅助密封圈的作用是什么？

答：辅助密封圈包括静环密封圈和动环密封圈。静环密封圈主要是为阻止静环和密封压盖之间的泄漏；动环密封圈则主要是为了阻止动环和转轴之间径向间隙的泄漏，动环密封圈随转轴一同回转。

La3C2038　水泵压出室的作用是什么？

答：水泵压出室的作用是以最小的损失将液体正确地导入下一级叶轮或引向出水管，同时将部分动能转化为压力能。压出室的种类很多，常见的有螺旋形蜗壳、径向导叶和环式压出室。

La3C2039　联轴器的作用是什么？常见的联轴器有哪几种？

答：联轴器的作用是把水泵轴与原动机轴连接起来使其一同旋转。

常见的联轴器有刚性联轴器、弹性联轴器（柱销式联轴器、胶棒式弹性联轴器）和齿型联轴器。

La3C3040　在用手拉链条葫芦吊起的部件下检修组装设备时，应注意什么？

答：在用手拉链条葫芦吊起的部件下检修组装设备时，应将手拉链于打结保险，悬挂手拉链条葫芦的支吊架必须安装可靠，被检修的设备要垫稳，防止倾斜倒塌。

La3C3041　什么是全面质量管理？

答：一个组织以质量为中心，以全员参与为基础，目的通过顾客满意和本组织全体成员及社会受益而达到长期成功的管理途径。

La3C3042　什么是水泵的允许吸上真空度？

答：水泵的允许吸上真空度就是指泵入口处的真空允许数值。规定这个数值是因为泵入口的真空过高时（也就是绝对压力过低时），泵入口的液体会汽化，从而产生汽蚀。

La3C3043 离心泵的定义及工作原理是什么？

答：利用液体随叶轮旋转时产生的离心力来工作的水泵称为离心泵。当离心泵的叶轮被电动机带动旋转时，充满于叶片之间的流体随同叶轮一起转动，在离心力的作用下从叶片间的槽道甩出，并由外壳上的出口排出，而流体的外流造成叶轮入口空间形成真空，外界流体在大气压作用下会自动吸进叶轮补充。由于离心泵不停地工作，将流体吸进压出，便形成了流体的连续流动，连续不断地将流体输送出去。

La2C2044 何谓原始记录？

答：原始记录是按照规定的要求，以一定的形式对企业各项生产经营活动所做的最初的直接记载，是反映企业情况的第一手材料。它包括原始的报表、凭证、单据、自动记录、运行报表、运行日志及维修记录等。原始记录是建立各种统计台账、编制统计报表和进行统计分析的依据，是企业进行全面管理的重要条件，也是企业基层车间、班组进行日常生产管理的工具。

La2C3045 高压开关柜、低压配电屏、保护盘、控制盘、热控盘及各式操作箱等需要部分带电时，应符合哪些规定？

答：（1）需要带电的系统，其所有设备的接线确已安装调试完毕，并应设立明显的带电标志。

（2）带电系统与非带电系统必须有明显可靠的隔断措施，确认非带电系统无串电的可能，并应设警告标志。

（3）部分带电的装置，应设专人管理。

La2C3046 简述水环式真空泵的工作原理。

答：由于叶轮偏心地装在壳体上，随着叶轮的转动，工作液体在壳体内形成运动着的水环，水环内表面也与叶轮偏心，由于在壳体的适当位置上开设有吸气口和排气口，水环泵就完成了吸气、压缩和排气这三个相互连续的过程，从而实现抽送气体的目的。在水环真空泵的工作过程中，工作介质传递能量的过程为：在吸气区内，工作介质在叶轮推动作用下增加运动速度（获得动能），并从叶轮中流出，同时从吸气口吸入气体；在压缩区内，工作介质速度下降、压力上升，同时向叶轮中心挤压，气体被压缩。

由此可见，在水环真空泵的整个工作过程中，工作介质接受来自叶轮的机械能，并将其转换为自身的动能，然后液体动能再转换为液体的压力能，并对气体进行压缩做功，从而将液体能量转换为气体的能量。

La2C3047　辅助设备就位前应对混凝土基础、垫铁、底座和地脚螺栓进行哪些准备工作？

答：辅助设备就位前应对混凝土基础、垫铁、底座和地脚螺栓进行下列准备工作：

（1）基础表面凿毛并清除油污、油漆和其他不利于二次浇灌的杂物；

（2）放置永久垫铁处的混凝土表面应凿平，与垫铁接触良好；

（3）垫铁表面应平整，无翘曲和毛刺；

（4）垫铁各承力面间的接触应密实无松动现象；

（5）二次灌浆浇入的底座部分和地脚螺栓，应清理油漆、油垢和浮锈；

（6）对于采用无垫铁安装的设备，所用的临时垫铁也应符合永久垫铁的要求。

La2C3048　生产工人的质量责任是什么？

答：（1）熟悉质量标准、操作、工艺规程，严格遵守工艺纪律。

（2）严格遵守"三按"生产，做好"三自"和"一控"。"三按"是指按图纸、按工艺、按标准完成生产任务；"三自"是指工人对自己完成的工作（或工序）进行自我检查，自己区分合格与不合格，自己做好责任人、日期、质量状况等标记；"一控"是指控制自我检查的正确率。

（3）认真做好原始记录。

（4）努力完成质量考核指标。

（5）努力学习全面质量管理基本知识，掌握 TQC 基本方法，积极参加 QC 小组活动。

La2C3049　汽轮机的真空下降会有哪些危害？

答：（1）汽轮机的可用热焓降减少，除了经济性降低，汽轮机出力也会降低。

（2）排汽缸及轴承座等部件受热膨胀引起动静中心改变，汽轮机产生振动。

（3）排汽温度过高，可能会引起复水器的胀口松弛，破坏凝汽器的严密性。

（4）使轴向推力明显增加。

（5）真空下降使排汽容积流量减小，产生涡流及漩涡，同时产生较大的激振力，易使末级叶片损坏。

La2C4050　质量方针的性质和作用是什么？

答：质量方针表明企业总的质量宗旨和方向，它受组织的环境和经营目的制约，应表明组织对质量和质量活动的指导思想、目的和原则。

对内：质量方针体现组织的意志，为质量工作定向，要求全体员工理解、执行，并坚持为之奋斗的纲领，是质量体系建立和运行的依据和前提。

对外：质量方针是组织的声明和承诺，是组织向顾客和社会的宣言，是获取第一信任的手段和措施。

La2C4051　设备订货时厂家应提供哪些重要的技术文件？

答：设备订货时应由厂家提供随设备交付的技术文件，作为施工及质量检验的重要依据，主要文件如下：

（1）设备供货清单及设备装箱单；

（2）设备的安装、运行、维护说明书和技术文件；

（3）设备出厂证件、检验试验记录及重大缺陷记录；

（4）设备装配图和部件结构图；

（5）主要零部件材料的材质性能证件；

（6）全部随箱图纸资料。

La2C4052　凝汽器设备安装完毕后提交验收时，应具备哪些安装技术文件？

答：凝汽器设备安装完毕后提交验收时，应具备下列安装技术文件：

（1）冷却管出厂的材质证件；

（2）铜管用氨熏法进行残余应力的测定记录；

（3）支持弹簧的原始记录和安装后的高度记录；

（4）波形伸缩节冷拉间隙记录；

（5）水侧和汽侧严密性试验记录。

La1C2053　何谓统计工作？

答：统计工作是指从原始记录取得资料以后，进行分类、汇总和综合分析，从中发现企业生产技术经济活动规律性和事物之间的内在联系，以指导企业生产技术经济活动正常进行的过程。它比原始记录进了一步，是按生产经营活动及上级管理机关的需要，对原始记录资料进行综合分析、分类、汇总及计算，获得比较完整、系统的资料依据，以反映生产经营动态，并从中发现问题，预测发展趋势。原始记录是统计工作的基础，统计工作则是原始记录的加工和提高。对原始记录和统计工作的基本要求是全面、及时、准确、系统。

La1C3054　机组采用中间再热给调节带来了哪几方面的问题？分别采取什么措施来解决？

答：（1）中间容积较大带来的问题：中、低压缸功率滞后，采用动态校正器使高压缸动态过调，以补偿中、低压缸功率滞后；甩负荷时超速，采取在中压缸设置调节阀的方法，并配置微分器在甩负荷超速时将高、中压缸同时关闭。

（2）采用单元制带来的问题：机、炉、再热器的流量匹配问题，采用旁路系统解决；锅炉动态响应太慢的问题，采取机炉协调控制办法解决。

La1C3055　影响冷水塔冷却效果的常见缺陷有哪些？

答：运行中影响冷水塔冷却效果的缺陷一般有：

（1）分配水管及喷嘴没有达到水平；

（2）分配水管及喷嘴有很明显的漏水现象；

（3）塔筒有严重的不严密现象、塔筒过低；

（4）由于淋水装置布置不合理，增大了淋水装置的阻力，或者是填料格栅局部倒塌、填料格栅结构不良等。

La1C3056　竣工验收的基本原则是什么？

答：验收是保证检修质量的一项重要工作。验收人员必须坚持原则，深入现场进行质量监督，并本着高度负责的态度做好验收工作。

竣工验收要把好"四关"：

（1）项目关。做到不漏项、不甩项，修一台保一台。

（2）质量验收关。做到检修质量不合格不验收，零部件不全不验收，设备不清洁不验收，无验收卡不验收。

（3）工艺关。做到按规程技术措施及工艺卡开展工作，保证工艺质量。

（4）检修资料和设备台账关。做到各项记录、表、卡和台账齐全，技术资料齐全，能正确反映检修过程的实际情况。

Lb5C1057 直径比较大的法兰接合面（如热交换器）的垫料和涂料应有什么要求？

答：直径大于 1m 的法兰接合面的垫料，应该使用整圈定做的垫，在靠汽侧面应涂铅粉，靠水侧面应涂白铅油合成混合涂料。由于特殊情况（温度较低、压力低）没有整圈的垫，可以拼接，接头采用燕尾接头，接缝要严密，如齿形金属垫、石墨金属缠绕垫等。

Lb5C1058 衬胶成品在运输和保管期间有什么要求？

答：（1）衬胶成品应放置在 5～30℃ 的环境里，以防冻裂。放置场合应避免阳光直射，离热源 1m 以外，以防老化；

（2）成品存放处不能有易燃品和其他有害溶剂；

（3）成品不宜堆得太高。

Lb5C1059 简述火力发电厂的能量转换过程。

答：燃料的化学能，在锅炉中转变为水蒸气的热能；水蒸气的热能在汽轮机中转变为汽轮机轴旋转的机械能；汽轮机轴带动发电机轴转动，通过发电机将机械能转换成电能。

Lb5C1060 真空系统主要包括哪些设备？

答：真空系统包括凝汽器、凝结水泵、低压加热器、轴封抽汽器、本体疏水扩容器、低压加热器疏水泵、机械式真空泵等。

Lb5C1061 凝汽器的作用是什么？

答：凝汽器的作用是：① 建立和维持一定的负压，增加汽轮机中蒸汽的可用焓降以提高汽轮机热效率；② 冷却汽轮机排汽，回收工质凝结水，以便重复使用；③ 除去凝结水中所含氧，提高给水质量，防止设备腐蚀。

Lb5C1062　电解水制氢一般由哪些主要设备组成？

答：电解水制氢一般由电解槽、碱液过滤器、洗涤器等设备组成，对于中压系统还必须有压力调整器和平衡箱等。

Lb5C1063　电解槽可分为哪两大类？

答：电解槽按性质可分为单极性和双极性两大类。单极性电解槽和双极性电解槽又可分为箱式和压滤式两种。单极性电解槽几乎都为箱式，双极性电解槽多为压滤式。

Lb5C1064　什么是给水泵？其作用是什么？

答：供给锅炉用水的泵叫给水泵。其作用是连续不断地、可靠地向锅炉供水。

Lb5C1065　循环水泵的作用是什么？如何分类？

答：循环水泵的作用是向凝汽器输送大量的冷却水，使汽轮机的排汽在凝汽器中凝结，维持凝汽器运行中的高真空。

循环水泵有轴流泵和离心泵两大类。开式循环系统可使用轴流泵和离心泵，闭式循环系统大多使用离心泵。离心泵有卧式和立式两种结构。

Lb5C1066　对离心泵安装的基本要求是什么？

答：（1）离心泵的机座与基础、水泵与机座均需牢固地固定在一起；

（2）离心泵的轴线与电动机的轴线必须安装在同一中心线上；

（3）水泵轴中心线在基础上的标高，必须与主要设备保持准确的相对位置并符合图纸要求；

（4）水泵的各连接部分，必须具备较好的严密性。

Lb5C1067　管式热交换器如何进行解体检查？

答：拆除与设备连接的所有管道，拆下容器的水室，抽出交换器的芯子，检查设备是否有损坏的地方。

Lb5C1068　附属机械就位前，应对混凝土基础如何处理，并达到什么要求？

答：（1）与二次浇灌混凝土接触的表面应凿出毛面，清除油污和其他杂物；

（2）放置垫铁处的混凝土表面应凿平，与垫铁接触应密实，垫铁放上后无翘动现象；

（3）地脚螺栓孔内应清洁无杂物和油垢。

Lb5C1069　给水泵的安装位置有何要求？

答：一般都把给水泵布置在给水箱以下，以增加给水泵进口的静压力，避免汽化现象的发生，保证水泵的正常工作。

Lb5C1070　凝汽器和热交换器的检修一般应注意哪些事项？

答：（1）检修重点是消除设备存在的缺陷，更换内部管子或进行设备的改进，如有重大改动或大面积更换管子时，应做严密性试验，检验其是否合格；

（2）热交换器的管子泄漏一般是将铜管堵塞，堵塞数量较多时，应更换管子；

（3）检修所有的法兰结合面时，应清理干净，并配有合适的垫片，其材料应符合规范；

（4）管束应清洁，无锈垢、杂物、缺陷和堵塞现象；

（5）法兰结合面应平整；

（6）水位计应清洁、透明、无渗漏。

Lb5C1071　汽轮机附属设备、附属机械主要有哪些？

答：附属设备主要有凝汽器、低压加热器、高压加热器、疏水冷却器、除氧器、轴封加热器、疏水扩容器、抽气器、旁路减温器；附属机械有给水泵、凝结水泵、循环水泵、射水泵、疏水泵等。

Lb5C1072　除氧器内部装置如何进行检查安装？

答：（1）凝结水进水室及喷水阀检查：将弹簧喷水阀拆除后，检查进水室的清洁情况，水室内部必须清洁。喷水阀应作喷水试验，检查其雾化情况，雾化必须良好。

（2）筛盘及淋水盘检查：筛盘的筛孔必须畅通，筛盘必须清洁水平。淋水盘水槽必须无变形及弯曲，安装必须水平。

（3）除氧器内部必须清洁、无锈蚀。所有紧固件必须齐全且符合设计要求。

Lb5C1073　低压加热器的作用及种类是什么？

答：低压加热器是利用汽轮机抽汽对凝结水进行加热的设备，连接在凝汽器与除氧器之间。低压加热器结构形式一般为管板式，按布置方式可分为立式和卧式两种。

Lb5C1074　高压加热器的作用及种类是什么？

答：高压加热器是利用汽轮机抽汽对除过氧的供锅炉给水进行加热的热交换设备。按布置方式分为立式和卧式两类。

Lb5C1075　加热器疏水装置的作用是什么？

答：加热器疏水装置的作用是：通过滑阀或调节阀的控制，使加热器的疏水保持在一定的水位范围；当水位达到一定值后，通过自动打开滑阀或调节阀进行排除，水位低于一定值后则自动关闭，防止蒸汽随着疏水漏出。

Lb5C2076　吊架的安装要求是什么？

答：（1）吊架的吊杆在冷态安装时，需留出预倾斜量，倾斜角度应使管箍与支吊点的垂直距离为该处热位移量ΔL 的 1/2；

（2）安装弹簧吊架时，需根据弹簧压缩量，预先把弹簧压紧，并用钢筋把上、下盘点焊成一体，或以螺栓固定其上下盘，待安装结束后再松开。

Lb5C2077　压缩机的清洗应符合什么要求？

答：应清洗主机零部件和附属设备，气阀、填料和其他密封件不应用蒸汽清洗。清洗后应将清洗剂或水分除净，并检查零、部件和设备表面有无损伤等缺陷，合格应涂一薄层润滑油（无润滑压缩机与介质接触的零、部件不涂油）。

Lb5C2078　给水加热器都有哪些保护装置？

答：给水加热器有超压保护、异常水位保护、蒸汽冷却器和疏水冷却器的保护、对汽轮机的保护等。

Lb5C2079　给水中含有氧气会产生什么影响？

答：给水中含有氧气会增大换热面的热阻，从而影响热交换的传热效果，氧本身又能腐蚀热力设备管道，使之产生泄漏，进而降低了热力设备的可靠性及使用寿命。

Lb5C2080　凝汽器端部管板有什么作用？

答：主要是用来安装并固定换热管，并把凝汽器分为汽侧和水侧。端部管板需有一定的厚度，以保证不变形，且使换热管胀接严密、牢固。

Lb5C2081　离心水泵按工作叶轮数目分为哪几种？

答：（1）单级泵，即在泵轴上只有一个叶轮。

（2）多级泵，即在泵轴上有两个或两个以上的叶轮。

Lb5C2082　离心水泵按叶轮进水方式分为哪几种？

答：（1）单侧进水式泵，又叫单吸泵，即叶轮上只有一个进水口。

（2）双侧进水式泵，又叫双吸泵，即叶轮两侧各有一个进水口。它的流量比单吸式泵大一倍，可以近似看作是两个单吸泵叶轮背靠背地放在了一起。

Lb5C2083　离心水泵按泵壳结合缝形式分为哪几种？

答：（1）水平中开式泵，即在通过轴心线的水平面上开有结合缝。

（2）垂直结合面泵，即结合面与轴心线相垂直。

Lb5C2084　离心水泵按泵轴位置分为哪几种？

答：（1）卧式泵，泵轴位于水平位置。

（2）立式泵，泵轴位于垂直位置。

Lb5C2085　离心水泵按叶轮出来的水引向压出室的方式分为哪几种？

答：（1）蜗壳泵，水从叶轮出来后，直接进入具有螺旋线形状的泵壳。

（2）导叶泵，水从叶轮出来后，进入它外面设置的导叶，之后进入下一级叶轮或流入出口管。

Lb5C3086　电解槽试运后，如何停车？

答：（1）电解槽在正常停止运行时，应每隔 12～15min 降低额定电流的 10%～20%左右，直至全部停止；

（2）停车后，立即开启氢、氧放空阀，关闭送出阀；

（3）停止分离器、洗涤器及氢冷却器的冷却水供应。

Lb5C3087　滚动轴承润滑和密封的目的是什么？

答：润滑和密封，对滚动轴承的使用寿命有重要意义。润滑的主要目的是减小摩擦与磨损，当滚动接触部位形成油膜时还有吸收振动、降低工作温度等作用。密封的目的是防止灰尘、水分等进入轴承，并阻止润滑剂的流失。

Lb5C3088　凝汽器出来的循环水如何冷却?该系统主要由哪些设备组成?

答：为了冷却凝汽器出来的循环水，目前大多数发电厂一般采用自然通风或间接空冷的晾水塔。该系统主要由下列设备组成：

（1）由冷却设备到循环水泵吸水井的循环水溢流系统；

（2）循环水泵到凝汽器的压力管路；

（3）由凝汽器到晾水塔冷却设备的管路。

Lb5C3089　凝汽器铜管损伤大致有哪三种类型?

答：（1）电化学腐蚀。因冷却水中含有强腐蚀性杂质，造成铜管的局部电位不同。

（2）冲击腐蚀。发生在冷却水进入铜管的最初时间，因磨粒性杂质或气泡在水流冲击下，形成的腐蚀。

（3）机械损伤。包括振动疲劳损伤、汽水冲刷和异物撞击磨损等。

Lb5C3090　简述除氧器的作用。

答：除氧器是一种混合式加热器，它的作用如下：

（1）除去锅炉给水中溶解的氧等气体。

（2）加热给水，提高循环热效率。

（3）收集高压加热器的疏水，减少汽水损失，回收热量。

Lb5C3091　抽气装置的作用是什么?抽气装置主要有哪些类型?

答：抽气装置的作用是在汽轮机启动前，在汽轮机和凝汽器中建立必要的真空；在汽轮机运行中，将凝汽器中的不凝结气体抽出，以保证凝汽器铜管换热效率高，使冷凝工作正常进行，维持凝汽器汽侧的真空度。

抽气装置主要有射汽式抽气器、射水式抽气器和真空泵三大类。

Lb5C3092 胶球清洗系统主要由哪些装置组成？

答： 胶球清洗系统主要由收球网装置、胶球收球器、胶球再循环泵、胶球注球管计数器、控制单元、差压系统和相应的管道阀门等组成。

Lb5C3093 凝结器热水井的作用是什么？

答： 凝结器热水井的作用是汇集凝结水，保证凝结水泵的正常运行，通过热水井监视凝结器水位，防止因水位过高造成凝结水过冷或真空下降而影响机组安全经济运行。另外，热水井内设有真空除氧装置，可进行一级除氧。

Lb5C3094 胶球清洗装置的作用是什么？

答： 胶球清洗装置用离心泵将一定数量的胶球送入凝结器水侧，当胶球通过铜管时，可以擦去酥松的软垢，并防止继续结硬垢，保持铜管清洁，从而使机组的经济性得到提高。

Lb5C3095 给水除氧的方法有几种？应用最广泛的为哪一种？

答： 给水除氧的方法有两种，即化学除氧和物理除氧。物理除氧价格低廉，不但可以除掉给水中的氧气，同时还可以除掉水中的其他气体，且不会产生其他残留物质，故在电厂中广泛应用。

Lb5C3096 什么是汽轮机排汽管的压力损失？

答： 从汽轮机最末级叶片排出的乏汽由排汽管引至凝汽器，

乏汽在排汽管中流动时，因摩擦和涡流等造成压力降低，这种压降用来克服排汽管阻力，没有用来做功，从而造成损失，这种由压力降低而减少的能量称为排汽管的压力损失。

Lb4C1097　简要说明给水管道的化学清洗工序。

答：一般化学清洗的工序为：水冲洗→碱洗→水冲洗→酸洗→水冲洗→柠檬酸漂洗→钝化处理→水冲洗。

Lb4C1098　润滑油对轴承有什么作用？

答：（1）润滑作用。当轴转动时，在轴与轴承的动静部分之间形成油膜，以防止动静部分摩擦。

（2）冷却作用。轴在高温下工作，轴承的温度也很高，润滑油流经轴承时带走部分热量，冷却轴承。

（3）清洗作用。轴承长期工作会产生细粉末，润滑油会带走部分粉末，以免破坏油膜。

Lb4C1099　什么是过氯乙烯防腐涂料？有什么特性？

答：过氯乙烯防腐涂料是以过氯乙烯树脂为主要成膜物质溶于挥发性溶剂中，加入增塑剂、填料等附加成分制成的。它除能耐各种酸、碱类介质的腐蚀外，对工业大气、海水、醇、油等也很稳定。但不耐有机溶剂介质的腐蚀，如酚类、酮类、脂类、苯类和氯化物溶剂等。最高使用温度为 70℃左右。

Lb4C1100　用作滤料的物质应具备什么条件？有哪些常用滤料？

答：用作滤料的物质，应具备以下条件：化学稳定性好，不影响出水水质，机械强度良好，使用中不碎裂，粒度适当，价格便宜，便于取材。常用的滤料为石英砂、无烟煤、大理石等。

Lb4C1101　轴流泵由哪些部件组成？

答：在火力发电厂中使用的轴流泵，大多是立式的，由叶轮、导叶、扩压管（中间接管）、弯管、吸入管、泵轴和轴承等组成。

Lb4C1102　泵安装前解体检查的目的是什么？

答：泵安装前解体检查的目的：

（1）发现设备在制造、组装、运输、保管等过程中的缺陷；

（2）清理设备在组装和保管过程中所涂的防腐物质；

（3）更换新的润滑油脂和填料、垫料；

（4）测量与记录必要的数据，做到心中有数。

Lb4C1103　辅助机械轴承冷却水管的安装应符合什么要求？

答：（1）水和管件的内径，不得小于水室进出口孔径，必要时用节流孔板调节油量；

（2）接在自流式回水线管上的回水管应装设漏斗，回水出口不应对正漏斗中心，漏斗应有箅子；

（3）回水母管管径应能满足回水总流量的要求，并有足够的坡度，且不得与其他压力管道连接。

Lb4C2104　给水泵轴在检修时，有哪些测量项目和要求？

答：给水泵轴在检修时，其轴的径向晃度应小于 0.03mm，轴的弯曲值应不大于 0.02mm，其轴的椭圆度和不柱度应小于0.02mm。

Lb4C2105　双层壳体的给水泵组装时应满足什么要求？

答：（1）检查确认内壳体支持键滚轮灵活无卡涩，其滑道应光洁无毛刺；

（2）检查内壳体与外壳体各有关相对位置，应与图纸相符，并做出记录；

（3）内壳体与外壳体间的各密封面应接触严密；

（4）内壳体垫片的压缩量，应符合图纸规定。

Lb4C2106　离心泵为什么会产生轴向推力？

答： 因为离心泵工作时叶轮盖板两侧承受的压力不对称，所以会产生轴向推力。

Lb4C2107　什么叫局部加热直轴法？

答： 在泵轴的凸面很快地进行局部加热，人为地使轴产生超过材料弹性极限的反压缩应力。当轴冷却后，凸面侧的金属纤维被压缩而缩短，产生一定的弯曲，以达到直轴的目的的方法称为局部加热直轴法。

Lb4C2108　给水泵设前置泵的目的是什么？

答： 给水泵设前置泵的目的是为了将从除氧器来的经过加热除氧的水升压后再送到主给水泵进口，以防止给水泵进口发生汽化现象。

Lb4C2109　给水泵的轴封装置有哪几种？

答： 填料轴封装置、机械密封装置、迷宫式轴封装置、流体动力型轴封、浮动环轴封。

Lb4C2110　给水泵为何要设滑销系统？

答： 由于给水泵的工作温度较高，与汽轮机组一样有热胀冷缩的问题，设置滑销系统可使泵组在膨胀和收缩过程中保持中心不变。

Lb4C3111　附属机械轴承振动（双振幅）标准是什么？

答： 附属机械轴承振动（双振幅）标准应符合表 C-1 的要求。

表 C-1　　　　　　附属机械轴承振动（双振幅）标准

转速（r/min）	振幅（μm）		
	优等	良好	合格
$n \leqslant 1000$	50	70	100
$1000 < n \leqslant 2000$	40	60	80
$2000 < n \leqslant 3000$	30	40	60
$n > 3000$	20	30	40

Lb4C3112　如何确定高压加热器疏水冷却段部分进汽？

答：除可以通过高压加热器水位计指示确定疏水冷却段进汽外，还可以通过比较疏水出口温度与给水进口温度来确定。

在设计工况正常运行时，疏水温度大概高于给水进口温度 5～11℃，如疏水温度高于给水进口温度 11～28℃，则疏水冷却段就可能已部分进汽。

Lb4C3113　简述打胶球法清扫凝汽器冷却水管的注意事项。

答：从凝汽器冷却水管一端塞入胶塞（胶球），用 0.39～0.59MPa 的压缩空气吹扫，吹扫时应将对侧人孔门关闭，如遇有胶塞在管内卡住应设法由对侧吹出，不要由一侧硬吹，以免返回伤人。打完胶塞应及时用清水冲洗冷却水管内壁。

Lb4C3114　高压加热器一般有哪些保护装置？

答：高压加热器的保护装置一般有水位高报警信号，危急疏水门，给水自动旁路，进汽门、抽汽止回阀联动关闭，汽侧安全门等。

Lb4C3115　为什么不能说节流过程是等焓过程？

答：节流前后蒸汽的焓值相等，但绝不能说节流过程是等焓过程，因为节流孔板处焓值是降低的，此焓降用来增加蒸汽的动能，并使其变成涡流与扰动，而涡流与扰动的动能又转化成热能，重新被蒸汽吸收，使焓值又恢复到节流前的数值。

Lb4C4116　离心泵产生振动的原因有哪些？如何消除？

答：其产生振动的原因有：① 水泵或电动机转子不平衡；② 联轴器中心不正；③ 轴承磨损；④ 地脚螺栓松动；⑤ 轴弯曲；⑥ 基础不稳固；⑦ 管道支吊架不牢；⑧ 转动部分有摩擦；⑨ 转动部分零件松动或破裂等。

消除方法：① 转子重新找平衡；② 联轴器重新找中心；③ 检修或更换轴承；④ 拧紧地脚螺栓；⑤ 校直或更换轴；⑥ 加固基础；⑦ 加强管道支吊架；⑧ 查出原因，消除摩擦；⑨ 消除松动现象，或更换破损的零件。

Lb4C4117　采用液力耦合器实现给水泵变速调节的优点是什么？

答：液力耦合器是以油压来传递动力的变速传动装置，因油压的大小不受等级的限制，所以又称为无级变速联轴器。

采用液力耦合器来改变给水泵转速，一方面可以大大降低给水泵的电动机配置裕量，使给水泵可在较小的转速比下启动；另一方面不会出现定速电动泵在单元机组启动时需节流降压以适应工况需求的情况，提高了机组的经济性，并避免了高压阀门因节流造成的在短时间内因冲刷、磨损而报废的现象。

Lb4C4118　凝汽器铜管产生化学腐蚀的原因是什么？

答：由于铜管本身材质含有机械杂质，在冷却水中机械杂质的电位低成为阳极，铜管金属成为阴极，此时就产生电化学腐蚀，使铜管产生穿孔。另外，铜管中的锌离子比铜离子性能活泼而成为阳极，铜成为阴极，于是产生电化学作用，造成脱锌腐蚀。

Lb4C4119 投运胶球清洗装置的优点有哪些?

答:(1)在运行中投入胶球清洗装置之后,可以不用停机、不减负荷地清洗凝汽器铜管,保证机组的满发、稳发。

(2)使用胶球清洗装置可以不再采取人工清理、捅刷凝汽器铜管的工作方法,改善了劳动条件,节省了劳动力。

(3)维持胶球清洗装置的运行可以降低凝汽器的端差,提高机组的真空度,进而可减少燃料的消耗。

(4)使用胶球清洗装置可以保护铜管,延长铜管的使用寿命。

Lb4C5120 往复活塞式压缩机组装润滑系统应符合什么要求?

答:(1)油管不应有急弯、折扭和压扁现象。

(2)曲轴与油泵或曲轴与注油器连接的传动机构,应运转灵活。

(3)润滑系统的管路、阀件、过滤器和冷却器等,组装后应按设备技术文件规定的压力进行严密性试验,无规定时,应按额定压力进行试验,不应有渗漏现象。

(4)油管应先经排气排污,然后与供油润滑点连接。

Lb3C1121 油管道的清理方法有哪几种?

答:油管道的清理方法有机械清理法和化学清理法两种。

(1)机械清理法。通常采用喷砂法,即利用压缩空气为动力,用砂子的冲击力喷射管子内壁,冲刷掉管内锈皮、焊瘤等杂物,然后用蒸汽吹扫,再用压缩空气吹干,并喷油保护封闭待用。

(2)化学清理法。一般采用酸洗后钝化的方法,可在专设的酸液槽及钝化液槽内进行。

Lb3C1122 简述轴瓦钨金的烧铸工艺的程序。

答:(1)清理轴瓦胎。焙掉原来的钨金并清理干净,并在苛性钠溶液内煮 15～20min，并冲洗擦干净。

（2）挂锡。用酸腐蚀瓦胎表面，冲洗干净后加热至 250°～270°，用锡条在瓦胎上摩擦，挂上薄薄一层锡，两半瓦接合面处加 0.5～1mm 厚的金属垫片，便于瓦分开。

（3）瓦胎合金的浇铸。① 预热轴瓦胎，装好模芯；② 注入轴瓦合金，合金温度控制的经验方法是将白纸放在合金上不燃烧，由白色变为深褐色；③ 用保温材料覆盖，使其缓慢冷却。

Lb3C1123　什么是转动机械的静不平衡和动不平衡？

答：静不平衡是转动机械在静止状态下，其较重的位置在地心引力的作用下，恒指地心。无论单级转盘或多级转子或转鼓，都可存在这种不平衡。

动不平衡是指转动机械在离心力的作用下所产生的不平衡。这两种不平衡都会在转动时引起振动。

Lb3C1124　水处理系统分部试运的内容是什么？

答：分部试运主要是对转动机械，如各种泵、风机和空气压缩机等分别进行 8h 试运。

Lb3C1125　如何进行除氧器的检修？

答：首先切断与除氧器相关的汽水管道，放掉水箱内的水，检修主要检查喷嘴、淋水盘及填料；内部螺栓的紧固情况是否有松动现象；除氧器及水箱内部的清理；滑动支架滚筒是否卡死；除氧器有关的附件是否使用灵活。以上检查完毕可以封存除氧器。

Lb3C1126　凝汽器与汽缸采用焊接连接时，应符合哪些要求？

答：（1）连接工作应在低压汽缸负荷分配合格、汽缸最终定位后进行。

（2）焊接工艺应符合焊接规程的要求，并应制定防止焊接变形的施焊措施，施焊时用百分表监视汽缸台板四角的变形，当变形大于 0.10mm 时要暂时停止焊接，待恢复常态后再继续施焊。

（3）凝汽器与汽缸的接口可以加铁板贴焊，其上口弯边突入排汽缸内的部分，一般不应超过 20～50mm。

Lb3C2127　怎样进行离子交换器中树脂的检查与验收？

答： 对于装填在离子交换器里的各种树脂也必须作全面检查和验收工作。应核对树脂上标出的产品名称、型号、规格和性能，如发现质量不符合规定时，应重新自两个包装桶中选取两倍量的试样进行复验。复验结果如仍未达到要求，则认为该批产品不合格。由于各种离子交换树脂里都含有一定量的水分，因此无论在运输中或保管中应维持树脂温度在 5℃以上，以防冻坏。

Lb3C2128　高压加热器汽侧为什么要装空气门？

答： 高压加热器侧空气门的作用是高压加热器投入前将汽侧空气排出，防止汽侧积聚空气，影响加热效果。

Lb3C2129　汽轮机的滑销系统起什么作用？

答： 滑销系统是保证汽缸定向自由膨胀并能保持轴线不变的一种装置。汽轮机在启动和增加负荷的过程中，汽缸的温度逐渐升高，并发生膨胀。由于基础台板的温度升高低于汽缸，如果汽缸和基础台板为固定连接，汽缸将不能自由膨胀，因此汽缸与基础台板之间以及汽缸与轴承座之间应装上各种滑销，并使固定汽缸的螺栓留出适当的间隙，形成完整的滑销系统，既能保证汽缸的自由膨胀，又能保持机组的中心不变。

Lb3C3130　轴向推力如何平衡？

答： 对单级泵来说，平衡轴向推力的方法主要有以下三种：

（1）采用平衡孔；

（2）采用平衡管；

（3）采用双吸式叶轮。

对于多级泵来说，平衡方法主要有以下两种：

（1）叶轮对称布置；

（2）采用平衡盘、平衡鼓等装置。

Lb3C3131　为什么要测量水泵转子的晃度？

答：测量转子的晃度，目的就是要及时发现转子组装中的错误（如组装中使轴发生了弯曲），或发现转子部件的不合格情况（如叶轮与泵轴不同心等）。

一般各密封环（卡圈）的径向跳动不超过 0.08mm，轴套不超过 0.04mm，两端轴颈不超过 0.02mm。

Lb3C3132　连接除氧器各汽水管道的排列原则是什么？

答：进水管应在除氧器上部，蒸汽管放在除氧器下部，因水温低、汽温高，这样排列便于汽水对流，进行良好的热交换。

Lb3C3133　运行中加热器出水温度下降的原因有哪些？

答：铜管或钢管水侧结垢，管子堵得太多；水侧流量突然增加；疏水水位上升；运行中负荷下降，蒸汽流量减少；误开或调整加热器的旁路门不合理；隔板泄漏。

Lb3C3134　凝结水泵进口侧真空为什么比凝结器真空低？

答：为保证凝结水泵进口处压力高于凝结水温度对应下的压力，使凝结水泵进口不汽化，将凝结水泵设置在热水井下0.5～0.8m 处，真空略低于凝结器真空。

Lb3C4135　为什么要对循环水进行排污？

答：用冷水塔时，必须定期进行循环水系统的排污，以避免凝汽器表面结垢，从而破坏凝汽器的正常运行。排污的经济数值取决于补偿不可回收的水所需要的水量及其价值。如果为了稳定循环水的暂时硬度，而排污水的费用超过循环水化学处理的费用时，则应进行化学水处理。凝汽器铜管结垢时，一方面使换热效果不良；另一方面由于凝汽器管阻力增大，使冷却水流量减少，从而使凝汽器的冷却倍率降低，使汽轮机的真空降低。

为防止汽轮机凝汽器铜管结垢，所需要的排污水量取决于水的蒸发损失量、排污水的碳酸盐硬度、水温和游离二氧化碳量。

Lb3C4136　滚动轴承温度高的原因有哪些?

答：滚动轴承温度高的原因有：

（1）油位过低，使进入轴承的油量减少。

（2）油质不合格，进水进杂质或乳化变质。

（3）带油环不转动，轴承供油中断。

（4）轴承冷却水量不足。

（5）轴承损坏。

（6）对于滚动轴承来说，除以上原因外，还可能是轴承盖对轴承施加的紧力过大，压死了它的径向游隙，从而失去灵活性。

Lb3C4137　加热器运行要注意监视什么?

答：加热器运行要注意监视以下参数：

（1）进、出加热器的水值。

（2）加热蒸汽的压力、温度及被加热水的流量。

（3）加热器汽侧疏水水位的高度。

（4）加热器的端差。

Lb3C5138　什么叫闪蒸?闪蒸现象会引起哪些危害?

答：闪蒸是指当局部疏水温度比相对于疏水压力的饱和温度高时所发生的剧烈汽化现象。

闪蒸现象引起汽水两相共流，对加热器传热管件和壳体内附件的危害极大，不但会引起疏水流动不稳定，而且会引起管系振动和冲刷侵蚀。

Lb3C5139 何谓高压加热器低水位？它对运行有什么影响？

答： 卧式高压加热器低于正常水位 38mm 即为低水位。水位的进一步降低（一般超过 25mm）会使疏水冷却段进口露出水面，而使蒸汽进入该段，这将破坏使疏水流经该段的虹吸作用，并会造成如下的后果：

（1）造成加热器疏水端差的增加。

（2）由于泄漏蒸汽的热量损失，使高压加热器性能恶化。

（3）在加热器疏水冷却段进口处和疏水冷却段内引起蒸汽冲刷，造成加热器管损坏。

Lb2C1140 凝汽器的构造应能满足哪些要求？

答： 凝汽器的构造应能满足下列要求：① 严密性好；② 管束布置合理；③ 运行中冷却水和蒸汽（排汽）流动阻力小；④ 凝结水过冷度小；⑤ 凝结水含氧量小；⑥便于清洗冷却水管。

Lb2C1141 什么是汽蚀现象？

答： 由于叶轮入口处压力低于工作水温的饱和压力，所以会引起一部分液体蒸发，即汽化。蒸发后汽泡进入压力较高的区域时，受压突然凝结，于是四周的液体就向此处补充，造成水力冲击，这种现象称为汽蚀现象。

Lb2C1142 箱罐和除氧器安装完毕提交验收时应具备哪些技术文件？

答： ① 灌水或严密性水压试验记录；② 除氧器和给水箱封闭签证书；③ 安全门或动作实验记录；④ 除氧器与给水箱

焊接记录及探伤记录。

Lb2C2143　写出主蒸汽管安装验收的主要内容要求。

答：（1）检查施工图纸、资料、记录是否齐全正确，如焊口位置、焊口探伤报告、合金钢管光谱检验等记录。

（2）膨胀指示器按设计图纸正确装设，冷态时应在零位。

（3）管道支吊架应受力均匀，符合设计要求，支吊架弹簧安装高度记录与设计图纸是否相一致，弹簧无压死现象。

（4）蠕胀测点应按设计图纸装设良好，每组测点应装设在管道的同一横断面上，沿圆周等距离分配，并应进行蠕胀测点的原始测量工作。

（5）应按设计图纸装设监察管段，监察管段上不允许开孔及安装仪表插座，不得装设支吊架。

（6）管道保温应良好，符合要求。

Lb2C2144　如何防止汽蚀现象发生？

答：为了防止汽蚀，在水泵的结构上可采用以下几种措施：

（1）采用双吸叶轮；

（2）增大叶轮入口面积；

（3）增大叶片进口边宽度；

（4）增大叶轮前后盖板转弯处曲率半径；

（5）叶片进口边向吸入侧延伸；

（6）叶轮首级采用抗汽蚀材料；

（7）设前置诱导轮。

Lb2C2145　凝汽器中的空气有什么危害？

答：凝汽器中的空气有三大主要危害：

（1）漏入空气量增大，使空气的分压力升高，从而使凝汽器真空降低。

（2）空气阻碍蒸汽凝结，使传热系数减少，传热端差增大，从而使真空下降。

（3）使凝结水过冷度增大，降低汽轮机的热循环效率。

Lb2C2146　为什么要对联轴器找中心？

答：联轴器找中心就是根据一对联轴器的端面、外圆偏差的消除来对正轴的中心线，也常叫做对轮找正。因为水泵是由电动机或其他类型的原动机带动的，所以要求两根轴连在一起后，其轴心线能够相重合，这样运转起来才能平稳、不振动。

Lb2C2147　什么是水泵的车削定律？

答：水泵叶轮外径车削后，其流量、扬程、功率与外径的关系，称为车削定律。

对于 $60 < n_s < 120$ 的叶轮，外径车削量最大允许为 20%；

对于 $120 < n_s < 200$ 的叶轮，外径车削量最大允许为 15%～10%；

对于 $200 < n_s < 350$ 的叶轮，外径车削量最大仅允许为 10%～7%。

Lb2C3148　衬胶管道的组装和吊装有哪些要求？

答：（1）组装时检查法兰结合面，法兰结合面应平整，不得有径向沟槽和破损。

（2）法兰结合面间应加软质而干净的耐酸橡胶垫（或耐酸塑料垫），加垫子时不能用坚硬的物体撬顶翻边的衬胶部位。

（3）紧法兰螺栓螺帽时，用力应均匀，使法兰沿圆周的胀口大致一致。

（4）吊装衬胶管道时，应轻起轻落，严禁敲打和猛烈的碰撞。

（5）吊装就位的衬胶管道，严禁动用电火焊或在上面钻孔。

Lb2C3149　什么是高压加热器给水自动旁路？

答：当高压加热器内部钢管破裂，水位迅速升高到某一数值时，高压加热器进、出水门迅速关闭，切断高压加热器进水，同时给水经旁路自动打开，经旁路直接送往锅炉，这就是高压加热器给水自动旁路。

Lb2C3150　凝汽器水位太高，为什么会影响真空？

答：凝汽器水位太高，淹没到凝汽器两侧空气室及空气管时，就使凝汽器内空气无法抽出。空气在凝汽器内越积越多，影响排汽不能及时凝结。此外，凝汽器水位太高就减少了冷却面积，影响了热交换，因此凝汽器水位太高会影响真空，使真空降低。

Lb2C3151　凝结水产生过冷却的主要原因有哪些？

答：凝结水产生过冷却的主要原因有：

（1）凝汽器汽侧积有空气。

（2）运行中凝结水水位过高。

（3）凝汽器冷却水管排列不佳或布置过密。

（4）循环水量过大，水位过低。

Lb2C3152　暖泵门的作用是什么？

答：给水泵正常工作时，从除氧器来的水温度较高（155～160℃），因此要求备用给水泵内的水温不得低于 120℃。若低于该数值时启动，会导致给水泵从低温突然达到高温运行，极易引起过大的热应力和热变形，导致泵的结合面漏水、振动甚至发生动静部分摩擦。因此给水泵装有暖泵门，在备用时将暖泵门适当开启，使泵内的水温接近工作状态下的温度。

Lb2C3153　给水泵平衡盘面接触不好有哪些原因？

答：给水泵平衡盘接触要求有 80% 以上的最低圆周接触，除制造原因外，各级组合时，整体紧力不均造成整体偏斜，安装节流衬套时泵轴线垂直偏差太大而造成的。

Lb2C3154 离心泵的轴向推力是如何产生的？

答：离心泵的叶轮由前侧盖板、后侧盖板及中间的叶片组合而成。前侧盖板由于是入水侧，因此面积小于后侧盖板面积。水泵运转后产生的压力在叶轮盖两侧基本相等。因此叶轮后侧盖板受力大于前侧盖板，从而产生向入口侧的轴向推力。

Lb2C3155 对滑动轴承轴瓦接触角、接触面的一般要求是什么？

答：转轴与下轴瓦接触弧长范围所对应的圆心角即为接触角，此角度应在 $60°\sim90°$ 的范围内，且需处于轴瓦的正中位置。

通常，轴瓦相对较短的选取接触角大些，即轴瓦的长度 $L\leqslant1.5D$（轴颈直径）时，接触角为接近 $90°$；在 $2D>L>1.5D$ 范围时，接触角为 $60°\sim90°$；在 $L>2D$ 时，接触角为 $60°\sim90°$ 左右。

轴瓦接触面上的接触点应分布均匀，保证达到不少于 3 点/cm² 标准的接触面积占到轴颈与下瓦全长接触面的 75% 以上。

Lb2C3156 液力耦合器采用控制工作油进油量或出油量方式的缺点各是什么？

答：液力耦合器采用控制工作油进油量方式的缺点为：当经过转动外壳上喷嘴的喷油量过小时，限制了单元机组突甩负荷时要求给水泵迅速降速的能力。

液力耦合器采用控制工作油出油量方式的缺点为：当机组迅速增加负荷时要求涡轮迅速增速的话，此方式无法满足。

Lb2C4157 为什么高压给水加热器经常在管子与管板连接处发生泄漏？

答：对高压加热器来说，常会在管子与管板连接处发生泄漏，这主要是由于以下几方面原因造成的：

（1）由于启、停速度过快，造成了热应力过大，使得管板处泄漏。

（2）因管板发生变形，造成了管板处泄漏。

（3）堵管工艺不当，造成管板泄漏。

（4）制造厂高压加热器质量不良，造成管板泄漏。

为防止高压加热器管子端口泄漏，除了高压加热器制造上应有足够厚度的管板，有良好的管孔加工、堆焊、管子胀接、焊接工艺外，运行上要使高压加热器在启、停时的温升率和温降率不超过规定，水侧要有安全阀防止超压。此外，检修中还要有正确的堵管工艺。

Lb2C4158　为什么启动时温度变化率过大会造成高压加热器的管系泄漏？

答：发电厂大型机组一般采用表面式高压加热器，内部传热管数量多、管壁薄，而管板很厚，管板两侧温度差值可达 300℃左右，所以从加热器结构来说存在较大的隐患。另外，高压加热器工况恶劣，高压加热器承受着给水泵的出口压力，比锅炉汽包承受的压力还高，是发电厂内承压最高的压力容器。高压加热器还承受着过热蒸汽和给水之间的温差，其中又以管板式高压加热器的管子与管板连接处的工作条件最为恶劣。在高压加热器投运和停运过程中，如果操作不当，管子与管板结合面受到很大的温度冲击，会有很大的热应力叠加在机械应力上，当这种应力过大或多次交变，就会损坏结合面或造成管子端口泄漏。

Lb2C4159　滑压运行时如何保证使除氧器喷嘴达到最佳的雾化效果？

答：由于除氧器喷嘴在运行时流量大小是由水侧压力（凝结水侧压力）与汽侧压力（除氧器工作压力）之间的压差 Δp 决定的，压差大的喷嘴流量大，压差小的喷嘴流量小。因此在滑压运行时，要求除氧器系统能保证除氧器水、汽侧的压力差Δp与机组需要凝结水量（即喷嘴流量的大小）相匹配，才能使喷嘴达到最佳的雾化效果，从而保证凝结水在喷雾除氧段空间的除氧效果。

Lb2C4160　在运行过程中，如何确定高压加热器是否发生泄漏？

答：在加热器运行过程中，通过测量流量和观察疏水调节阀的运行情况，可以检测加热器管子是否泄漏。如压力信号或阀杆指示器表示阀门微启或者比该负荷条件下的通常开启度大，并且负荷是稳定的，这就表明疏水流出流量比加热器负荷要求的大，多出的疏水流量必定来源于加热器管子泄漏。停运时水压试验可以核实管子泄漏，应立即采取措施堵塞破裂管子，以便尽量降低高压水对邻近管子冲刷损害。

Lb2C4161　汽轮机突然甩负荷时除氧器应注意什么？

答：（1）除氧器压力会发生变化。对于定压运行除氧器来说，其内部压力会降低，这时应立即将进汽抽汽切换至高一级抽汽的用汽，如果压力维持不住，可启动备有汽源，使除氧器压力不会降低太多。

（2）除氧器水位会发生变化。应检查并及时调整水位，不致使水位降到危险水位。

Lb2C4162　引起除氧器振动有哪些原因？

答：（1）负荷过大，淋水盘溢流阻塞汽流通过或淋水盘上的排汽管被淹没，产生水冲击引起振动。

（2）排汽带水，塔内汽流速度太快，淋水盘式除氧器若汽流速度达到15m/s，除氧器将会发生强烈水冲击，造成振动。

（3）喷雾层内压力波动，引起水流速波动，造成进水管摆动，从而引起除氧器振动。

（4）喷嘴脱落，使进水成为水柱冲向排汽管，引起水冲击，造成振动。

Lb2C4163　泵有哪几种损失？各由哪几项构成？

答：（1）机械损失：包括轴承、轴封摩擦损失，圆盘摩擦损失。

（2）容积损失：包括密封环泄漏损失、平衡装置泄漏损失、级间泄漏损失、轴封泄漏损失。

（3）流动损失：包括摩擦阻力损失、旋涡阻力损失、冲击损失。

Lb2C4164　除氧器接入高中压主蒸汽门杆溢汽时如何保证安全运行？

答：在卧式除氧器喷雾除氧段空间接入有高压或中压主蒸汽门门杆溢汽管时，若除氧器发生断水，则主蒸汽门门杆溢汽得不到降温。此时，门杆漏汽温度多为 400℃以上，远远超过除氧器设计壁温 350℃，造成了除氧器在运行时极大的不安全。因此，为了保证除氧器的安全运行，要求除氧系统在除氧器断水时，应能立即自动切断门杆漏汽进入除氧器。

Lb2C4165　蒸汽带水为什么会使转子的轴向推力增加？

答：蒸汽对动叶片所作用的力，实际上可以分解成两个力，一个是沿圆周方向的作用力 F_u，另一个是沿轴向的作用力 F_z。F_u 是真正推动转子转动的作用力，而轴向力 F_z 作用在动叶上只产生轴向推力。这两个力的大小比例取决于蒸汽进入动叶片的进汽角 w_1，w_1 越小，则分解到圆周方向的力就越大，分解到轴向上的作用力就越小；w_1 越大，则分解到圆周方向上的力就越小，分解到轴向上的作用力就越大。而湿蒸汽进入动叶片的角度比过热蒸汽进入动叶片的角度大得多。所以说蒸汽带水会使转子的轴向推力增大。

Lb1C1166 凝结水泵盘根为什么要用凝结水密封?

答:凝结水泵在高度真空下工作,可靠的盘根密封是保证凝结水泵安全运行的重要条件。若凝结水泵用一般的生水密封盘根,将污染凝结水,使之品质恶化。而用凝结水密封盘根,既保证了凝结水泵正常运行,又保证了凝结水的品质。

Lb1C1167 高压管、阀及设备安装后的验收工作中应检查哪些资料?

答:① 管、阀材质钢号;② 详细的化学成分(包括铬、钼、钒)和金相分析;③ 机械性能——极限强度、延伸率;④ 在安装时弯管和焊接后的热处理资料;⑤ 450℃以上使用的蒸汽管,集箱及其他部件应备有出厂证明书,钢管及部件在热处理过程中的最高加热温度,以及管壁内外的外观检查情况;⑥ 安装焊缝应有按规定比例的无损检验报告。

Lb1C2168 刚性转子找动平衡的原理是什么?分哪两种方法?

答:刚性转子找动平衡的原理:根据振动的振幅大小与引起振动的力成正比的关系,通过测量不平衡重量的位置与振幅的大小,在转子的某一位置上加、减适当的质量,使其产生的离心力与转子不平衡重量所产生的离心力相平衡,从而达到消除转子振动的目的。

转子找动平衡的方法可分为两类。第一类是在动平衡台上,在低转速时作平衡工作;第二类是在额定转速时作动平衡工作。转子找动平衡的工作,若能在额定转速下进行最为理想。但是经过大修的转子,对其平衡情况不明时,则应先在低速下找动平衡,使转子基本上达到平衡要求。然后在高速下找动平衡。这样不致引起过大的振动。

Lb1C2169 汽轮机启动前为什么要进行暖管?

答:暖管指的是从电动主闸门前新蒸汽管道的暖管,电动主闸门到调速汽门之间的管道暖管一般与机组启动同时进行。额定参数启动时，如果不预先暖管并充分排放疏水，由于管道的吸热，这就保证不了汽轮机的冲转参数达到额定值，同时管道的疏水进入汽轮机会造成水击事故，这是不允许的。

Lb1C2170　滑动轴承径向间隙不合适有何影响?

答：滑动轴承的径向间隙越小则可以保证转动机械的运转精度越高，但此间隙过小又会影响油膜的形成，达不到液体摩擦的目的。

若是滑动轴承的径向间隙太大，不仅影响油膜的形成，而且还会造成转轴的运转精度降低，甚至会在运转过程中产生转轴的跳动和噪声。

除了制造厂家有严格规定的情况之外。通常，滑动轴承轴瓦的瓦口间隙一般选取为轴颈直径的 1/1000 左右，轴瓦顶部的间隙则一般选取为轴颈直径的 1.5/1000～2/1000 左右。

Lb1C2171　目前大型机组的凝汽器选择在凝汽器坑内组合，较在场外露天场地组合有哪些优缺点?

答：优点：（1）不受天气条件的限制，风雨无阻。

（2）利用凝汽器底板作为组合平台，节省大量材料。

（3）利用汽机房行车作为起重机械，节省机械台班。

（4）避免大型设备拖运的安全风险，节省了设备拖运用的大量材料和机械。

缺点：受场地限制，不能同时组合凝汽器侧板，与汽缸组合不能同时进行。

Lb1C2172　影响加热器正常运行的因素有哪些?

答：（1）受热面结垢，严重时会造成加热器管子堵塞，使传热恶化；

（2）汽侧漏入空气；

（3）疏水器或疏水调整门工作失常；

（4）内部结构不合理；

（5）铜管、钢管泄漏；

（6）加热器汽水分配不平衡；

（7）抽汽止回阀开度不足或卡涩。

Lb1C3173　试述电渗析器的组成以及组装时的注意事项。

答：电渗析器是由离子交换膜、隔板、电极、极框、保护室、夹紧装置等部件组成。

在组装时应注意以下各项：

（1）逐张检查离子交换膜，应无裂纹或孔眼。检查时先将膜放在水中浸泡 24h，使其充分膨胀后，用水冲洗干净后再检查。

（2）逐张检查修理隔板平面应无毛刺和卷边。清除进出水孔、布水槽、流水槽、过水槽等内的污物，使其畅通干净。

（3）极水管道的连接应为下进上出，便于排气。

（4）外部金属螺栓等，不可与膜接触。

（5）压紧前，应量一下四周的高度差，拧紧螺栓时，应先对称拧紧纵横轴中心线两边的螺栓，然后向两边逐步拧紧，时刻测量四周高度，使四周受力均匀。

Lb1C3174　如何实现除氧器水位保护？

答：除氧器水位保护是由除氧水箱电极点液位发信器发出信号给自动控制系统来实现以下保护的。

（1）高水位信号分三挡，应满足第一高水位报警；第二高水位自动打开高水位溢流阀，当水位降至正常水位时，高水位溢流阀应自动关闭；第三高水位（即危险水位），应强行关闭高压加热器进汽门。

（2）正常水位信号一挡。

（3）低水位信号分两挡，应满足第一低水位报警，第二低水位危险水位报警。

Lb1C3175　在除氧器投运前应进行哪些检查和试验？

答：（1）在除氧器安装完毕投运前或 A/B 级检修完毕投运前，应进行安全阀开启试验。

（2）在除氧器启动前（安装后投运、A/B 级检修或长期停机后投运），应对除氧系统进行冲洗（采用冷冲洗还是热冲洗，应视具体除铁效果而定）。除氧系统冲洗合格指标是含铁量小于或等于 $50\mu g/L$，悬浮物小于或等于 $10\mu g/L$。在凝汽器未投真空前，冲洗用水应用化学除盐补给水箱来水，而不应从凝汽器来水。

Lb1C3176　给水泵在试运行时应注意监视哪些地方？

答：给水泵在试运行时应注意监视除氧器水位、前置水泵入口滤网的压差、油箱油位、润滑油滤网压差、工作油及润滑油的压力和温度、各轴瓦进出油情况及温度和振动情况、机械密封水压力、油冷却器水压、主泵进出口压力、平衡室压力、泵泄漏压力、电动机风温及电动机和泵体内部是否有异声等。

Lb1C3177　某一凝结水泵装配完毕后，试运时产生异常，试分析其原因。

答：（1）联轴器中心偏差较大；

（2）叶轮损坏或动静部分摩擦；

（3）轴瓦损坏，使转子上下不同心；

（4）轴弯曲造成泵组振动；

（5）转子部件不平衡造成泵组振动；

（6）电动机轴承损坏造成泵振动。

Lb1C3178　大型机组采用带过热蒸汽段的加热器有何意义？

答：现代大容量再热式机组，为了能充分利用抽汽过热度，减小传热端差，使蒸汽在集态不变而只降低过热度的条件下提高加热器的出水温度，广泛采用了带有过热蒸汽利用段的加热器。这对消除蒸汽中间再热对回热经济性的不利影响、提高机组的经济性具有十分重要的意义。

Lb1C3179　给水温度变化会对机组运行造成哪些影响？

答：给水加热器作为主要辅助设备，其运行状况不仅影响到机组的经济性，还影响到机组的稳定。进入锅炉的给水温度的变化会影响锅炉水冷壁、过热器、再热器等部位的吸热量分配，同时也影响锅炉内各部分的温度分布，影响锅炉的燃烧情况。如果给水加热器不能正常投入运行，则会严重影响锅炉的正常运行，甚至导致锅炉故障。

Lb1C3180　危急遮断系统（ETS）由哪两部分组成？各起什么作用。

答：一部分是超速防护系统（OPC），该系统的高压油称为超速防护油，作用于高、中压调节汽门的油动机动作时只暂时关闭高、中压调节汽门，并不停机；另一部分是自动停机脱扣系统（AST），该系统的高压油称为安全油，作用于高、中压主汽门，AST 动作时不仅关闭主汽门，而且也能通过 OPC 系统关闭各调节汽门，实现停机。

Lb1C4181　简述一般离心水泵检修对轴及转子的质量要求。

答：（1）泵叶轮、导叶和诱导轮表面应光洁无缺陷，泵轴跟叶轮、轴套、轴承等的配合表面应无缺陷和损伤，配合正确。

（2）组装泵叶轮时，对泵轴和各配合面应清理干净，涂擦粉剂涂料。

（3）组装好的转子，其叶轮密封环和轴套外圆的径向跳动值应不大于下列数值（mm）：

公称直径：≤50、≤120、≤260、≤500、≤800、≤1250。

径向跳动：0.05、0.06、0.08、0.10、0.12、0.16、0.20。

（4）泵轴径向跳动值应不大于0.05mm。

（5）叶轮与轴套的端面应跟轴线垂直，并且结合面接触严密。

Lb1C4182　凝结水产生过冷为什么会降低汽轮机运行的经济性和安全性？

答：凝结水产生过冷，即凝结水温度低于汽轮机排汽的饱和温度，这样就增加了锅炉燃料的消耗量，使经济性降低，因为凝结水过冷却使凝结水中的含氧量增加，所以对热力设备和管道的腐蚀加剧，使运行性安全降低。

Lb1C4183　大型机组给水泵装有平衡盘装置，为何还要装推力轴承？

答：平衡盘装置利用运行中平衡盘前后水的压差与水泵轴向推力相反的平衡力来达到目的。启动时水泵轴向推力已经形成，而处于末级后的平衡盘还没达到正常工作状态，平衡力不够，必将引起平衡装置之间的严重摩擦。而自由端的推力轴承能承受双向轴向推力，并能使转子轴向定位。承受平衡装置未能平衡的剩余部分的轴向推力以及非正常运行情况下产生的附加轴向推力。当启动或停泵时，平衡盘不能正常工作，水泵轴向推力由推力瓦工作瓦块承担，一旦泵发生汽蚀产生轴向窜动，这时推力轴承的非工作瓦块也将投入工作。

Lb1C4184　如何控制高压加热器温度变化率？

答：高压加热器冷态启动或其运行工况发生变化时，温度变化率限定在小于55℃/h，必要时可允许变化率不大于110℃/h，但不能再超过此值。在此温度变化率下，可保证高压加热器水室、壳体和管束有足够的时间均匀地吸热或散热，以防止发生热应力损坏。根据实验测得数据证明，当高压加热器温度变化率限制在小于 110℃/h 时，允许进行无限次热循环，且此时的热应力对加热器的损坏在安全范围内，不会降低加热器的设计寿命；但当温度变化率超过 110℃/h 时，加热器使用寿命会受到严重有害影响。

Lb1C5185　为什么现场中的离心泵叶片大都采用后弯曲式的?

答：因为后弯曲式叶片与其他型式叶片相比，有以下优点：

（1）从压头性质来看，后弯曲式叶片的动压头在总水头中所占的比例较小，因而动压头在扩散部分变为静压头时伴随的能量损失也较小。

（2）从水泵消耗的功率来看，后弯曲式叶片的离心泵在流量与扬程变化时，功率变化较小，这样就给电动机提供了良好的工作条件。

（3）从叶轮内部损失来看，径向叶片和前弯曲式叶片槽道较短，扩散角和弯曲度都较大，因而增加了水力损失。而后弯曲式叶片则相反，此项损失较小。

Lc5C1186　电厂阀门按照阀门结构分为几类?

答：主要有闸阀、截止阀、球阀、蝶阀、节流阀、调整阀、减压阀、止回阀、安全阀、疏水阀、快速启闭阀等。

Lc5C1187　电厂通用阀门型号的意义是什么?

答：按照有关规定，国产的任何一种阀门都有一个特定的型号。阀门型号由 7 个单元组成，分别用来表示阀门的类别、驱动方式、连接形式、结构形式、密封圈衬里的材料、公称压力和阀体材料。

Lc5C1188　何谓金属的机械性能？

答：金属的机械性能是金属材料在外力作用下表现出来的特性。

Lc5C2189　机组运行中低压加热器停止的危害是什么？

答：凝结水温降低，停用抽汽的后几级蒸汽流量增大，叶片侵蚀加剧，叶片、隔板过负荷。

Lc5C2190　机床在什么情况下必须停车？

答：（1）检查精度，测量尺寸，校对冲模剪口。

（2）加工件变动位置。

（3）机床发生不正常响声。

（4）操作人员离开工作岗位，不论其时间长短。

Lc5C2191　参加施工用电设施运行及维护的人员应具备什么条件？

答：（1）经医生检查无心脏病、精神病、癫痫病、聋哑、色盲和其他不适于从电气工作的病症。

（2）具备必要的电气知识及操作技术，经考试合格并取得运行维护合格证。

（3）训练掌握触电急救法和人工呼吸法。

Lc5C3192　如何在机组长期停运中对除氧器进行化学保护？

答：在机组长期停运中，应对除氧器进行充氮保护，并维持充氮压力在 0.029～0.049MPa，或用其他防腐保护措施，以防除氧器水箱内壁产生锈蚀。

Lc5C3193　钢的化学热处理的目的及方法是什么？

答：钢的化学热处理就是将钢制工件放在含有一种或几种

化学元素、化合物的介质中，加热到适当的温度后保温一定的时间，使已经活化的化学元素逐渐被工件表面吸收并向内部扩散，从而改变其化学成分和组织结构，达到增高钢件的硬度、耐磨性和抗蚀性等性能的目的。

在生产过程中，常见的化学热处理工艺有渗碳处理、渗氮处理（氮化）和氰化处理等。

Lc4C1194　使用安全带的注意事项有哪些？

答：使用前必须做外观检查，如有破损，变质等应停止使用，安全带不宜接触 120℃以上的物体、有锐角的坚硬物体及明火、酸类等化学用品。

Lc4C1195　简述常见的焊缝外观缺陷。

答：焊缝尺寸不符合要求，咬边，焊瘤，未焊透，表面有气孔、夹杂、裂纹、电弧擦伤等。

Lc4C2196　除氧器如何将不凝结气体排出？

答：除氧器通过排气管将不凝结气体排出。排气管由不同数量的排气管汇集在一根排气总管道上。排气总管内应设有限流孔板，限流孔的直径为 6～10mm。正常运行时总保证除氧器有一定排气量，以确保除氧器的除氧效果。

Lc4C3197　二硫化钼（MoS_2）有何作用？有何缺点？

答：MoS_2 通常是掺入润滑脂或润滑油中形成润滑剂使用的。缺点是易沉淀；不能在 400℃以上高温中使用，因为高温下会丧失润滑性能，成为一种有害的磨料。

Lc4C4198　除氧器在长期运行情况下，应进行哪些金相监督？

答：（1）所有接入除氧器的接管，对接焊缝应进行 X 射线探伤检查，检查长度为焊缝总长的 100%。如发现缺陷并处理后，接管对接焊缝应进行局部热处理。

（2）凡是与除氧器和除氧水箱上管座对接的除氧系统管道，其公称直径大于或等于 250mm 时，对接焊缝应进行 X 射线探伤检查，检查长度为焊缝总长的 100%。

Lc3C1199　班组的原始记录主要有哪些？

答：（1）施工任务单要求的工期、人工、材料消耗、机械台班使用等记录；

（2）班组考勤记录；

（3）施工及验收规范要求填写的技术记录；

（4）设备缺陷及处理记录；

（5）设计图纸变更记录；

（6）材料代用记录；

（7）质量检查验收及隐蔽工程验收记录；

（8）质量、安全、机械设备事故记录；

（9）班组核算及经济活动分析记录。

Lc3C3200　管道支吊架的作用是什么？常见的类型有哪些？

答：管道的支吊架是用来固定管子、承受管道本身及其内部流通介质的重量的，而且管道支吊架还应满足管道热补偿和位移的要求，减轻管道的振动水平。

常见的管道支、吊架形式有：

（1）固定支架。它是用管夹牢牢地把管道夹固在管枕上，而整个支架固定在建筑物的托架上，因此能够保证管道支撑点不会发生任何位移或转动。

（2）活动支架。它除了承受管道重量之外，还可限制管道的某个位移方向，即当管道有温度变化时可使其按照规定的方向移动，它分为滑动支吊架和滚动支吊架两种。

（3）吊架。有普通吊架和弹簧吊架两种形式。普通吊架可以保证管道在悬吊点所在的平面内自由移动，弹簧吊架则可保证管道悬吊点可在空间任何方向内自由移动。

Lc3C3201　蝶阀的基本结构和特点是什么？

答：蝶阀主要由阀体、阀板、阀杆及驱动装置等组成，它是通过驱动装置带动阀杆，阀杆再传动至阀板使之围绕阀体内部的一个固定枢轴旋转，这样根据旋转角度的大小来达到启闭或节流的目的。

蝶阀的结构简单、相对质量轻、维修方便、阀门泄漏时还可以更换密封面上的密封圈；但其缺点是关闭严密性稍差，不能用于精确地调节流量，低压蝶阀的密封圈易于老化、失去弹性或损坏。

Lc3C4202　标准的类别有哪些？

答：（1）按管理体制分为国家标准、行业标准和企业标准。

（2）按性质分为技术标准、管理标准和工作标准。技术标准是企业标准化的主体，目前已比较完整；管理标准是对企业大量的管理业务所规定的工作标准、程序和方法；工作标准是对需要协调一致的工作事项所制定的标准。

（3）按在生产过程中的地位分为原材料标准、零部件标准、工艺装配标准、设备标准和维修标准等。

（4）按使用范围分为基础标准、产品标准、方法标准和职业卫生安全标准等。

Lc2C1203　在高温下使用的钢材应具有哪些重要性能？

答：除了要考虑在室温下工作的钢材的性能外，还应具有以下 4 个重要性能：

（1）强度。在高温状态，由于蠕变现象，强度与时间相关，蠕变的速率随温度的升高而增大，从而导致材料失效。

（2）热膨胀。在系统中热膨胀产生热应力，热应力可能导致材料断裂。

（3）抗氧化能力。高温状态下，在空气、蒸汽和其他气体中，钢要被氧化而失去强度。增加铬含量可提高钢的氧化温度。

（4）导热率。对材料的传热起重要作用。在低温下，合金元素使钢材的导热性能降低，然而在高温下影响甚微。

Lc2C3204　汽轮机组设备开始安装前交付安装的建筑应具备哪些技术文件？

答：汽轮机组设备开始安装前交付安装的建筑应具备下列技术文件：

（1）主要设备基础及构筑物的验收等有关记录；

（2）混凝土标号及强度试验记录；

（3）建筑物和基础上的基准线与基准点；

（4）沉陷观测记录，如进行预压时应有预压记录。

Lc2C3205　汽轮机组设备在安装过程中及安装完毕后安装人员应负责彻底检查清理，应符合哪些要求？

答：（1）所有部件经清理后必须做到加工面和内部清洁，无任何杂物；

（2）设备的精密加工面不得用扁铲、锉刀除锈，不得用火焰除油；

（3）用蒸汽吹洗的部件在清洗后必须及时除去水分；

（4）轴颈和轴瓦严禁踩踏，施工中必须采取保护措施。

Lc2C3206　基础混凝土二次浇灌前，安装应满足哪些要求？

答：（1）垫铁在二次浇灌前应在侧面点焊牢固。

（2）二次浇灌的高度抹面后要略低于底座上表面，不得盖没地脚螺栓的螺帽，不得阻碍设备的膨胀。

（3）二次浇灌后要及时把底座和设备上飞溅的混凝土清

理干净。

（4）采用无垫铁安装的设备，待二次浇灌混凝土的强度达到 70%以上时再撤临时垫铁，并及时用混凝土填充空间。

Lc2C3207　高压加热器进水量过负荷会引起哪些情况？

答：高压加热器进水量过负荷将会带来如下后果：

（1）汽侧过负荷，蒸汽流量增加超过设计额定值，引起管束振动而使加热器损坏。

（2）给水流速增加，对管子的冲刷力增加，常导致加热器管系的管口和管子受侵蚀损坏。

Lc2C3208　凝汽器侧疏水扩容器焊缝开裂的原因是什么？如何防范？

答：开裂的主要原因是：

（1）运行中热胀差大，造成此处热应力增大，以致焊缝开裂。

（2）管道热应力过大，造成局部焊缝拉裂。

（3）原焊缝存在缺陷。

针对以上原因，可采取在与凝汽器有关的管道上安装管道膨胀补偿器（伸缩节）来解决，同时在管道焊接过程中加强对焊接工艺和热处理工艺的控制。

Lc1C1209　金属热处理的一般过程和目的是什么？

答：热处理是将金属成材或零件加热到远低于熔点的一定温度，并在此温度停留一段时间，然后冷却至一定温度的工艺过程。

热处理过程一般都经过加热、保温、冷却三个阶段。

热处理并不改变金属成材或零件的形状和大小，而是通过改变金属的内部组织，从而改善金属的性能，提高材料的使用价值，满足各种使用要求，达到提高质量、节省材料及延长使用寿命的目的。

Lc1C1210　润滑油黏度的定义是什么?

答:润滑油的黏度并不是不变的,它随温度的升高而降低。润滑油的黏度还随着压力的升高而增大,但压力不太高时(如小于 100 个大气压),变化极微,可忽略不计。对于载荷大、温度高的轴承宜选用黏度大的油,载荷小、速度高的轴承宜选用黏度较小的油。

Lc1C2211　设备诊断技术的方法有哪些?

答:设备诊断技术的方法主要有三个:

(1)信息的收集和获得。即在设备运行中或在不解体的情况下,用各种方法测取参数,了解设备的现状。

(2)信号分析和处理。

(3)判断与预报。

Lc1C2212　机组试运转高压加热器投用时,疏水管为何振动?如何处理?

答:高压加热器试投中,当高压加热器疏水导入除氧器时,疏水管剧烈振动,无法运行。主要原因是疏水管路太长,由于汽水冲击使管路振动。解决的办法是采取增加阻尼器和减振支吊架。

Lc1C2213　氧腐蚀对热力设备有什么危害?

答:在火力发电厂中,氧腐蚀对热力设备的危害可由两方面表现出来:首先,氧腐蚀造成给水管道直至锅炉省煤器的局部腐蚀,严重时会引起管壁穿孔泄漏;其次,氧腐蚀所造成的腐蚀产物——金属化合物会随给水带进锅炉在杂炉水的循环和蒸发过程中,这些腐蚀产物在热负荷较高的区域沉积结垢,造成管壁传热不良以及产生溃疡性垢下腐蚀,严重时会发生炉管泄漏或爆破,不仅要消耗大量钢材,而且常常造成停炉事故。

Lc1C3214　氢冷发电机气体置换为什么用中间气体?

答:因为氢气与空气的混合气体是爆炸性气体,遇火易引起爆炸,造成事故,所以严禁在氢气中混入空气。但在发电机投入运行、停机、检修或检修后投入运行的过程中,存在着由氢气转换为空气和由空气转换为氢气的过程。为防止发电机发生着火和爆炸事故,氢冷发电机气体置换要用中间气体。

Jd5C1215　万能游标量角器用来测什么?测量精度、范围是什么?

答:万能游标量角器是用来测量工件内外角度的量具。按游标的测量精度分为 2′ 和 5′ 两种,其示值误差分别为±2′ 和±5′。测量范围是 0°～30°。

Jd5C1216　什么是碳素钢?工程上怎样分类?

答:含碳量为 0.02%～2.11% 的铁碳合金称为碳素钢,工程上称含碳量小于0.25% 的钢材为低碳钢,含碳量在0.25%～0.6% 的钢称为中碳钢,含碳量大于 0.6% 的钢称为高碳钢。

Jd4C3217　怎样检查滚动轴承的好坏?

答:滚动轴承的检查主要有以下几个方面:

(1)滚动体及滚道表面不能有斑孔、凹痕、剥落、脱皮等现象。

(2)转动灵活,用手转动后应平稳,并逐渐减速停止,不能突然停下,不能有振动。

(3)隔离架与内外圈应有一定间隙,可用手在径向推动隔离架试验。

(4)游隙合适,用压铅丝法测量。

Jd4C3218　高压加热器有哪些常见故障?

答:(1)管口焊缝泄漏及管子本身破裂;

（2）高压加热器传热严重恶化；

（3）螺旋管等集箱式高压加热器的管系泄漏；

（4）高压加热器大法兰泄漏；

（5）水室隔板密封泄漏或受冲击损坏；

（6）出水温度下降等。

Jd4C3219 怎样采用退火方法消除铜管内应力？

答：采用退火方法消除铜管内应力，退火温度应为 300～350℃（罐内蒸汽温度），保持时间根据材质和现场试验确定，一般为 4～6h（始终保持 350℃者，时间可为 60min）。

Jd4C4220 低压加热器泄漏后如何查找？

答：低压加热器的一个主要故障是管口的泄漏和管子本身的损坏。这一故障可由主凝结水漏入汽侧引起水位升高等现象而发现。寻找泄漏的管子时，可在汽侧进行水压试验来查找；也可以采用启动抽气器在低压加热器的汽侧抽真空的方法，用火焰在管板上移动或是管口贴上薄的塑料薄膜来发现漏管；对立式加热器来说，还可以在全部管子内灌满水，如果管子泄漏，则这根管内就没有水，可以明显地判断出。

Jd3C2221 什么是捻打法？

答：捻打法就是在轴弯曲的凹下部用捻棒进行捻打振动，使凹处（纤维被压缩而缩短的部分）的金属分子间的内聚力减小而使金属纤维延长。同时，捻打处的轴表面金属产生塑性变形，使其中的纤维具有残余伸长，达到直轴的目的。

Jd3C2222 什么叫热力机械校轴法？

答：热力机械校轴法又称局部加热加压法，其对轴的加热部位、加热温度、加热时间及冷却方式均与局部加热法相同。不同处就是在加热之前，先用加压工具在弯曲处附近施力，使轴产生与原弯曲方向相反的弹性变形。在加热轴以后，加热处金属膨胀受阻而提前达到屈服极限并产生塑性变形。

Jd3C3223　高压加热器允许的温度变化率是多少?

答:高压加热器冷态启动或者加热器运行工况发生变化时，温度的变化率限定在小于55℃/h，必要时可允许变化率不大于110℃/h，但绝不能再超过此值。

Jd2C2224　为什么要测量泵轴的弯曲?怎样测量?

答:泵轴弯曲之后，会引起转子的不平衡和动静部分的磨损，因而在水泵检修时都要对泵轴进行轴弯曲的测量。

测量的方法是:把轴的两端架在稳固的 V 形铁上。装好千分表，表针指向轴心。然后缓慢地盘动泵轴，在轴有弯曲的情况下，千分表每转一周有一个最大读数和一个最小读数，两个读数之差就是轴的弯曲程度。

Je5C1225　阀门垫片起什么作用? 垫片材料如何选用?

答:垫片的作用是保证阀芯、阀体与阀盖相接触处的严密性，防止介质泄漏。垫片材料的选择应根据压力、温度、流通介质性质而定，常用的有橡胶垫、紫铜垫、不锈钢垫、缠绕石墨垫。

Je5C1226　硬聚氯乙烯塑料的化学性能和在化学除盐系统中的用途是什么?

答:硬聚氯乙烯塑料能耐酸、耐碱，也耐强氧化性的酸，但耐温不高。硬聚氯乙烯塑料制品广泛地用在化学除盐水系统里，如酸液管道及其他有腐蚀性管道、存放酸性介质的设备和酸计量箱、混凝剂溶液箱和计量箱等，以及接触酸性介质的设备和除碳器头部、喷射器、塑料泵和阀门等。

Je5C1227　如何进行管子的热弯？

答：（1）首先检查管子的材质、质号和型号等，再选用无泥土等杂质、并经过水洗和筛选的砂子，进行烘烤，使砂子干燥无水；

（2）将砂子装入管子中，经振打捣实，并在管子两端加堵；

（3）将装好砂子的管子运至弯管场地，根据弯曲长度，在管子上划出标记；

（4）缓慢加热管子及砂子，转动或上下移动管子，当加热到 1000℃ 左右时（管子呈橙黄色），用两根插销固定管子一端，使管子的另一端加上外力，把管子弯曲成所需形状。

Je5C1228　如何拆装中低压阀门？

答：松开阀门的法兰压盖，然后松开阀盖与阀体的连接螺栓，取出阀芯，组装时，与拆的工序相反。

Je5C1229　简述凝汽器穿、胀管的主要工序。

答：凝汽器穿、胀管的主要工序是：管子质量的检查鉴定（按规定氨熏、涡流探伤或水压试验）→管子工艺性能试验（扩张、压扁试验试胀）→管板孔的清理→管头抛光→穿管→胀管→切管→翻边→灌水试验。

Je5C1230　凝汽器胀铜管时，胀口有什么要求？

答：（1）胀口应没有欠胀或过胀现象，胀管处铜管的管壁胀薄约在管壁厚度的 4%～6%。

（2）胀口或翻边处应平滑光亮，铜管应无裂纹和显著的切痕，翻边角度应在 15℃ 左右。

（3）胀口深度应准确，一般为管板厚度的 75%～90%，不允许扩胀部分超过管板厚度。

Je5C1231　玻璃钢衬里出现气泡和离层现象时，应如何处理？

答：衬里有缺陷，应进行修补。修补时用刀把缺陷即气泡或脱层剜去，露出底层，并将该处打毛，重新贴衬玻璃布。

Je5C1232　进行单级离心泵解体检查的步骤是什么？

答：拆除水泵进出口法兰→拆下泵体→拆下对轮→拆下泵体端盖→取下叶轮→取出轴→检查轴弯曲→轴套的磨损检查，叶轮的晃度和瓢偏检查。

Je5C1233　单级离心泵如何安装？

答：（1）初找水平和标高，用斜垫铁对泵进行标高和水平的调整。

（2）浇灌地脚螺栓。

（3）待地脚螺栓孔混凝土强度达到 70%时，即可复查泵的水平标高。若无变动，应将斜垫铁从侧面点焊牢固，拧紧地脚螺栓，进行二次灌浆。

Je5C1234　出现阀瓣与阀杆脱开的故障应如何处理？

答：对于因修理不当或未加装锁母垫圈而在运行中由于汽水流动冲击造成的螺纹松动、顶尖脱出，使得阀瓣与阀杆脱开、阀门开关不灵的现象，应解体拆出阀瓣，按照正确的工艺要求重新安装。

对由于运行时间过长、阀瓣与阀杆的传动销磨损或疲劳损坏所造成的阀瓣与阀杆脱开、阀门开关不灵的现象，应根据运行经验和检修记录适当地缩短阀门检修周期，并注意阀瓣与阀杆传动销子的材质规格、加工质量一定要符合要求。

Je5C1235　离心水泵密封环间隙一般怎样测量？

答：离心水泵密封环间隙使用游标卡尺测量，其间隙为叶轮密封处外径与密封环内径差的一半，密封环轴向间隙一般用塞尺测量。

Je5C2236　中低压汽、水、油管道安装工序如何？

答：领料、下料、打磨、对口、焊接、支吊架配制安装。

Je5C2237　不同品种的防腐蚀涂料各有什么样的性能？

答：不同品种的防腐蚀涂料，具有不同的性能。环氧树脂涂料具有耐酸碱的性能，如果经过酚醛改性的环氧树脂涂料可在150℃以下使用；酚醛树脂涂料耐酸不耐碱，可在120℃以下使用；呋喃树脂涂料耐腐蚀性能好，但与金属的附着力很差；过氯乙烯树脂涂料只能在60℃以下使用。所以应根据所接触腐蚀介质的性能和使用条件等因素来选择防腐蚀涂料。

Je5C2238　凝汽器在穿铜管时应注意什么？

答：（1）清扫凝汽器内部，喉部用木板和石棉布临时封闭，防止异物落入凝汽器。

（2）用铜管（$L=150mm$）检查管板孔径，如有小孔径要用铰刀进行扩孔处理。管孔用煤油、破布清扫干净，不得有毛刺，不得有径向沟槽。

（3）负责凝汽器穿管的工作人员将口袋内的东西掏出。

（4）内外工作人员要互相照顾，避免发生挤手、碰脸、碰眼等事故。

Je5C2239　加热器安装前如何进行水压试验？

答：根据加热器的结构特点，应分别对汽侧和水侧进行工作压力的1.25倍的严密性水压试验，检查焊缝、胀口、管束和法兰密封面的严密情况。

试验用水最好用除盐水或化学软水，如条件不许可，也必须使用清水，不允许使用有腐蚀性或其他杂质的水。严寒季节，水压试验后，应将加热器中的存水排净，或用压缩空气吹净，以防冻坏设备。

Je5C2240 箱罐活动支座应符合什么要求？

答：（1）支座滚子应灵活无卡涩现象。

（2）滚柱应平直无弯曲，滚柱表面及与其接触的底座和支座的表面，都应光洁，无焊瘤和毛刺。

（3）底座应平整，安装时用粗水平仪测量，应保持水平。

（4）滚柱与底座和支座间应清洁并应接触密严，无间隙。

（5）滚动支座安装时，支座滚柱与底座应按箱罐膨胀方向留有膨胀余地。

Je5C2241 除氧器给水箱取样装置的安装应符合什么要求？

答：（1）取样点位置应符合化学监督的要求。

（2）取样管应采用耐腐蚀的不锈钢管材，高压除氧器采用不锈钢管；内径不应小于 10mm。

（3）取样管敷设路径应尽可能短捷，支吊架应安装牢固并利于管子膨胀。

（4）冷却器应有足够的冷却面积、充足的冷却水源和可靠的排水系统。

Je5C2242 如何测量轴承紧力？

答：将熔丝放在轴承座的结合面与轴承的顶部处，然后合上轴承盖，并使结合面压紧，取出铅丝并测记其厚度。紧力值等于结合面熔丝厚度的平均值与顶部熔丝厚度的平均值之差。

Je5C2243 划线的步骤是什么？

答：① 详细研究图纸，定划线基准；② 划线前的检查，确定毛坯是否适用，是否需要借料；③ 清除毛坯表面的污物，并涂以适当的涂料；④ 划基准线，再划水平线、垂直线、圆弧线和曲线；⑤ 检查划线的正确性，并打样冲眼。

Je5C2244　加热器处理完泄漏缺陷后的水压试验压力为多少？

答：凡检修后的高压加热器和低压加热器均需进行水压试验。试验压力为工作压力的 1.25 倍，最小不低于工作压力。

Je5C3245　凝汽器在更换新管前应进行哪些检查步骤？

答：凝汽器换管前：管板内管孔不应有锈蚀、油垢，顺管孔中心线的沟槽管孔两端应有 1mm 左右 45° 的坡口，坡口应圆滑无毛刺。对铜管的管头除内外观检查外，还应将管壁内外打磨光滑，清除锈蚀。

Je5C3246　单级离心泵试运转前应具备什么条件？

答：（1）系统安装完毕，管道已试压或灌水试验合格，管道的支吊架都调整好。

（2）泵入口已加装适当通流面积的滤网。

（3）电气及控制系统都已安装完毕，电动机经过空转试验，方向正确。事故按钮试验合格。

（4）泵的测量表计经过校验，安装完毕。

（5）基础二次灌浆达到设计强度。

（6）设备周围有足够的空间，道路畅通，照明良好。

（7）通信联络正常。

Je5C3247　试述滚动轴承加热拆装法及注意事项。

答：把轴承置于 80～90℃ 的矿物油中加热，油温不能超过120℃。内圈直径增大后很快套装在轴颈上，冷却后内圈收缩就与轴间得到很大紧力。要注意，轴承放在油箱中加热时，不要与箱底直接接触，避免轴承过热退火。

拆卸轴承以同样温度的热油浇洒轴承，待轴承膨胀后用拆卸工具拉下。为避免轴的温度升高，应用石棉布把可能落上油的部分轴包好。

Je5C3248　钳工必须掌握的基本操作技能有哪些？

答：划线、錾削、锉削、锯削、钻孔、扩孔、锪孔、铰孔、攻螺纹、套螺纹、矫正、弯形、铆接、刮削、研磨以及测量和简单的热处理。

Je5C3249　打样冲眼应注意什么？

答：打样冲眼时应注意：

（1）圆心必须打样冲眼，以利于划圆或钻孔时找中心。

（2）线的起止点和两条线的交点必须打样冲眼。

（3）曲线的转弯处（键槽的两个圆弧顶点）必须打样冲眼。

（4）打样冲眼的间距要均匀。根据线段的不同长度，间距可取 20～100mm。

Je5C4250　凝汽器更换新管时两端胀口及管板处应怎样处理？

答：新换热管的胀口应打磨光亮，无油污、氧化层、尘土、腐蚀及纵向沟槽，管头加工长度应比管板厚度长出 10～15mm。

管板处则应保护内壁光滑无毛刺，不应有锈垢、油污及纵向沟槽；用试验棒检查管板孔应比新换热管的外径大 0.20～0.50mm。

Je4C1251　衬胶前管道的除锈方法主要有哪些？

答：施工现场常用的除锈方法有酸洗除锈和喷砂除锈。

Je4C1252　管道的施工工序有哪些？

答：① 管件及附件的配制；② 管道下料；③ 支吊架安装；

④ 支吊架找平、找标高；⑤ 管道试装；⑥ 找管道坡道；⑦ 装管道附件；⑧ 对口焊接；⑨ 最后管道安装就位；⑩ 调整支吊架弹簧；⑪ 高压合金管道焊口热处理及 x 光或 γ 射线检查；⑫ 水压试验和冲洗；⑬ 保温涂色。

Je4C1253　更换中、低压管路时，应做好哪些准备工作？

答： ① 准备同规格材质的管道，并运往更换现场摆放；② 准备相配备的管路附件；③ 准备电火焊工具、钳工工具等，携带工作票。

Je4C1254　金属齿形垫用在哪些阀盖上，有什么好处？

答： 为保证阀门长期安全运行，在高压高温阀门阀体与阀盖结合处，采用齿形金属垫，可保证阀门与门盖结合面的严密性，延长使用寿命。

Je4C1255　高温低压和低温高压设备如何选用密封垫料或填料？

答： 高温低压设备应按温度选用密封垫料或填料，低温高压设备应按压力选用密封垫料或填料。

Je4C1256　工艺纪律是什么？

答： 工艺纪律是指所有施工设计图纸、技术文件、技术标准确定后，不经有关部门同意，任何人不能擅自更改。如需改变原来确定的工艺，应经规定的批准手续后方可施工。

Je4C1257　气压试验常用的检漏方法是什么？

答： 常用的检漏方法是：将肥皂水或洗衣粉液用刷子涂于检漏处，以不鼓泡为合格，对不易涂刷的水平法兰结合面，可用注射针管喷液检查，也可往管道内充入一定量的氟利昂，通过卤素检验仪检查。

Je4C1258 怎样组装加热器？

答：在组装前，应检查内部有无异物。当上下法兰面相距100mm 左右时，将涂好涂料的垫子对准法兰螺孔放好，再慢慢将法兰合拢。为了保证螺孔能一次对正，在合拢前可先穿上 2～3 根螺栓（或用细撬棍），这样可避免合拢后再来回搓动，使垫子错位。螺栓全部装好后，用风板将螺栓对称拧紧。

Je4C1259 喷射器由什么组成？安装前应做什么工作？

答：喷射器由喷嘴、本体和法兰三部分组成。

安装前应按照设计图纸复核各部分的尺寸、喷嘴和本体的同心度、法兰与本体的垂直度等。一般来说，喉管的直径应比喷嘴直径大，为了获得良好的喷射效果，在喷嘴和本体结合面处增减垫片，使喉距维持在 1～3 倍的喷嘴直径数。

Je4C1260 瓢偏值的测量方法是什么？

答：在被测端面给定直径的圆周上，相对 180°位置各安放一个垂直于端面的百分表，盘动转子，两表同时指示的最大差值减去最小差值，取其半数为瓢偏值。

Je4C1261 离心泵安装完毕后提交验收时，应具备什么技术文件？

答：① 转子各部位的径向晃度记录；② 密封环的轴向和径向间隙及与外壳的装配记录；③ 轴瓦的间隙和紧力及滚动轴承型号的记录；④ 平衡盘组装间隙记录；⑤ 轴封装置各配合间隙记录；⑥ 大型水泵的水平扬度记录；⑦ 联轴器找中心最终记录。

Je4C2262 联轴器找中心允许偏差值，应符合什么规定？

答：应符合的规定见表 C–2。

表 C–2　　　　　　　　　　联轴器找中心允许偏差值

转速（r/min）	允许偏差值（mm）			
	固定式		非固定式	
	径向	端面	径向	端面
$n \geqslant 3000$	0.04	0.03	0.06	0.04
$3000 > n \geqslant 1500$	0.06	0.04	0.10	0.06
$1500 > n \geqslant 750$	0.10	0.05	0.12	0.08
$750 > n \geqslant 500$	0.12	0.06	0.16	0.10
$n < 500$	0.16	0.08	0.24	0.15

Je4C2263　如何进行高压加热器的解体检修？

答：拆除与加热器连接的所有管道，拆下水室，汽侧打水压检查胀口及管子是否有漏，抽出加热器芯子，清扫内部及水室内的异物、焊渣等。

Je4C2264　热交换器汽侧进行水压试验时，为防止管束胀接变形，应采取什么措施？

答：为防止管束胀接板变形，应该做防止变形的临时加固筋板。在水压试验过程中严格控制压力。

Je4C2265　在什么情况下应更换新泵轴?

答：在检查中若发现下列情况，则应更换新泵轴：

（1）轴表面有被高速水流冲刷而出现的较深的沟痕，特别是键槽处。

（2）轴弯曲很大，经多次直轴后运行中仍发生弯曲者。

Je4C3266　阀门本体泄漏故障应如何处理？

答：对由于制作时浇注质量不好而产生砂眼、裂纹，使阀门机械强度降低、发生泄漏的情况，应对怀疑有裂纹处打磨光亮，然后用煤油或4%的硝酸溶液浸蚀即可显示出裂纹的痕迹，在有裂纹处用砂轮磨削或铲去损伤部位的金属层，加工好坡口后，进行补焊处理。

若是阀体焊补中出现拉裂现象，则需重新对裂纹处磨削并重新加工坡口进行补焊，同时要注意焊接工艺并做好简单的、必要的热处理工作，以防止再次出现反复。

Je4C3267　油管道静泡酸洗的方法是什么？

答：（1）静泡的酸液配比以 10%盐酸加入 0.2%的缓蚀剂若干为宜。浸泡时间一般在 4h 以上，浸泡前应先碱洗。

（2）浸酸后的油管应经清水冲净后再放入钝化液槽中钝化，钝化液为 2%的亚硝酸钠溶液（pH 值为 9.5～10），钝化时间一般在 3h 以上。

（3）经钝化后的管子要用清水冲洗干净，然后用压缩空气吹干并封闭。

Je4C3268　如何调整离心泵轴向、径向间隙？

答：调整密封环径向间隙的方法可根据泵的型式及密封环的结构而采用不同的方法：间隙太小时，可研刮密封环或车削叶轮；间隙太大时，需调换密封环。密封环的轴向间隙一般调整到 2～5mm，即略大于泵的轴向窜动值，此间隙可用塞尺测量。轴向间隙的调整方法可用车旋密封环和轴套，或在轴套和叶轮之间加垫环来进行调整。

Je4C3269　给水泵在检修时，测量泵轴应符合哪些要求？

答：给水泵在检修时，泵轴的径向晃度应小于 0.03mm，弯曲度应不大于 0.02mm，轴颈的椭圆度和锥度应小于 0.02mm。

Je4C3270　低压加热器大法兰泄漏后应如何处理？

答：低压加热器大法兰密封面泄漏是常见的故障，低压加热器水室大法兰更容易泄漏。大法兰泄漏的一个原因是垫片损坏或不良，可更换新垫片；另一个原因是大法兰刚性不够而变形，可加焊筋板增加刚性，焊后用车床精加工密封面。

Je4C3271　凝汽器管板、隔板的管孔清理应分哪几步进行？

答：管孔清理应分两次进行，第一次清理管孔内的油脂和铁锈，第二次要将管孔清理出金属光泽。第一次清理在组装前进行，第二次清理在胀管前进行。隔板的管孔只清理一次，管板的管孔应清理两次。

Je4C3272　凝汽器汽侧检查应安排哪些项目？

答：进行汽侧检查的主要项目有：

（1）检查凝汽器管板壁及铜管表面是否有锈垢，若有锈垢，应制定措施进行处理。

（2）检查铜管表面，监督铜管是否有垢下腐蚀，是否有落物掉下所造成的伤痕等。对于腐蚀或伤痕严重的铜管，应采取堵管或换管的措施。

Je4C3273　简述用白色粉末法检查泵体裂纹的过程。

答：用手轻敲泵体，如果某部位发出沙哑声，则说明壳体有裂纹。这时应将煤油涂在裂纹处，待渗透后用布擦净面上的油迹并擦上一层白色粉末，随后用手锤轻敲泵壳，渗入裂纹的煤油即会浸湿白色粉末，显示出裂纹的端点。若裂纹部位不在承受压力或不起密封作用的地方，则可在裂纹的垂始末端点各钻一个 $\phi 3 \sim \phi 5$ 的圆孔，以防止裂纹继续扩展；若裂纹出现在承压部位，则必须予以补焊。

Je4C3274　滑动轴承损坏的原因有哪些？

答：（1）润滑油系统不畅通或堵塞，润滑油变质；

（2）钨金的浇铸不良或成分不对；

（3）轴颈和轴瓦间落入杂物；

（4）轴的安装不良，间隙不当及振动过大；

（5）冷却水失去或堵塞等。

Je4C4275　简述轴瓦的检查方法。

答：滑动轴承解体后，首先检查轴瓦的轴承合金磨损程度，有无裂纹、局部脱落、脱胎及电腐蚀等。

检查轴承合金的磨损程度，除观察其表面磨损的痕迹外，还应根据轴瓦图纸尺寸核算轴承合金现存厚度。也可用直径为 5～6mm 的钻头在轴瓦磨损最严重外或端部钻一小孔，实测其厚度。

轴承合金脱胎的检查方法，除脱胎很明显地可直接检查看出外，一般都需将轴承合金与瓦胎的接合处浸在煤油中，停留片刻后取出擦干，将干净纸放在接合处或用白粉涂在接合处，然后用手挤压轴承接合面，若纸和白粉有油迹，则证明轴承合金脱胎。

Je4C4276　泵更换的新叶轮找动平衡时，应如何进行磨削？

答：为了达到动平衡，可从新叶轮盘上切削去金属，但切削量应在以下限度之内：

（1）叶轮盘的任何一点厚度的减薄量不允许超过 1.6mm。

（2）直径 400mm 以外处，禁止切削去金属。

（3）按扇形计算切削金属量，扇形的弧度不能超过圆周的 10%。

Je4C4277　加热器等压力容器的活动支座在检修后应符合什么要求？

答：加热器等容器的活动支座在检修后应符合下列要求：

（1）支座滚子应灵活无卡涩现象。

（2）滚柱应平直无弯曲，滚柱表面以及与其接触的底座和支座的表面都应光洁、无焊瘤和毛刺。

（3）底座应平整，安装时用水平仪测量应保持水平。

（4）滚柱与底座和支座间应清洁并应接触密实，无间隙。

（5）滚动支座安装时，支座滚柱与底座应按容器膨胀方向留有充足的膨胀余地。

Je4C4278　油系统的隔离装置安装应符合哪些要求？

答： 油系统的隔离装置安装应符合下列要求：

（1）铁板应平整，结构和支撑应牢固。

（2）底部应有倾斜坡度，在最低位置应接有足够通流面积的疏油管，管子入口应加箅子。

（3）防爆油箱灌水至 100mm 左右高度应无渗漏。

Je4C4279　凝汽器水位计的安装应符合哪些要求？

答： 凝汽器水位计的安装应符合下列要求：

（1）玻璃水位计应有一根并联的旁通管，以释放空气。

（2）与凝汽器相连的连通管，内径不应小于 25mm，水侧连通管应引自热井，并有 U 形水封管，U 形水封管的高度应不小于 150mm。汽侧连通管向水位计侧应有不小于 1/25 的坡度。

（3）玻璃水位计组装完毕后应做灌水试验，要求严密无渗漏。

（4）玻璃水位计应装设保护罩。

Je4C5280　简述凝汽器铜管常用的热处理方法。

答： 把铜管放在回火专用工具内，通入蒸汽，按 20～30℃/min 升温速度升温至 300～350℃，保持 1h 左右，打开疏水门自然冷却。待温度下降至 250℃时，打开堵板冷却至 100℃以下时即可取出。

回火处理后的铜管，如果需要两端退火，可用氧—乙炔焰把铜管两端加热至暗红后使之自然冷却，用砂布沿圆周打磨干净后方可使用，加热长度约 100mm。

Je3C1281　管道严密性水压试验有何要求？

答：（1）向管道充水时，应将管道内空气排尽，试验压力如无设计规定时，一般用工作压力的 1.25 倍，但不得小于 0.196MPa，对于埋于地下的压力管应不小于 0.392MPa。

（2）水压试验时，当压力达到试验压力后，保持 10min 应无降压现象，然后降至工作压力进行全面检查，若无渗漏现象，即认为合格。

（3）试验时，禁止再拧各接口的连接螺栓，试验过程如发现泄漏，应降压后经消除缺陷后再重新进行试验。

Je3C1282　凝结水泵的安装的步骤是什么？

答：基础复查，基础处理，台板就位，沉箱就位，找正找平，一次灌浆，复查水平，二次灌浆，泵体的组装，泵体就位，装连接短轴，安装泵机架，复查机架，复查机架的水平，安装对轮，电动机就位，交管道安装，附件安装（冷却水，压力表，封闭水管等），对轮中心复查，电动机试转，对轮连接，试转。

Je3C1283　给水泵组前置泵单独试运转的方法是什么？

答：前置泵单独试运转：

（1）在给水泵入口阀前接临时管道。

（2）将电动机与增速齿轮解列。

（3）启动前置泵，单独试运转，待给水泵入口管冲洗干净后停泵。

（4）恢复给水泵入口管并加装合适滤网。连接电动机与增速齿轮、联轴器。

Je3C1284　除氧器安装应符合什么要求？

答：（1）除氧器的淋水板应清理干净，孔眼应无堵塞和铁屑，淋水板安装时用粗水平仪测量应为水平，固定螺栓应锁紧。

（2）进水管的分配喷水管头应拧紧，无堵塞现象。

（3）对于放置时间较久保管不善的除氧器，必须全部拆开进行清理检查，将焊瘤、锈皮除净。

（4）喷水嘴应逐个检查，仔细清理，如喷头焊接位置不符合要求应改装。

Je3C2285　简述刮研轴承球面的步骤。

答：（1）按轴瓦内颈和长度制作一根木质假轴颈。在木轴颈中穿一根钢管用来作摇动的手柄。

（2）将球面紧力按质量标准调整好。

（3）在轴瓦的球面上涂一薄层红丹，将轴承组合。

（4）摇动手柄使轴瓦上下左右摆动 2～3mm。

（5）拆开轴瓦按印痕轻刮球面，不允许同时修刮洼窝球面。

（6）重复以上修刮步骤，使球面接触面积达到 60%以上，并均匀为止。球面瓦两侧的一定长度内，允许有 0.05mm 间隙。

Je3C2286　给水泵试运前应具备哪些条件？

答：（1）强制油循环的油系统应经油循环和滤油，以达到管路清洁、油质合格。

（2）各轴承进油节流孔板应按设计孔径装好。

（3）调整润滑油压达规定值，检查确认各油孔排油应正常。

（4）自动再循环门动作灵活可靠。

（5）具有暖泵系统的高压给水泵用高温水试运时，一般应进行暖泵，暖至泵体上下温差小于 15℃，泵体与给水温差小于 20℃。

（6）检查冷风室不漏风，冷风器不漏水，系统流量调整好。

（7）密封系统的冷却水和冲洗水畅通、水质清洁。

（8）驱动给水泵的工业汽轮机按制造规定进行试运。

Je3C2287　无油润滑空气压缩机的安装要求是什么？

答：（1）组装前应对油封零件进行去油清洗，气缸镜面、活塞杆表面不应有锈迹。

（2）空气压缩机水冷却系统应进行严密性水压试验，不得有渗漏现象。

（3）组装刮油器时，其刃口方向应正确，活塞杆上的挡油圈应组装牢固。

（4）组装活塞前，应在活塞表面及汽缸镜面上涂擦一层二硫化钼粉，并将表面多余的二硫化钼粉吹净。

（5）采用内部冷却的活塞，其冷却液进、排通路应清洁畅通，管路系统严密不漏。附属设备就位前，应按施工图核对管口方位、地脚螺栓孔和基础的位置是否与设备相符等。

Je3C3288　简述显著静不平衡的找平衡方法。

答：（1）首先将转子放到平衡导轨上，使其自由转动，待其停止后，不平衡重量 H 的方向必是正下方。作一记号。

（2）将不平衡重量 H 点放到水平位置，在其对面转子边缘上加一试加重量 S，使转子仍能向 H 侧转动一个小角度（一般为 $30°\sim45°$）。

（3）把转子转 $180°$，使不平衡重量 H 和试加重量 S 在同一水平面上，这时在试加重量 S 处再加一适当重量 P，使转子能向 S 侧转动和第一次相等的角度。

（4）最后求得应加平衡重量为 $S+\dfrac{p}{2}$，加装位置与 S 的位置相同。

Je3C3289　凝汽器支持弹簧安装要求是什么？

答：（1）安装前应对弹簧进行外观和几何尺寸检查，弹簧应无裂纹，不歪斜，一般应将高度相接近的弹簧编为一组，或对弹簧分别进行压缩试验，将试验特性接近的弹簧编为一组。

（2）弹簧安装应平直无偏斜，弹簧与簧座的间隙四周应均匀。

（3）同一支脚下弹簧的压缩量及四周的高度应相等，允许偏差为 1mm。

（4）凝汽器的底板应放平，支脚和底板间的高度应做到：当弹簧座上的调整螺钉完全拧松时，弹簧连同簧座应能自由取出；当弹簧压缩到安装值时，弹簧座上的调整螺钉丝扣应有裕量，弹簧座与底板间的垫铁应保持一定厚度，一般不小于 20mm。

（5）对每个支持弹簧应做好几个定点标记，并记录其上下对应点间的自由高度和安装后的高度。

Je3C3290　真空系统严密性检查时，应着重检查哪些部位？

答：（1）所有处于真空状态的管道、阀门、法兰结合面、焊缝、堵头、插座和接头；

（2）凝汽器和加热器的水位计；

（3）凝结水泵和加热器疏水泵的法兰；

（4）与真空系统连接的调节阀、疏水器及 U 形水封管的外露部分等；

（5）凝汽器的铜管及其胀口；

（6）与凝汽器连接的疏水扩容器及其他设备。

Je3C3291　怎样测量分段式多级泵的轴向窜动间隙？

答：在分段式多级泵组装完毕之后，为了检查其转动部分与静止部分的相互位置是否正确，都要进行转子的轴向窜动测量。

测量的方法是：在平衡盘前面的轴上事先放一个长度为 10～15mm 的小垫圈，然后把平衡盘紧上。测量之前，转子应在第一级叶轮对正中心的位置上（根据记号）。之后，向进水侧和出水侧推动转子，直到推不动为止。记录向进水侧和出水侧窜动的数值，这就是需要的转子轴向窜动间隙。一般来说，向两侧的窜动数值是相等的或是相近的，如果不是这样，就要查明原因，进行调整。

Je3C3292　怎样才能改变液力耦合器内的工作油量？

答： 工作油的改变可由工作油泵（或辅助油泵）经调节阀或涡轮的输入油孔（也有在涡轮空心轴中输入油的）来改变进油量来实现，也可由改变转动外壳腔中的勺管行程来改变油环的泄油量来实现。

Je3C3293　在凝汽器水侧清理检查过程中应注意哪些问题？

答： 凝汽器的水侧指运行中充满循环水的一侧，包括循环水进出口水室、循环水滤网及收球网、凝汽器铜管内部等。只有在停止循环水运行，并将凝汽器进出口水室内的存水放净以后，方可开始凝汽器水室的检查和清理工作。

在端盖拆下以后，首先检查铜管的结垢情况。如有结垢，将影响铜管的换热效率，因此必须视具体情况，制定好清洗铜管的措施。然后检查水室、管板的泥垢和铁锈情况，检查滤网、收球网是否清洁和完好等。如有泥垢、铁锈等，应进行清理；如网子破损，则应进行修补或更换。

对于管系中含钛管的凝汽器，在检修中一定要做好防火措施，因为钛的燃点仅为 600℃左右，易引发火灾。

Je3C3294　简述凝汽器胀管的工艺标准。

答： 胀管的基本工艺要求如下：

（1）铜管与管板孔之间的间隙，对于 $\phi25$ 的管子，一般应在 0.25～0.40mm 之内。

（2）管头与管孔应用砂布等打磨干净，不允许在纵向有 0.10mm 以上的槽道。

（3）胀管时，胀口深度一般为管板厚度的 75%～90%，但不应小于 16mm。管壁的减薄量应为管壁厚度的 4%～6%。

Je3C4295 高压加热器大法兰泄漏的原因是什么?应怎样处理?

答：管系（或水室）和壳体用大法兰螺栓连接的高压加热器，大法兰密封面常易发生泄漏，泄漏的可能原因有大法兰刚性不足、大法兰密封面变形翘曲或不平、密封垫料不合适等。大多数情况下，泄漏的原因是大法兰刚性不足，我们可以采取在法兰背面加焊肋板的补救措施，以增强刚性。具体的方法是：每隔两个螺栓焊一块肋板，这对锻造法兰或平焊法兰均适用，焊后在机床上车平法兰密封面。如是大法兰密封面翘曲变形，则应进行机械加工；如没有条件加工，只能用手工仔细刮削。如是密封垫片损坏引起泄漏，则应更换新垫片。

Je3C4296 低压加热器泄漏时，如何进行堵管工作?

答：打开低压加热器发现管子和管子胀口泄漏时，都应采用堵管方法处理，具体步骤如下：

（1）首先确定受损管子的数量，并测定该管子的内径，采用紫铜等与管材相适应的材料加工堵头。堵头长约 50mm，锥度 1:20，大端比管孔大 0.025～0.05mm，堵头应塞紧，可用工具将堵头敲入管子中，把 U 形管两头管口闷住。

（2）低压加热器检修后，应对壳侧进行水压试验，水压试验压力不大于设计压力的 1.5 倍。检查堵管后是否还有泄漏。

（3）打开过的人孔等处法兰接合处垫片必须更换，并在紧固好后检查其严密性。

（4）检修完毕，应做详细记录。

Je3C4297 GB/T 19000—ISO9000 系列标准中，产品分哪几类?

答：分四种，分别为硬件、软件、流程性材料、服务。

Je2C1298 对除盐设备和管道的防腐措施主要有哪些?

答：除盐设备和管道的防腐措施主要有橡胶衬里、玻璃钢衬里、耐腐蚀涂料以及采用耐酸塑料、工程塑料、耐酸陶瓷、玻璃钢和不锈钢等。

Je2C1299 减温减压装置的调整试运行应达到什么要求？

答：① 设备运行各参数（流量、前后温度及压力）应能达到铭牌规定；② 安全门的动作与回座压力应符合要求，且疏水畅通；③ 管道及其有关设备，应能自由膨胀。

Je2C2300 轴流泵中，影响电动机摆动的主要因素有哪些？

答：影响电动机摆度的主要因素有以下几点：轴安装垂直度超标；联轴器中心超标；转子本身不平衡；推力轴套与主轴配合较松；锁片厚薄不均；轴本身弯曲；推力盘镜板底面与轴线不垂直；镜板厚薄不均、绝缘垫板厚薄不均或推力轴套本身不垂直等。

Je2C3301 调速给水泵汽蚀应如何处理？

答：调速给水泵汽蚀应做如下处理：

（1）给水泵轻微汽蚀，应立即查找原因，迅速消除；

（2）汽蚀严重，应立即启动备用泵，停用产生汽蚀的给水泵；

（3）开启给水泵再循环门。

Je2C3302 给水泵平衡盘面接触不好的原因有哪些？如何处理？

答：多级泵平衡盘面接触要求应有 75% 以上的最低圆周接触。除制造原因外，主要原因有两个：①外壳各级组合时，整体紧力不均，造成整体偏斜；② 静平衡套安装时与水泵轴线垂直偏差太大。

处理办法：① 若是由外壳各级间紧力不均所致，则最好重新紧固连接大螺栓，以免造成螺栓配合过力或力量不足造成壳体漏水；② 若是由静平衡套安装时与水泵轴线垂直偏差太大造成的，则要将静平衡套拆下重新清理，并检查壳体配合面和平衡套的工艺情况，根据检查情况制定处理措施。

Je2C3303 转动机械安装，对基础和垫铁配置有何要求？

答：对基础和垫铁配置要求有：① 基础经验收合格；② 设备的基础放线，按安装图纸和厂房建筑坐标准点进行；③ 安装基础混凝土表面应凿平并与垫铁接触良好，地脚螺栓孔内无积水和杂物；④ 热铁应刨削平正，每组垫铁一般不超过三块，垫铁边缘比其框宽才能使用；⑤ 垫铁一般安装在地脚螺栓两边和框基承力位置处，在机械安装后，紧好地脚螺栓，用手锤轻击检查，垫铁应无松动现象，然后将各层垫铁点接整体。

Je2C3304 对新换装的叶轮，应进行怎样的检查工作并合格后才可以使用？

答：对新换装的叶轮应进行下列工作，检查合格后方可使用：

（1）叶轮的主要几何尺寸，如叶轮密封环直径对轴孔的跳动值、端面对轴孔的跳动、两端面的平行度、键槽中心线对轴线的偏移量、外径、出口宽度、总厚度等的数值与图纸尺寸相符合。

（2）叶轮流道清理干净。

（3）叶轮在精加工后，每个新叶轮都经过静平衡试验合格。

Je2C3305 什么是内应力松弛法？怎样用内应力松弛法直轴？

答：内应力松弛法是把泵轴的弯曲部分整个圆周都加热到使其内部应力松弛的温度（低于该轴回火温度 $30 \sim 50℃$，一般为 $600 \sim 650℃$），并应热透。在此温度下施加外力，使轴产生与原弯曲方向相反的、具有一定程度的弹性变形，并保持一定时间。这样，金属材料在高温和应力作用下产生自发的应力下降的松弛现象，使部分弹性变形转变成塑性变形，从而达到直轴的目的。

Je2C3306 简述机械密封的密封端面发生不正常磨损的可能原因及相应的处理方法。

答：机械密封的密封端面发生不正常磨损的可能原因有以下几种情况：

（1）端面发生干摩擦。处理方法为：加强润滑，改善端面润滑状况。

（2）端面发生腐蚀。处理方法为：更换端面材料。

（3）端面嵌入固体杂质。处理方法为：加强过滤并清理密封水管路。

（4）安装不当。处理方法为：重新研磨端面或更换新件回装。

Je2C3307 冷油器的严密性试验应符合哪些规定？

答：冷油器的严密性试验应符合下列规定：

（1）油侧应进行工作压力 1.5 倍的水压试验，保持 5min 无渗漏。如作风压试验，其压力应为工作压力。

（2）对于带有膨胀补偿器的冷油器，试验时应先采取加固措施，防止损坏补偿器。

（3）对于下管板与下水室封闭在油室的冷油器，必须在水侧水压合格后才能装入油室。

（4）油侧试压后铜管胀口如有渗漏应补胀，但补胀后胀口应无裂纹，对补胀无效和管壁泄漏的铜管应更换。

Je2C4308 高压加热器水室隔板密封泄漏或受冲击损坏后应如何处理？

答：在 U 形管管板式高压加热器的水室内，分程隔板常用螺栓螺母连接。在螺母松弛或损坏、隔板受给水的冲击而变形损坏、垫片损坏等情形下，均会造成一部分给水泄漏，通过隔板未经加热走了短路，从而降低了给水出口温度。这些缺陷，应视具体情况予以处理消除。若是隔板损坏，应更换为不锈钢制造的分程隔板，并适当增加厚度，使其具备足够的刚性，或采用增强刚性的结构。

Je1C1309 凝汽器的构造应能满足哪些要求？

答：凝汽器的构造应能满足下列要求：① 严密性好；② 管束布置合理；③ 运行中冷却水和蒸汽（排汽）流动阻力小；④ 凝结水过冷度小；⑤ 凝结水含氧量小；⑥便于清洗冷却水管。

Je1C1310 箱罐和除氧器安装完毕提交验收时应具备哪些技术文件？

答：① 灌水或严密性水压试验记录；② 除氧器和给水箱封闭签证书；③ 安全门或动作实验记录；④ 除氧器与给水箱焊接记录及探伤记录。

Je1C1311 什么叫 PDCA 循环？

答：PDCA 循环是质量改进和其他管理工作按照"计划、执行、检查、总结"的基本工作程序进行，如此循环上升不止。PDCA 是由英文计划、执行、检查、总结四个单词的第一个字母组成，故称 PDCA 循环。

Je1C1312 加热器运行要注意监视什么？

答：加热器运行要注意监视以下参数：

（1）进、出加热器的水值；

（2）加热蒸汽的压力、温度及被加热水的流量；

（3）加热器汽侧疏水水位的高度；

（4）加热器的端差。

Je1C2313 阀门在运行中产生振动和噪声的主要原因有哪些？

答：产生振动和噪声的原因有：

（1）介质压力波动、流体冲刷阀体、驱动装置的运动等造成的机械振动，这种振动一般较小。但如产生在其自振频率下的共振，则会导致高的应力，造成零件破坏。

（2）汽蚀。

（3）由于高速汽通过时的冲刷、收缩和扩张，引起冲击波和端流体运动，造成气体动力噪声，这是噪声的主要来源。

（4）阀门的突然启闭会引起水冲击，产生振动和噪声，严重时会导致泄漏或阀件损坏。

Je1C2314　对水泵转子进行试装的目的是什么？

答：转子试装主要是为了提高水泵最后的组装质量。通过这个过程，可以消除转子的紧态晃度，可以调整好叶轮间的轴向距离，从而保证各级叶轮和导叶的流道中心同时对正，确定调整套的尺寸。

Je1C3315　泵壳止口间隙如何测量？应符合什么要求？

答：将相邻的泵壳叠置在平板上，在上面的泵壳上放置好磁力表架装好百分表，表头与下面的泵壳的外圆相接触，将上面的泵壳沿表头指向的方向往复推动两次，百分表两次读数差即为泵壳止口间隙。泵壳止口间隙一般为 0～0.05mm，若间隙过大，应进行修复。

Je1C3316　简述用压铅丝法测量水泵动静平衡盘面平行度的步骤。

答：将轴置于工作位置，在轴上涂润滑油并使动盘能自由滑动，键槽对齐。用透明胶带把铅丝粘在静盘端面的上下左右四个对称位置上，然后将动盘猛力推向静盘，将受撞击而变形的铅丝取下并标记方位。再将动盘转 180° 重测一次，做好记录。用外径千分尺测量每个方位的铅丝厚度，上下之和应等于左右之和，上下差、左右差应小于 0.05mm。

Je1C3317　简述给水泵抬轴试验。

答：（1）在泵的两端轴颈处各架一块百分表，在不装上下轴瓦的情况下，将轴由最低位置抬至最高位置，测量总位移值。

（2）将下瓦装入轴承座内，轴由最高位置落至下瓦上，此位移值应为总位移值的一半。

（3）轴的径向相对位置不符合要求时，可调整轴承下部的调整螺钉。在调整上下中心的同时，应兼顾转子在水平方向的中心位置，以保证转子对泵壳的几何中心位置正确。

Je1C3318　凝结水泵试运行，在凝汽器进入真空状态时，打不出水的主要原因是什么？

答：主要是水泵与凝汽器连接的管路不通造成的，其次是凝结水泵入口的诱导轮发生了故障，再就是水泵入口管临时滤网严重堵塞造成的。

Je1C3319　试述一般离心水泵试运行的启动和运行中的注意事项。

答：一般离心泵启动次序如下：① 检查油位和冷却水泵系统通水情况；② 开启入口门使水进入泵内，并放空气；③ 泵进水后检查泵壳体各部的泄漏情况；④ 检查活动出口门是否有卡涩情况，然后关闭；⑤ 盘动转子转动数圈使轴承有油浸入；⑥ 电气无问题后，开启水泵；⑦ 徐徐开启出口门，使管道充满水，压力稳定后，再根据需要开启出口门。运行中应注意：轴承温度在 65℃ 以上超过 75℃ 投入冷却水；检查轴封泄水和其温度；注意出口压力表的数值，以调整泵出口门；检查泵体及轴承振动情况。

Je1C3320　如何对电解槽进行热紧？

答：电解槽在蒸汽加热 1h 后，进行第一次热紧。以后每隔

30～40min 热紧一次。开始时，间隔时间可短些，越往后，间隔时间越长。每次热紧后，均要测量两个端极板内侧之间的距离，误差不大于 1mm。

使用石棉橡胶板作垫片的电解槽，从第一次热紧后，连续进行 48h，使用聚四氟乙烯作垫片的电解槽，从第一次热紧后，连续进行 24h。每次热紧不应在同一侧进行，而应在两侧对角交替进行。

Je1C4321　为提高油循环的冲洗效果，还应采用什么辅助措施？

答：① 当经过冷油器循环时，最好从冷油器放油堵经临时管，将油排到油箱，以减少脏油积存在冷油器内；② 向冷油器出口油管连续强力通以干燥的压缩空气 1h 左右，对管壁造成气击，但需保持空气的压力稍大于油的压力；③ 冲洗的同时在管道的焊缝和拐弯处用手锤敲击。

Je1C4322　轴瓦解体后应做哪些检查？

答：（1）钨金面上轴径工作痕迹所占的位置（弧角）是否符合要求，该处的刮研刀花是否被磨亮。

（2）钨金面有无划伤、损坏和腐蚀等。

（3）钨金面有无裂纹、局部剥落和脱胎。检查脱胎时可用木棒轻轻敲击钨金面，如果脱胎，将在脱胎缝中向外溅油，如脱胎部位在轴承中部时，可以听到空声。对于严重脱胎，只需用手按就能发现钨金松动。

（4）垫铁承力面或球面上有无磨损和腐蚀，固定垫铁的沉头螺钉是否松动，内部垫片是否完好。

Je1C4323　检修推力瓦时检查哪些项目？

答：（1）钨金不能有严重磨损和电腐蚀，对于磨损严重的可以补焊。

（2）各瓦块钨金面上的工作印痕应大致相等。

（3）钨金面不应有夹渣、气孔、裂纹、剥落及脱胎现象。

（4）用千分尺测量各瓦块的厚度，并记录。

（5）检查瓦胎内外弧及销钉有无磨亮的痕迹，以证明瓦块能否自由摆动。

Je1C4324　怎样做真空严密性试验？应注意哪些问题？

答：真空严密性试验步骤及注意事项如下：

（1）汽轮机带额定负荷的 80%，运行工况稳定，保持抽气器或真空泵的正常工作。记录试验前的负荷、真空、排汽温度。

（2）关闭抽气器或真空泵的空气门。

（3）每分钟记录一次凝汽器真空及排汽温度，8min 后开启空气门，取后 5min 的平均值作为测试结果。

（4）真空下降率小于 0.4kPa/min 为合格，如超过应查明原因，设法消除。在试验中，当真空低于 87kPa，排汽温度高于 60℃时，应立即停止试验，恢复原运行工况。

Je1C5325　浇注钨金瓦的步骤和质量标准是什么？

答：浇注钨金瓦的步骤和质量标准是：

（1）对瓦胎内表面逆行水洗、化学清洗和碱液除盐处理，并随后涂刷氯化锌溶液，再在其表面撒上一层锡粉。

（2）镀锡。将瓦胎预热到较锡熔点低 20～30℃并保持温度开始镀锡，镀完后用热水清洗。

（3）把镀锡合格的轴瓦胎放在准备好的平板上，迅速与其他配件组成模型，并将组装好的轴瓦模型迅速预热到 260～270℃。

（4）浇注。将钨金加热到 390～420℃，把熔液倾注入模型，浇注完后 2～3min，用空气或用水冷却整个模型。

（5）对浇好的轴瓦检查应呈银色，敲打声音清脆，无较深沙眼。

Jf5C1326 全面质量管理的基本核心是什么？

答：全面质量管理的基本核心是提高人的素质，增强质量意识，调动人的积极性，人人做好本职工作，通过抓好工作质量来保证和提高产品质量或服务质量。

Jf5C1327 施工原始记录从哪里来？

答：施工原始记录主要来自施工班组，一般形式为施工任务单及小组施工记录。

Jf5C3328 管道支吊架外观检查应达到什么样的标准？

答：管道支吊架外观检查应达到的标准为：

（1）对于固定支架，管道应无间隙地放置在托枕上，卡箍应紧贴管子支架。

（2）对于活动支架，支架构件应使管子能自由地或定向地膨胀。

（3）对于弹簧吊架，吊杆应无弯曲现象，弹簧的变形长度不得超出允许值，弹簧和弹簧盒体应无倾斜，无弹簧层间压死，没有层间间隙的现象。

（4）所有固定支架和活动支架的金属部件无明显的锈蚀、开焊等缺陷，各构件内部不得存留任何杂物。

Jf4C2329 吊物件时，捆绑操作要点是什么？

答：（1）根据物件的形状及重心位置，确定适当的捆绑点。

（2）吊索与水平平面间的角度，以不大于 45° 为宜。

（3）捆绑有棱角的物件时，物体的棱角与钢丝绳之间要垫东西。

（4）钢丝绳不得有拧扣现象。

（5）应考虑物件就位后，吊索拆除是否方便。

Jf4C2330 管道支吊架制作的基本要求是什么？

答：管道支吊架制作的基本要求为：

（1）保证管道支吊架的形式、材质、加工尺寸、加工精度和焊接工艺等符合设计或规范的要求。

（2）支架底板以及支吊架弹簧盒的工作面应保持平整。

（3）管道支吊架的焊缝应进行外观检查，不得存留漏焊、欠焊、裂纹、咬肉等焊接缺陷。

（4）制作完成并检验合格的支吊架应进行防腐处理，对合金钢制作的支吊架应留有材质标记并妥善保护。

Jf4C3331 卷扬机如何布置？

答：（1）选择土质牢固可靠的地方。

（2）地锚绑置不能使卷扬机打滑。

（3）吊物用的迎头滑轮必须对准卷扬机的卷筒中心。

Jf4C3332 对常用阀门的基本要求是什么？

答：随着阀门的用途、结构的不同，对它们的要求也就不同。但总的来讲，阀门必须符合下列基本要求：

（1）关闭严密（尤其是闸阀、截止阀和安全阀）；

（2）各部件的强度匹配足够；

（3）阀体内部的流动阻力小；

（4）阀门的零部件具有互换性；

（5）结构简单、质量轻、体积小、操作方便、检修维护便捷等。

Jf2C2333 在设备装卸和搬运中有哪些规定？

答：设备装卸和搬运，除应按《热机安装安全工作规程》执行外，还应遵守下列规定：

（1）起吊时应按箱上指定的吊装部位绑扎吊索。吊索转折处应加衬垫物，防止损坏设备。

（2）搞清设备或箱件的重心位置，对设备上的活动部分应予固定，并防止设备内部积存的液体流动和重心偏移，造成倾倒。

（3）对刚度较差的设备，应采取措施，防止变形。

Jf2C3334　汽轮机组设备的起重运输机具应符合什么要求？

答：汽轮机组设备的起重运输机具的使用与管理应遵守原劳动部颁发的《起重机械安全管理规程》的规定，起重工作应符合下列要求：

（1）对起重机的起吊重量、行车速度、起吊高度、起吊速度以及起吊及纵横向行车的极限范围等性能应认真检查，这些性能应满足设备安装的工艺要求。

（2）特大件和超重起吊均应制订专门技术措施，经施工总工程师批准后进行。

（3）凡利用建筑结构起吊重件者应进行验算，并需征得有关单位的同意。禁止在不了解设备重量或建筑结构承载强度的情况下任意放置重件。

Jf1C2335　推力间隙过大会产生什么后果？

答：若推力间隙过大，会在转子推力发生方向性改变时，增加通流部分轴向间隙的变化而且对非工作瓦块会产生过大的冲击力，使转子的轴向位置不稳定。

有些机组因其调速系统结构特性原因，会造成调速器窜动，使负荷不稳。

Jf1C2336　简述高压加热器水室隔板焊缝出现裂缝或破漏后的处理方法。

答：（1）用角向磨光机将出现缺陷的地方进行打磨，打磨出一个 V 形坡口。注意必须除去所有的裂缝。

（2）将该区域内用丙酮进行清洗。

（3）焊接过程中必须使用干燥的焊条及保持短弧，以免焊接材料中出现气孔。

（4）当采用多层焊时，在焊下道焊缝前必须清洁前道焊缝的焊渣。焊第一道即根部焊缝时不要中断，并用肉眼检查根部焊缝的裂缝或缺陷，按需要进行多层堆焊一般不超过三层。

Jf1C3337　高压加热器的满水保护装置的检查和安装，应达到哪些要求？

答：（1）用涂色法检查阀门、阀心与阀座的接触应良好，阀心动作应灵活可靠；

（2）发送器应动作灵活无卡涩，在相应的位置上检查电气接点，能断开或接通；

（3）系统连接应正确，安装完毕后应作严密性水压试验，各焊缝和法兰密封面均应无渗漏，试验压力与加热器水侧试验压力相同；

（4）安全门应进行动作试验并应符合要求。

Jf1C3338　高压合金钢螺栓的热紧应遵守什么规定？

答：（1）螺栓热紧值应符合制造厂要求，当用螺栓伸长值进行测定时，应在螺栓冷紧前测量螺杆的原始长度，以便加热后再测；如用螺母转动弧长测定时，则应在物件上标出螺母热紧前后的旋转位置。

（2）加热工作应使用专用工具，使螺栓均匀受热，尽量不使螺纹部位直接受到烘烤。

（3）热紧螺栓应按照制定的顺序进行，加热后一次紧到规定值，如达不到规定值不应强力猛紧，应待螺栓完全冷却后重新加热再紧固。

Jf1C3339　在运行中发现轴向位移增大怎么办？

答：在汽轮机运行中，发现轴向位移增大，应对机组进行全面检查，若轴向位移指示比该负荷下的轴向位移正常值增大时，应减负荷，使轴向位移恢复正常值。当轴向位移超过允许值时，应立即打闸停机，以防止发生动静部分摩擦、碰撞，造成设备严重损坏事故的发生。

4.1.4　计算题

La5D1001　绝对温度283K相当于多少摄氏温度？相当于多少华氏度？

　　解：
$$283K=(283-273)℃=10℃$$
$$10℃=(10×9/5+32)F=50F$$

　　答：绝对温度283K相当于10℃，相当于50F。

La5D1002　摄氏温度310℃相当于多少绝对温度？

　　解：　　$T=t+273=310+273=583$（K）

　　答：摄氏温度310℃相当于583K。

La5D1003　氧气瓶容积为40L，相当于多少立方米？

　　解：因为　　　　　$1L=10^{-3}m^3$

所以　　　　　　$40L=40×10^{-3}m^3=0.04m^3$

　　答：40L相当于$0.04m^3$。

La5D2004　某容器内气体温度为50℃，压力用压力计测量，读数为$2.7×10^5Pa$，气压计测得当时大气压力为755mmHg。求气体的绝对温度及绝对压力。

　　解：　　　$T=t+273=50+273=323$（K）

利用压力换算关系换算出大气压力为

$$p_b=755×133.3=1.006×10^5（Pa）$$

气体的压力大于大气压力，由公式$p=p_g+p_b$得

$$p_a=p_g+p_b=2.7×10^5+1.006×10^5=3.706×10^5Pa$$

　　答：气体的绝对温度为323K，绝对压力为$3.706×10^5Pa$。

La5D2005　计算流量为$60m^3/h$，相当于多少升/秒？

　　解：　　　　　　　$1m^3=1000L$

$$60m^3/h = \frac{60 \times 1000}{3600} = 16.667 \text{（L/s）}$$

答：流量为 $60m^3/h$，相当于 $16.667L/s$。

La5D2006 假定流体的流速是一定的，问两根 2in 管能顶 1 根 4in 管用吗？

解：设 $d_1 = 2in$　　$d_2 = 4in$

$$Q_1 = S_1V = \frac{d_1^2}{4}\pi V = \pi V$$

$$Q_2 = S_2V = \frac{d_2^2}{4}\pi V = 4\pi V$$

$$2Q_1 < Q_2$$

答：两根 2in 管不能顶一根 4in 管用。

La5D2007 质量为 19.71kg 的氧气，从 20℃定容加热到 120℃，已知比热容 $c = 0.657\,2kJ/(kg \cdot K)$，求加入的热量。

解：热量计算公式为　$Q = mc(t_2 - t_1)$

所以　　$Q = 19.71 \times 0.657\,2 \times (120 - 20) = 1295.34$（kJ）

答：加入的热量是 1289.4kJ。

La5D2008 304.8mm 等于多少英寸？等于多少英尺？

解：304.8mm = (304.8÷25.4)in = 12in = 1ft

答：304.8mm 等于 12in，1ft。

La5D2009 大气压力为 755mmHg，相当于多少帕？

解：因为　1mmHg ≈ 133.3Pa

所以　755mmHg ≈ (755×133.3)Pa = $1.006\,415 \times 10^5$Pa

答：755mmHg 相当于 $1.006\,415 \times 10^5$Pa。

La5D2010 压力为 $10mmH_2O$ 相当于多少帕？

解：因为　1mmH$_2$O≈9.81Pa

所以　　　　　　10mmH$_2$O=(10×9.81)Pa=98.1Pa

答：10mmH$_2$O 相当于 98.1Pa。

La5D2011　用 U 形管压差计测量凝汽器内蒸汽的压力，采用水银作测量液体，测得水银柱高为 720.6mm。若当时当地大气压力 p_b=750mmHg，求凝汽器内的绝对压力。

解：根据题意，蒸汽的压力低于大气压力，所以采用 $p_a=p_b-p_v$ 计算绝对压力。

$$p_a=p_b-p_v=750-720.6=29.4mmHg$$

因为　1mmHg≈133.3Pa

所以　　　　p_a=29.4×133.3=3919.02=0.039×10^{5}Pa

答：凝汽器内的绝对压力为 0.039×10^{5}Pa。

La5D2012　某水泵出口压力表读数为 2MPa，相当于：（1）多少米水柱？（2）多少巴？（3）多少毫米水银柱？（4）多少个大气压？

解：（1）2MPa=(2×100.05)mH$_2$O=200.1mH$_2$O

（2）2MPa=(2×10)bar=20bar

（3）2MPa=(2×7360.77)mmHg=14 721.54mmHg

（4）2MPa=(2×9.69)atm=19.37atm

答：相当于 200.1mH$_2$O，20bar，14 721.54mmHg、19.37atm。

La5D2013　凝结器真空表的读数为 97.0kPa，大气压计读数为 101.7kPa。求绝对压力。

解：因为　p_b=101.7kPa，p_v=97.0kPa

所以　　　　$p=p_b-p_v$=101.7-97.0=4.7（kPa）

答：工质的绝对压力是 4.7kPa。

La5D2014　已知凝结水温度为 30℃，凝结器排汽压力对应的饱和温度为 31.5℃。求凝结水过冷却度。

解：凝结水过冷却度 =31.5−30=1.5（℃）。

答：凝结水过冷却度是 1.5℃。

La5D2015 某台水泵的体积流量为 $50m^3/s$，扬程为 5m。水的密度是 $1000kg/m^3$，重力加速度为 $10m/s^2$。求该泵的有效功率。

解：根据泵的有效功率计算公式得

$$N_e=1000×5×10×50=2500（kW）$$

答：有效功率为 2500kW。

La5D3016 某电厂凝汽器铜管有 20 980 根，进行水压试验，试计算试验根数。

解：铜管总数 =20 980 根

抽验比例 =5%

铜管总数 × 抽验比例 = 实际试验根数

代入数值得　　　20 980×0.05=1049（根）

答：试验的铜管数是 1049 根。

La5D3017 气体流经管道，流速为 20m/s，比体积为 $0.6m^3/kg$，流量为 2kg/s。求管道的截面积。

解：已知：$c=20m/s$，$v=0.6m^3/kg$，$m=2kg/s$

由连续方程式 $m=fc/v$ 得

$$f=mv/c=2×0.6/20=0.06（m^2）$$

答：管道的截面积为 $0.06m^2$。

La4D2018 锅炉汽包压力表读数为 9.604MPa，大气压表的读数为 101.7kPa，求汽包内工质的绝对压力。

解：绝对压力 = 表压力 + 大气压力 =9604+101.7×10^{-3}

　　　　　 =9.704（MPa）

答：汽包内工质的绝对压力为 9.704MPa。

La4D3019 若 1kg 蒸汽在锅炉内吸收热量 q_1=2532kJ/kg，在凝汽器中放出热量 q_2=2093kJ/kg，问蒸汽在汽轮机内做功为多少？（不考虑其他损失）

解： 蒸汽在汽轮机内做功为

$$W=q_1-q_2=2532-2093=439（kJ）$$

答： 蒸汽在汽轮机内做功为 439kJ。

La4D3020 5kg 温度为 100℃的水，在压力为 1×10^5Pa 下完全汽化为水蒸气。若水和水蒸气的比体积各为 0.001m³/kg 和 1.673m³/kg。试求此 5kg 水因汽化膨胀而对外所做的功。

解： 汽化过程时压力不变，所以

$$W=mp(V_2-V_1)=5\times1\times10^5\times(1.673-0.001)=836（kJ）$$

答： 对外做功为 836kJ。

La4D4021 热机产生 1.5kW 的功率，其热效率为 0.24，问此热机每小时吸收多少热量？

解： $$q=\frac{W}{\eta}=\frac{NL}{\eta}=\frac{1.5\times3600}{0.24}=22\ 500（kJ）$$

答： 此热机每小时吸收 22 500kJ 的热量。

La3D1022 10kg 水，处于 0.1MPa 时的饱和温度 t_s=99.64℃，当压力不变时，若其温度变为 150℃，则处于何种状态？过热度是多少？

解： 因 t=150℃>t_s=99.64℃，故此时处于过热蒸汽状态。其过热度为

$$D=t-t_s=150-99.64=50.36（℃）$$

答： t=150℃时，处于过热蒸汽状态，过热度为 50.36℃。

La3D1023 已知水垢的导热系数为 1.16W/（m・℃），求 3mm 厚水垢的热阻是多少？

解：平壁的导热热阻 $R=\dfrac{\delta}{\lambda}$

则 $$R=\dfrac{3\times10^{-3}}{1.16}=2.59\times10^{-3}（\text{m}^2\cdot\text{℃/W}）$$

答：3mm 厚水垢的热阻为 $2.59\times10^{-3}\text{m}^2\cdot\text{℃/W}$。

La3D1024 一水箱容器上面 10m 处装有一块压力表来反映水箱压力，现在压力表示值为 2.4MPa，问水箱的实际水压是多少？

解：水箱的实际水压 = 压力表示值 +10mH$_2$O
$$=2.4+10\times0.01=2.5\text{MPa}$$

答：水箱的实际水压力为 2.5MPa。

La3D1025 凝汽器中蒸汽的绝对压力为 0.004MPa，用气压表测得大气压为 760mmHg，求真空值。

解：$760\text{mmHg}=760\times1.33\times10^{-4}=0.101\,08\text{MPa}$

真空值 = 大气压力 – 绝对压力
$$=0.101\,08-0.004=0.097\,08（\text{MPa}）=97.08（\text{kPa}）$$

答：真空值为 97.08kPa。

La3D2026 用直径 22mm 的白棕绳吊运 180kg 重的物件，问是否安全可靠？（已知：22mm 白棕绳的破断拉力是 18 130N，安全系数取 5）

解：允许拉力 $=\dfrac{\text{破断拉力}}{\text{安全系数}}=18\,130/5=3626（\text{N}）>1800（\text{N}）$

答：白棕绳允许拉力为 3626N，大于 1800N，因此安全可靠。

La3D3027 某预制物件，其质量为 285.7kg，需要将它吊起就位，问需要选用多粗的亚麻绳？（已知：亚麻绳的允许应力 σ=9.8N）

解：亚麻绳所受的重力为 F=285.7×9.8=2800N，亚麻绳的允许应力为 σ=9.8N，亚麻绳的最小直径是

$$d=\sqrt{\frac{4F}{\pi\sigma}}=\sqrt{\frac{4\times2800}{3.14\times9.8}}=19.07\ （mm），取\ 19.1$$

答：选用 d=19.1mm 亚麻绳就可以吊起 300kg 重的预制物件。

La2D1028 帕斯卡 Pa（kN/m^2）、工程大气压 at（kgf/cm^2）、物理大气压、mmHg 与 mH$_2$O 之间如何换算？

答：1MPa=10 194at=9.869 物理大气压 =7501mmHg= 101.972mH$_2$O。

La2D1029 管径为 Dg=100mm 的管子，输送介质的流速为 1m/s 时，其流量为多少？（已知：D_g=100mm=0.1m V= 1m/s=3600m/h）

解：
$$W=\pi\frac{D^2}{4}=3.14\times\frac{0.1^2}{4}=0.007\ 85\ （m^2）$$

$$q=vw=3600\times0.007\ 85=28.3\ （m^3/h）$$

答：流量为 28.3m^3/h。

La2D1030 某汽轮发电机的额定功率为 200MW，求一个月内该机组发电量为多少？（每月按 720h，且按额定功率考虑）

解：已知 N=20 万 kW，t=720h

则 $W=Nt=20\times720=14\ 400\ （万\ kWh）$

答：该机组在一个月内发电量为 14 400 万 kWh。

La2D1031 若 10kg 工质中含蒸汽 2.5kg，此工质处于什么状态？干度为多少？

解：10kg 工质中既含蒸汽又含水，汽、水共存，是湿蒸汽状态。

其干度为 $$X = \frac{2.5}{10} = 0.25$$

答：工质处于湿蒸汽状态，干度为 0.25。

La2D2032 某汽轮机排汽温度为 48℃，凝汽器冷却水出口水温为 41.5℃，求此凝汽器端差。

解：凝汽器端差 = 48−41.5 = 6.5（℃）

答：凝汽器端差为 6.5℃。

La2D2033 有一根钢梁质量为 3t，选用一根 6×37+1 直径为 24mm 的钢丝绳作为吊索，钢丝强度极限为 1519N/mm²，问选用是否合适？（已知：此绳破断拉力总和为 319 970N，换算系数为 0.82）

解：选定安全系数为 8，则

$$允许拉力 = \frac{破断拉力}{安全系数} = \frac{319\,970 \times 0.82}{8} = 32\,797\text{N} > 30\,000\text{N}$$

答：选用钢丝绳适用。

La2D2034 一台总重 $G=700$N 的电动机，采用 M8 吊环螺钉，螺纹内径 $d_1=6.4$mm，材料许用应力 $[\sigma]=40$MPa。问起吊电动机时吊环螺钉是否安全？

解：$$\sigma = \frac{N}{A} = \frac{7 \times 10^{-4}}{\frac{\pi}{4} \times 6.4^2 \times 10^{-6}} = 21.8 \text{（MPa）}$$

$$\sigma < [\sigma]$$

答：吊环螺钉是安全的。

La2D2035 已知离心泵真空表连接处的管径 D_1=250mm，真空表压力读数 p_0=0.04MPa，泵出口压力表处管径 D_2=200mm，压力表读数 p_p=0.33MPa，真空表连接处较压力表触压点低 0.3m，求水泵的流量 Q=140L/s 时，水泵的扬程为多少？

解：已知 D_1=250mm=0.25m，D_2=200mm=0.2m，p_0=0.04MPa，p_p=0.33MPa，Δh=0.3m，Q=0.14m³/s

则

$$V_1 = \frac{4Q}{\pi D_1^2} = \frac{4 \times 0.14}{3.14 \times 0.25^2} = 2.85 \text{（m/s）}$$

$$V_2 = \frac{4Q}{\pi D_2^2} = \frac{4 \times 0.14}{3.14 \times 0.2^2} = 4.45 \text{（m/s）}$$

$$H = \frac{p_p}{r} + \frac{p_0}{r} + \frac{V_2^2 - V_1^2}{2g} + \Delta h$$

$$= 0.33 \times 100 + 0.04 \times 100 + \frac{4.45^2 - 2.85^2}{2 \times 9.81} + 0.3$$

$$= 37.9 \text{（m）}$$

答：水泵的扬程为 37.9m。

La2D2036 某厂生产的无缝钢瓶，外径 D_1=219mm，工作压力 p=15MPa，材料为锰合金钢，强度极限 σ_b=750MPa，取安全系数 n_b=3。试按筒壁最大压力估算钢瓶需要的壁厚 δ。

解：设钢瓶内径为 D，$D = D_1 - 2\delta$。合金钢的许用应力为

$$[\sigma] = \frac{\delta_b}{n_b} = \frac{750}{3} = 250 \text{（MPa）}$$

由

$$\sigma_{max} = \frac{pD}{2\delta} \leqslant [\sigma]$$

得

$$\frac{15(219 - 2\delta)}{2\delta} \leqslant 250$$

$$\delta \geqslant 6.2 \ (\text{mm})$$

答：钢瓶需要的壁厚 $\delta \geqslant 6.2\text{mm}$。

La2D2037 已知钢板的导热系数 46.4W/（m·℃），问 3mm 厚钢板的热阻是多少？

解：平壁的导热热阻 $R = \dfrac{\delta}{\lambda}$

则 $$R = \frac{3 \times 10^{-3}}{46.4} = 6.47 \times 10^{-5} \ (\text{m}^2 \cdot \text{℃/W})$$

答：3mm 厚钢板的热阻为 $6.47 \times 10^{-5}\text{m}^2 \cdot \text{℃/W}$。

La2D2038 某功率为 2kW 的电动机，5h 能做多少的功？能转换多少热量？

解：5h 能做的功 $= 5 \times 3600 \times 2 = 36\,000\text{kJ}$

因为 $1\text{kcal} = 4.186\,8\text{kJ}$

所以 $$Q = \frac{36\,000}{4.186\,8} = 8598 \ (\text{kcal})$$

答：5h 能做 36 000kJ 的功，能转换 8598kcal 的热量。

La2d3039 1kg 空气，当压力不变时，在空气预热器中由 25℃ 加热到 300℃，吸收的热量是多少？[已知空气比热 $c_P = 1.010\,6\text{kJ/}$（kg·℃）]

解：$Q = cm(t_2 - t_1) = 1 \times 1.010\,6(300 - 25) = 277.9 \ (\text{kJ})$

答：吸收的热量是 277.9kJ。

La2D3040 凝汽器真空表的读数为 97.09kPa，大气压计读为 101.7kPa，求工质的绝对压力。

解：绝对压力 = 大气压力 − 真空度

$$= 101.7 - 97.09 = 4.61 \ (\text{kPa})$$

答：工质的绝对压力是 4.61kPa。

La2D3041 如图 D-1 所示，下面吊有重5000N 的重物，动滑车直径 300mm，问计算需用多大的提升力才能提升该重物？

解：如图 D-1 所示，$F \times 300 = 5000 \times 150$

则 $F = \dfrac{5000 \times 150}{300} = 2500$（N）

答：需用 2500N 力才能提升该重物。

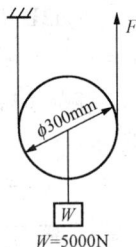

图 D-1

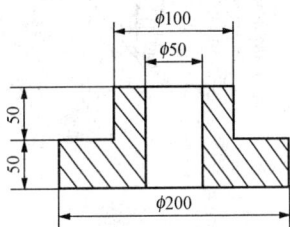

图 D-2

La2D4042 计算图 D-2 所示零件的质量，图中单位为 mm，已知材料密度为 7.8g/cm³。

解：零件的体积为

$$V = \frac{\pi}{4}(200^2 + 100^2)50 - \frac{\pi}{4} \times 50^2 \times 100$$
$$= 1\ 766\ 250\ (\text{mm}^3) = 1766.3\ (\text{cm}^3)$$

零件的质量为

$$m = Vd = 1766.3 \times 7.8$$
$$= 13\ 776.7\ (\text{g}) = 13.8\ (\text{kg})$$

答：该零件的质量为 13.8kg。

La2D4043 加工一椭圆瓦，轴颈直径 $D_0 = 100$mm，要求顶隙 $a = 0.10$mm，单侧间隙 $b = 0.20$mm，上下瓦结合面应加垫片厚度是多少？轴瓦内圆车旋直径是多少？

解：上下瓦结合面应加垫片厚度为

$$2b - a = 2 \times 0.20 - 0.10 = 0.30\ (\text{mm})$$

轴瓦内圆车旋直径为

$$D_1 = D_0 + 2b = 100 + 2 \times 0.20 = 100.40\ (\text{mm})$$

答：上下瓦结合面应加垫片厚度为 0.30mm，轴瓦内圆车旋直径为 100.40mm。

La2D5044　转子的尺寸及测记数据（用塞尺测量）如图 D-3（a）所示，求轴瓦的调整量。

解：（1）根据对轮偏差总图绘制中心状态图，如图 D-3（b）所示。

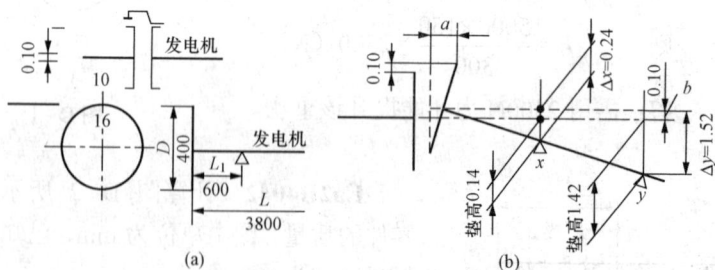

图 D-3

（a）已知条件；（b）中心状态图

（2）计算轴瓦为消除 a 值的调整量。

向上移动　　$\Delta x = \dfrac{600 \times 0.16}{400} = 0.24$（mm）

$$\Delta y = \dfrac{3800 \times 0.16}{400} = 1.52 （mm）$$

（3）根据中心状态图，两轴瓦应同时减去 b 值。

x 瓦应垫高　　$0.24 - 0.10 = 0.14$（mm）

y 瓦应垫高　　$1.52 - 0.10 = 1.42$（mm）

答：轴瓦的调整量分别为 x 瓦垫高 0.14mm，y 瓦垫高 1.42mm。

La2D5045　有一表面式换热器，热流体的初温度 $t_1' = 110℃$，终温度 $t_1'' = 70℃$；冷流体的初温度 $t_2' = 40℃$，终温度 $t_2'' = 60℃$。求采用逆流时的平均温度。

解：算术平均温差为

$$\Delta t = \frac{t_1' + t_1''}{2} - \frac{t_2' + t_2''}{2} = \frac{110 + 70}{2} - \frac{40 + 60}{2} = 40 （℃）$$

答：平均温度为 40℃。

La1D1046 1kg 水在锅炉中吸收的液体热为 506.8kJ/kg，汽化热为 1317.3kJ/kg，过热热为 775.4kJ/kg，问 1kg 水在锅炉中加热成过热蒸汽吸入多少热量？

解：$q=q_1+r+q_0=506.8+1317.3+775.4=2599.5$（kJ/kg）

答：1kg 水在锅炉内共吸热 2599.5kJ/kg。

La1D1047 气体吸收了 4186.8kJ 的热量，其内能增加了 1674.7kJ，问气体在该过程中做的功是多少？

解：热力学第一定律 $Q=\Delta U-W$

$W=Q-\Delta U=4186.8-1674.7=2512.1$（kJ）

答：气体在该过程做功 2512.1kJ。

La1D1048 某 300MW 机组锅炉燃煤所需空气量在标准状态下为 $120\times10^3 m^3/h$，送风机实际送入的空气温度为 27℃，出口压力表读数为 $5.4\times10^3 Pa$。当地大气压力为 0.1MPa，求送风机的实际送风量。

解：由状态方程知

$$\frac{pV}{T}=\frac{p_0 V_0}{T_0}$$

实际送风量为

$$V=\frac{p_0 V_0 T}{p T_0}=\frac{101325\times120\times10^3\times(273+27)}{273\times(0.1\times10^6+5.4\times10^3)}=126.77\times10^3（m^3/h）$$

答：送风机实际送风量为 $126.77\times10^3 m^3/h$。

La1D2049 已知新蒸汽进入汽轮机时的焓 $h_1=3230kJ/kg$，流速 $c_1=50m/s$，离开汽轮机的排汽焓 $h_2=2300kJ/kg$，流速 $c_2=120m/s$。散热损失和进、出口高度差可以忽略不计，蒸汽流量为 600t/h，求该汽轮机发出的功率为多少？

解：根据稳定流动能量方程式，1kg 蒸汽在汽轮机中所做的轴功为

$$w_s = (h_1 - h_2) - \frac{1}{2}(c_2^2 - c_1^2) = (3230 - 2300) - \frac{1}{2}(120^2 - 50^2)$$
$$= 924.05 \text{（kJ/kg）}$$

所以蒸汽在汽轮机中做的轴功为

$$W_s = 600 \times 10^3 \times 924.05 = 5.54 \times 10^8 \text{（kJ/h）}$$

因为 1kW=1kJ/s，所以汽轮机的功率为

$$\frac{5.54 \times 10^8}{3600} = 1.54 \times 10^5 \text{（kW）}$$

答：汽轮机发出的功率为 1.54×10^5 kW。

La1D2050　已知孔的尺寸为 $\phi 200^{+0.045}$，轴的尺寸为 $\phi 200^{+0.035}_{+0.004}$，求最大过盈和最大间隙及配合公差。（单位：mm）

解：最大过盈＝轴的最大极限尺寸－孔的最小极限尺寸
$$= 200^{+0.035} - 200 = 0.035 \text{（mm）}$$

最大间隙＝孔的最大极限尺寸－轴的最小极限尺寸
$$= 200^{+0.045} - 200^{+0.004} = 0.041 \text{（mm）}$$

（1）间隙配合公差

$$200^{+0.045} - 200^{+0.004} = 0.041 \text{（mm）最大}$$
$$200^{+0.045} - 200^{+0.035} = 0.010 \text{（mm）最小}$$

（2）过盈配合公差（过盈）

$$200 - 200^{+0.035} = -0.035 \text{（mm）}$$
$$200 - 200^{+0.004} = -0.004 \text{（mm）}$$

答：最大过盈为 0.035mm，最大间隙为 0.041mm；间隙配合公差最大为 0.041mm，最小为 0.010mm；过盈配合公差最大为 -0.035mm，最小为 -0.004mm。

La1D3051 如图 D-4（a）所示，手动水压泵活塞直径 $d=20\text{mm}$，现打压 2.45MPa，问需要加多大力才能压动。（长度单位：mm）

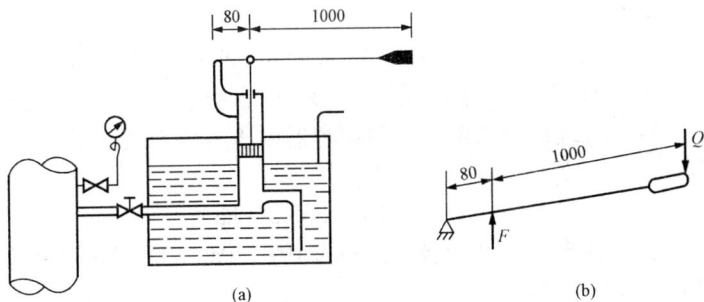

图 D-4

解：根据杠杆原理分析受力情况，如图 D-4（b）所示。

$$Q \times (1000+80) = F \times 80$$

$$Q = \frac{80}{1000+80} \times F$$

$$F = \left(\frac{d}{2}\right)^2 \pi p = \left(\frac{0.02}{2}\right)^2 \times \pi \times 2.45 \times 10^6 = 769.3 \text{ (N)}$$

所以

$$Q = \frac{80}{1000+80} \times 769.3 = 56.99 \text{ (N)}$$

答：需要加 56.99N 的力才能压动。

La1D3052 如图 D-5 所示，用 U 形管测压计测量容器内气体压力。已知测压计内工作液为水银，U 形管测压计水银面高度差为：图 D-5（a）中，$h=15\text{mm}$，图 D-5（b）中，$h=10\text{mm}$，

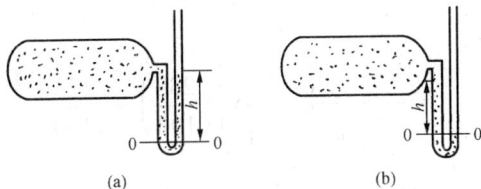

图 D-5

求容器内气体的压力或真空度值。

解：在图 D-5（a）中，由于 U 形管内自由端液面高于所测容器连接一端玻璃管内液面，说明容器内压力大于大气压力，故容器内压力为

$$p = 133.32 \times 15 = 1999.8 \text{（Pa）}$$

在图 D-5（b）中，因为 U 形管中自由端液面低于所测容器连接一端玻璃管内液面，说明容器内压力小于大气压。容器内气体的真空度为

$$p = 133.32 \times 10 = 1333.2 \text{（Pa）}$$

答：容器（a）内气体的压力为 1999.8Pa，容器（b）内的真空度为 1333.2Pa。

La1D3053 液氧储存器为双壁镀银的夹层结构，如图 D-6 所示，外壁内表面温度为 $t_{w1} = 15℃$，内壁外表面的温度为 $t_{w2} = -150℃$，镀银壁的黑度 $\varepsilon_1 = \varepsilon_2 = 0.02$，试计算两壁面间单位面积的散热量 Φ_{12}。[黑体辐射系数 $C_b = 5.76\text{W/（m}^2 \cdot \text{K}^4\text{）}$]

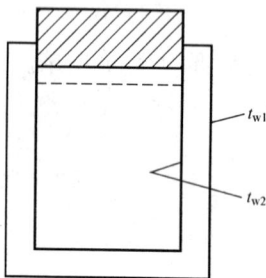

图 D-6

解：据图 D-6 可知容器夹层间隙很小，内外壁面近似相等，则可视为平壁平板间的辐射换热。

$$T_1 = 273 + t_{w1} = 273 + 15 = 288\text{K}$$

$$T_2 = 273 + t_{w2}$$
$$= 273 + (-150°) = 123\text{K}$$

$$\Phi_{12} = \frac{C_b}{\dfrac{1}{\varepsilon_1} + \dfrac{1}{\varepsilon_2} - 1}\left[\left(\frac{T_1}{100}\right)^4 - \left(\frac{T_2}{100}\right)^4\right]$$

$$= \frac{5.76}{\dfrac{1}{0.02} + \dfrac{1}{0.02} - 1} \times \left[\left(\frac{288}{100}\right)^4 - \left(\frac{123}{100}\right)^4\right]$$

$$= 3.87 \text{（W/m}^2\text{）}$$

答：两壁面间单位面积的散热量为 3.87W/m^2。

La1D3054 红砖墙的厚度 $\delta=240$mm，其导热系数 $\lambda=0.8$W/（m·K），内、外两侧空气温度分别为 $t_{f1}=20℃$，$t_{f2}=2℃$，对流换热系数分别为 $\alpha_1=20$W/（m^2·K），$\alpha_2=5$W/（m^2·K），求单位面积上传热过程的各局部热阻、传热热阻、传热系数及热流密度各为多少？

解：单位面积上传热过程的各局部热阻分别为：

内侧对流换热热阻：$R_1=1/\alpha_1=1/20=0.05$（m^2·K/W）

砖墙导热热阻：$R_2=\delta/\lambda=0.24/0.8=0.3$（m^2·K/W）

各侧对流换热热阻：$R_3=1/\alpha_2=1/5=0.2$（m^2·K/W）

传热总热阻：$R_K=R_1+R_2+R_3=0.05+0.3+0.2$
$$=0.55（m^2·K/W）$$

传热系数：$K=1/R_K=1/0.55=1.82$［W/（m^2·K）］

热流密度：$q=K\Delta t=1.82\times(20-2)=32.76$（W/m^2）

答：单位面积上传热过程的各局部热阻分别为内侧对流换热热阻 $R_1=0.05$m^2·K/W、砖墙导热热阻 $R_2=0.3$m^2·K/W，各侧对流换热热阻 $R_3=0.2$m^2·K/W，传热总热阻 $R_K=0.55$m^2·K/W，传热系数 $K=1.82$W/（m^2·K），热流密度 $q=32.76$W/m^2。

La1D3055 某输送蒸汽的管道，材料为钢，安装时 $t=20℃$，工作时 $t_1=100℃$。已知线膨胀系数 $\alpha=125\times10^{-7}/℃$，弹性模量 $E=210$GPa。试求工作时管内横截面上的应力。

解：横截面上的应力是由于温度变化而引起的温度应力（热应力），由式 $\sigma_t=E\alpha\Delta t$ 得

$\sigma_t=E\alpha\Delta t=210\times10^3\times125\times10^{-7}\times(100-20)=210$（MPa）

答：工作时管内横截面上的应力是 210MPa。

La1D4056 某锅炉锅壁热阻为 3.44×10^{-4}m^2·℃/W，黏附在锅壁内表面的水垢层热阻为 1.72×10^{-3}m^2·℃/W，并且知道外表面温度 $t_1=250℃$，水垢表面温度 $t_3=200℃$，试求其热流量。

解：热流量为

$$q = \frac{t_1 - t_3}{R_1 + R_2} = \frac{250 - 200}{3.44 \times 10^{-4} + 1.72 \times 10^{-3}}$$

$$= \frac{50}{2.064 \times 10^{-3}} = 2.42 \times 10^4 \ (\text{W/m}^2)$$

答：热流量为 $2.42 \times 10^4 \text{W/m}^2$。

La1D4057 某被测转体的圆周分成八等份，每份的晃动记录如下所示，求最大晃动值。

（1）0.50；（2）0.51；（3）0.54；（4）0.56；

（5）0.58；（6）0.57；（7）0.53；（8）0.51。

解：最大晃动值=最大表值－最小表值=0.58－0.50=0.08（mm）

答：最大晃动值为 0.08mm。

La1D5058 根据图 D-7（a）所示已知条件，求轴瓦的调整量。

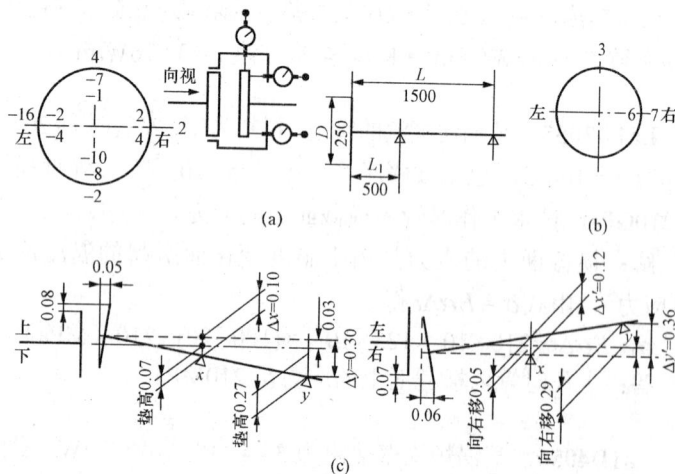

图 D-7

（a）已知条件；（b）对轮偏差总结图；（c）中心状态图

解:（1）根据记录图算出对轮偏差总图，如图 D-7（b）所示。

（2）根据对轮偏差总图及测量方法（桥规固定方式、测量的量具），绘制中心状态图，如图 D-7（c）所示，并经校核无误。

（3）解决端面不平行，轴瓦的调整量。

向上移动 $\quad \Delta x = \dfrac{0.05 \times 500}{250} = 0.10$（mm）

$$\Delta y = \dfrac{0.05 \times 1500}{250} = 0.30 \text{（mm）}$$

向右移动（左加右减） $\quad \Delta x' = \dfrac{0.06 \times 500}{250} = 0.12$（mm）

$$\Delta y' = \dfrac{0.06 \times 1500}{250} = 0.36 \text{（mm）}$$

（4）根据中心状态图，两轴瓦应向下移动 0.03mm（减去 0.03mm）；向左移动 0.07mm（减去 0.07mm）。

x 瓦应垫高	$0.10 - 0.03 = 0.07$（mm）
y 瓦应垫高	$0.30 - 0.03 = 0.27$（mm）
x 瓦应向左移动（左加右减）	$0.12 - 0.07 = 0.05$（mm）
y 瓦应向左移动（左加右减）	$0.36 - 0.07 = 0.29$（mm）

答: x 瓦应垫高 0.07mm，向左移动 0.05mm；y 瓦应垫高 0.27mm，向右移动 0.29mm。

La1D5059 设轴承下方设有三块垫铁，正下方一块，两侧各一块，两侧垫铁与水平夹角 α 为 $17°30'$，根据 La1D5058 题中各轴承的移动量，求出各垫铁调整量。

解:（1）x 瓦垫高 0.07mm，因此底部垫铁增加 0.07mm。两侧垫铁增加

$$0.07 \times \sin\alpha = 0.07 \times 0.3 = 0.02 \text{（mm）}$$

x 瓦向右移动（左加右减）0.05mm，底部垫铁不需调整。左侧垫铁增加及右侧垫铁减小均为

$$0.05 \times \cos\alpha = 0.05 \times 0.95 = 0.048 （mm）$$

（2）y 瓦垫高 0.27mm，因此底部垫铁增加 0.27mm。两侧垫铁增加

$$0.27 \times \sin\alpha = 0.27 \times 0.3 = 0.081 （mm）$$

y 瓦向右移动（左加右减）0.29mm，底部垫铁不需调整。左侧垫铁增加及右侧垫铁减小均为

$$0.29 \times \cos\alpha = 0.29 \times 0.95 = 0.275 （mm）$$

答：x 瓦垫高时，底部垫铁增加 0.07mm，两侧垫铁增加 0.02mm；x 瓦右移，底部垫铁不调整，左侧垫铁增加及右侧垫铁减小均为 0.048mm。y 瓦垫高，底部垫铁增加 0.27mm，两侧垫铁增加 0.081mm；y 瓦右移，底部垫铁不调整，左侧垫铁增加及右侧垫铁减小均为 0.275mm。

La1D5060 某台汽轮发电机组用刚性联轴器连接，其有关尺寸为：3 号瓦至联轴器距离 $L_1 = 825$mm，3 号瓦与 4 号瓦之间距离 $L_2 = 6780$mm，联轴器直径 $D = 830$mm，找中心时，测得联轴器端面数据如下：上张口 $\Delta a = 2.25 - 2.44 = 0.11$mm，左张口 $\Delta a_1 = 2.56 - 2.44 = 0.12$mm，发电机中心高 $\Delta A = 2.50 - 2.36 = 0.14$mm，中心偏右 $\Delta A_1 = 2.48 - 2.38 = 0.10$mm。计算 3、4 号瓦的调整量各是多少？

解：垂直调整量为

3 号瓦 $\quad X = \dfrac{825}{830} \times 0.11 - \dfrac{0.14}{2} = 0.04 （mm）$

4 号瓦 $\quad Y = \dfrac{825 + 6780}{830} \times 0.11 - \dfrac{0.14}{2} = 0.94 （mm）$

左、右调整按照联轴器中心偏移方向与端面张口方向相同，需要向左移，所以应当两者相加。相反，如水平中心偏左时则应二者相减，其水平调整量（左移）为

3 号瓦 $X=\dfrac{825}{830}\times0.12+\dfrac{0.10}{2}=0.17$（mm）

4 号瓦 $Y=\dfrac{825+6780}{830}\times0.12+\dfrac{0.10}{2}=1.15$（mm）

答：3 号瓦需垫高 0.04mm，向左移动 0.17mm，4 号瓦需垫高 0.94mm，向左移动 1.15mm。

Lb5D2061 10t 水流经加热器后，它的焓从 350 kJ/kg 增至 500 kJ/kg。求：10t 水在加热器内吸收多少热量。

解：因为 $q_1=350$kJ/kg，$q_2=500$ kJ/kg，$m=10$t$=10\times10^3$kg

所以 $Q=mq=10\times10^3\times(500-350)=1.5\times10^6$（kJ）

答：10t 水在加热器中吸收热量为 1.5×10^6kJ。

Lb4D1062 某泵的出口压力表读数为 2.1MPa，求其绝对压力。

解：取 B 近似值为 98.07kPa

则 $P_a=P_g+B=2.1+98.07\times10^{-3}\approx2.198$（MPa）

答：泵出口的绝对压力约为 2.198MPa。

Lb4D2063 某台冷油器的铜管直径为 19mm，铜管长 2m，铜管根数为 400 根。求冷油器的冷却面积。

解：因为 铜管外径 $D=19$mm，长 $L=2$m，根数 $Z=400$ 根

所以 每根铜管的面积

$f=\pi DL=3.14\times0.019\times2=0.119\,3$（m²/根）

冷油器冷却面积

$F=Zf=0.119\,3\times400=47.72$（m²）

答：冷油器的冷却面积为 47.72m²。

Lb3D1064 已知供水量为 300t/h，给水的流速是 3m/s，应选择管子内径为多少？（计算时不考虑阻力损失）

解：根据 $Q=FS$，且设水的重度为 $1t/m^3$，其中 $Q=300m^3/3600s=0.083\ 3m^3/s$，$S=3m/s$，则

$$F=Q/S=0.083\ 3/3=0.027\ 8\ （m^2）$$

其中　$F=\pi D^2/4=0.027\ 8\ （m^2）$

$$D=\sqrt{0.027\ 8\times 4/\pi}=0.188m=188\ （mm）$$

答：选择的管子内径应为 188mm。

Lb3D1065　某电厂一台给水泵的效率 $\eta_1=0.65$，原动机的备用系数 $K=1.05$，原动机的传动效率 $\eta_2=0.98$，已知该泵的流量 $Q=235\times 10^3kg/h$，扬程 $H=1300m$。试确定原动机的容量。

解：给水泵的轴功率

$$N=\eta_2 QH/1000\eta_1$$
$$=9.8\times 235\times 10^3\times 1300/(1000\times 0.65\times 3600)$$
$$\approx 1279\ （kW）$$

原动机容量

$$N_0=KN/\eta_2=1.05\times 1279/0.98$$
$$=1370\ （kW）$$

答：原动机容量为 1370kW。

Lb3D2066　给水流量 900t/h，高压加热器进水温度 $t_1=230℃$，高压加热器出水温度 $t_2=253℃$，高压加热器进汽压力为 5.0MPa，温度 $t=495℃$。已知：抽汽焓 $i_1=3424.15kJ/kg$，凝结水焓 $i_2=1151.15kJ/kg$。求高压加热器每小时所需要的蒸汽量。

解：蒸汽放出的热量为 $Q_q=G_q(i_1-i_2)$

水吸收的热量为 $Q_s=G_sC_s(t_2-t_1)$，$C_s=4.186kJ/(kg\cdot ℃)$

根据题意：$Q_q=Q_s$，即 $G_q(i_1-i_2)=G_sC_s(t_2-t_1)$

所以　$G_q=G_sC_s(t_2-t_1)/i_1-i_2$

$$=900\times 4.186(253-230)/(3424.15-1151.15)$$

$=38.12$（t/h）

答：高压加热器每小时所需要的蒸汽量为38.12t。

Lb3D2067 已知凝结器的排汽温度为 42℃，冷却水进口温度为 25℃，冷却水温升为 10℃。求凝结器的端差。

解：因为 t_p=42℃，t_{w1}=25℃，Δt=10℃。且 t_p=t_{w1}+Δt+δt

所以δt=t_p-(t_{w1}+Δt)

$=42-25-10=7$（℃）

答：凝结器的端差为7℃。

Lb3D2068 1kg 蒸汽在锅炉中吸收热 q_1=2.51×10kJ/kg，蒸汽通过汽轮机做功后在凝汽器中放出热量 q_2=2.09×10kJ/kg，蒸汽流量为 440t/h，如果做的功全部用来发电，问每天能发多少电。（不考虑其他能量损失）

解：已知 q_1=2.51×10kJ/kg

q_2=2.09×10kJ/kg

440t/h=4.4×10^{5}kg/h

$(q_1-q_2)G$=(2.51-2.09)×4.4×10^5=1.848×10^{5}kJ/h

因为 1kJ=2.78×10^{-4}kWh

所以 每天发电量 W=2.78×10^{-4}×1.848×10^5×24

$=1.23×10^3$（kWh）

答：每天发电量 1.23×10^{3}kWh

Lb2D2069 某台机组，在某一工况下，汽轮发电机输出功率 N=5×10^{4}kW，进入汽轮机的蒸汽量 D=190×10^{3}kg/h，总抽汽率 a=0.2，新蒸汽焓 i_0=3400kJ/kg，给水焓 i_g=800kJ/kg。求汽耗率 d、热耗率 q、总抽汽量 D_1、凝结量 D_2、热效率 η。

解：（1）汽耗率 d=D/N=190×10^3/5×10^4=3.8（kg/kWh）

（2）热耗率 q=$d(i_0-i_g)$=3.8×(3400-800)=9880（kJ/kWh）

（3）总抽汽量 D_1=aD=0.2×190×10^3=38×10^3（kg/h）

（4）凝结量 $D_2=(1-a)D=(1-0.2)\times190\times10^3$

$\qquad\qquad\qquad =152\times10^3$（kg/h）

（5）热效率 $\eta=3600/q=3600/9880=0.36=36\%$

答： 汽耗率为 3.8kg/kWh；热耗率为 9880kJ/kWh；总抽汽量为 38×10^3kg/h；凝结量为 152×10^3kg/h；热效率为 36%。

Lb2D1070 已知某循环泵出口水压为 0.29MPa，流量为 8500m³/h，效率为 72%。试求轴功率、有效功率。

解： 因为 $H=0.29$MPa$=3$kJ/cm²$=30$mH$_2$O，$Q=8500$m³/h，$\eta=72\%$，水的密度 $\rho=1000$kg/m³。

$\qquad$ 所以 $N_y=\rho QH/102$

$\qquad\qquad\qquad =1000\times8500\times30/102\times3600\approx695$（kW）

$\qquad\qquad N_z=N_y/\eta=695/0.72=965$（kW）

答： 轴功率为 695kW，有效功率为 965kW。

Lb1D2071 已知某换热器传热面积 100m²，平均温差 $\Delta t=65$℃，冷流体侧换热系数 $a_2=4000$W/（m²·K），热流体侧换热系数 $a_1=500$W/（m²·K），换热面壁厚 $\delta=4$mm，热导率 $\lambda=53.7$W/（m²·K），换热面污垢热阻 $R_\xi=0.03$m²·K/W。进入换热器的冷流体为水，其质量流量 $q_{m2}=13.9$kg/s，入口温度 $t_2'=10$℃，水的比热容 $c_2=4.187$kJ/（kg·K），试计算水的出口温度 t_2'' 及热流量（按平壁计算传热系数）。

解： 据题意得传热系数为

$$K=\cfrac{1}{\cfrac{1}{a_1}+\cfrac{\delta}{\lambda}+\cfrac{1}{a_2}+R_\xi}=\cfrac{1}{\cfrac{1}{500}+\cfrac{0.004}{53.7}+\cfrac{1}{4000}+0.03}$$

$$=30.9\ [W/(m^2\cdot K)]$$

热流量为

$$\Phi=KA\Delta t=30.9\times100\times65=200\ 850$$（W）

根据热平衡方程得冷流体的吸热量为

$$\Phi_2=q_{m_2}c_2(t_2''-t_2')$$

在不考虑热损失的情况下，冷流体的吸热量应与热流量相等，即

$$200\,850=13.9\times4187\times(t_2''-10)$$

所以 $t_2''=13.45$（℃）

答：热流量为 200 850W，水的出口温度 t_2'' 为 13.45℃。

Jd5D1072 水在某容器内沸腾，如压力保持 1MPa，对应的饱和温度 $t_s=180$℃，加热面温度保持 205℃，沸腾放热系数为 85 700W/（$m^2\cdot$℃），求单位加热面上的换热量。

解：
$$q=\alpha(t-t_s)=85\,700\times(205-180)$$
$$=2\,142\,500（W/m^2）$$

答：单位加热面上的换热量是 2 142 500W/m^2。

Jd5D1073 某管弯曲半径为 400mm，弯管角度为 120°，计算其弯曲部分长度。

解：$L=0.017\,5\alpha R=0.017\,5\times120\times400=840$（mm）

答：弯曲部分长度为 840mm。

Jd5D2074 人体的电阻最低时只有 600Ω，通过人体的电流不大于 50mA，就没有生命危险，求最高的安全电压。

解：$U=I\times R=50\times10^{-3}\times600=30$（V）

答：人体的安全电压为 30V。

Jd4D1075 有一条内径为 $\phi500$ 的钢管，输送着 1413t/h 自来水，计算该钢管内水流速度。

解：$C=\dfrac{V}{900\pi d^2}=\dfrac{1413}{900\times3.14\times(0.5)^2}=2$（m/s）

答：该钢管内的水流速是 2m/s。

Jd4D1076 有一 220V、100W 的灯泡，求它在正常发光时的电阻。

解：已知　$U=220\text{V}$，$P=100\text{W}$

$$R=\frac{U^2}{P}=\frac{220^2}{100}=484\ (\Omega)$$

答：灯丝的电阻为484Ω。

Jd4D2077　发电机的内电阻是 0.2Ω，在电路里并联了 40 盏 200Ω 的电灯，如果发电机输出电压为 110V，求发电机的电动势。

解：设 R 为外电路的总电阻

$$R=\frac{200}{40}=5\ (\Omega)$$

$$\varepsilon=U+U_r=U+\frac{U}{R}\times r=U\left(1+\frac{r}{R}\right)$$

$$=110\left(1+\frac{0.2}{5}\right)=114.4\ (\text{V})$$

答：发电机的电动势为114.4V。

Jd4D2078　已知一质量为 300kg 的物体，用撬棍移动，支点距物件重心 200mm，力臂长 800mm，求移动该物体需加多少力？

解：根据　力×力臂＝重力×重臂

$$力=\frac{重力\times力臂}{力臂}=\frac{9.8\times300\times200}{800}=735\ (\text{N})$$

答：移动该物体需加 735N 的力。

Jd4D3079　液体在管内径为 $d_1=100\text{mm}$ 内，流动速度 $C_1=4\text{m/s}$，当流入内径为 $d_2=200\text{mm}$ 管道时，计算其流速 C_2 为多少？

解：

$$C_1F_1=C_2F_2$$

$$4\times\frac{\pi(100)^2}{4}=C_2\times\frac{\pi(200)^2}{4}$$

$$C_2 = 4 \times \frac{\pi(100)^2}{4} \left/ \left[\frac{4}{\pi(200)^2} \right] \right. = 1 \ (\text{m/s})$$

答：其流速 C_2 为 1m/s。

Jd4D3080 需用钢管输送 100m³/h 水，允许流速选用 2m/s，计算钢管内径。

解：利用简单的公式计算管径

$$d_n = 18.8\sqrt{\frac{\text{体积流量}}{\text{流速}}}$$

$$= 18.8\sqrt{\frac{100}{2}} = 18.8\sqrt{50} \approx 133 \ (\text{mm})$$

答：计算钢管内径 133mm。

Jd4D3081 如图 D-8 所示，有一个水压机，小活塞面积 0.1m²，大活塞面积 2m²，当给小活塞施加 100N 力，计算在大活塞上能产生多大总压力。

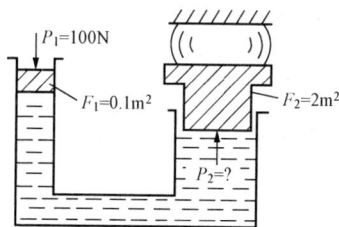

图 D-8

解：

$$\frac{P_2}{P_1} = \frac{F_2}{F_1}$$

$$P_2 = \frac{F_2}{F_1} \times P_1 = \frac{2}{0.1} \times 100 = 2000 \ (\text{N})$$

答：在大活塞上产生 2000N 总压力。

Jd4D3082 20 000m³ 温度为 20℃的空气在一加热器内被加热到 195℃，问加热后的容积为多少。

解：加热器内的加热过程可视为等压过程。在等压过程中，容积与温度的关系为

$$\frac{V_1}{T_1} = \frac{V_2}{T_2}$$

即

$$V_2 = T_2 \frac{V_1}{T_1}$$

代入已知数，得

$$V_2 = (195 + 273.15) \times \frac{20\,000}{(20 + 273.15)} = 31\,939.3\,(\text{m}^3)$$

答：加热后的空气容积为 31 939.3m³。

Jd4D3083 用图 D-9 所示的起吊设备把一个质量为 300kg 的重物吊起。操作杆 AB=2.7m，支撑杆 BC=3.6m，AC=1.8m。求支撑杆 BC 所受力的大小。

解：

$$\frac{G}{AC} = \frac{F}{BC}$$

$$F = \frac{BC \times G}{AC} = \frac{3.6 \times 300 \times 9.8}{1.8} = 5880\,(\text{N})$$

图 D-9

答：支撑杆 BC 受力为 5880N。

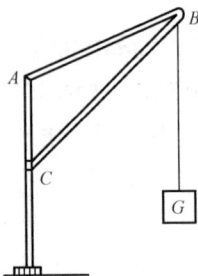

Jd4D4084 一台水泵，每秒钟能把 85kg 的水提高到 8m 处。水泵的效率为 85%，求此水泵抽水时所需功率。

解：水泵抽水时所需功率为

$$P = \frac{P_u}{\eta} = \frac{mgh}{\eta t} = \frac{85 \times 9.8 \times 8}{0.85 \times 1} = 7840\,(\text{W})$$

答：水泵抽水时需要的功率为 7840W。

Jd4D4085 一根 $\phi273\times10$ 的钢管，求其每米的质量为多少。

解：先求出钢管每米的金属体积，再乘以比重即可。

$$管子金属体积=管子截面积\times长度$$
$$管子截面积=管外径面积-管内径面积$$
$$管外径面积=\pi\left(\frac{D}{2}\right)^2=\frac{0.273^2}{4}\times\pi=58.50\times10^{-3}\ (m^2)$$
$$管子截面积=\left(\frac{D-2\delta}{2}\right)^2\times\frac{(0.273-2\times0.01)^2}{4}\times\pi$$
$$=58.50\times10^{-3}\ (m^2)$$

$$管子截面积=58.5\times10^{-3}-50.25\times10^{-3}$$
$$=8.25\times10^{-3}\ (m^2)$$

管子金属体积 $=8.25\times10^{-3}\times1=8.25\times10^{-3}\ (m^3)$

每米管子的质量为：体积×比重

即 $\qquad 8.25\times10^{-3}\times7800=64.35\ (kg)$

答：$\phi273\times10$ 的钢管，每米质量为 64.35kg。

Jd4D4086 某发电厂的循环水由江边水泵房供水，如果循环水流量为 13 740m³/h，当循环水流速分别选择 1.5m/s 时，试确定循环水管直径各为多大。

解：根据连续性方程

$$qv=cF=c\times\frac{\pi(d)^2}{4}$$

因为 $\qquad d=2\sqrt{\dfrac{qv}{c\pi}}$

$$qv=13740m^3/h=\frac{13740}{3600}m^3/s=3.82m^3/s$$

所以　　　　　$d_1=2\sqrt{\dfrac{3.82}{1.5\times3.14}}=1.80\text{m}$

答：循环水管直径各为 1.80m。

Jd4D4087　一变截面管道，各段的管径为 $d_1=7.5\text{cm}$，$d_2=10\text{cm}$，$d_3=5\text{cm}$，$d_4=2.5\text{cm}$，当流量为 10L/s 时，求各管段中水的流速。

解：根据连续性方程

$$QV=V_1A_1=V_2A_2=V_3A_3=V_4A_4$$

得　　$V_1=\dfrac{qv}{A_1}=\dfrac{4qv}{\pi d_1^2}=\dfrac{4\times10\times10^{-3}}{3.14\times(7.5\times10^{-2})^2}=2.26（\text{m/s}）$

$$V_2=V_1\dfrac{A_1}{A_2}=V_1\left(\dfrac{d_1}{d_2}\right)^2=2.26\times\left(\dfrac{7.5}{10}\right)^2=1.27（\text{m/s}）$$

$$V_3=V_1\dfrac{A_1}{A_3}=V_1\left(\dfrac{d_1}{d_3}\right)^2=2.26\times\left(\dfrac{7.5}{5}\right)^2=5.08（\text{m/s}）$$

$$V_4=V_1\dfrac{A_1}{A_4}=V_1\left(\dfrac{d_1}{d_4}\right)^2=2.26\times\left(\dfrac{7.5}{2.5}\right)^2=20.34（\text{m/s}）$$

答：各管段中水的流速分别为 2.26、1.27、5.08、20.34m/s。

Jd3D1088　某锅炉壁厚 $\delta_1=7\text{mm}$，锅壁导热系数 $\lambda_1=210\text{kg/}(\text{m}\cdot\text{h}\cdot℃)$，其内表面附着一层厚度为 $\delta_2=2\text{mm}$ 的水垢，水垢导热系数为 $\lambda_2=4\text{kJ/}(\text{m}\cdot\text{h}\cdot℃)$。已知锅壁外表面的温度 t_1 为 350℃，水垢内表面的温度 t_3 为 200℃，求通过锅壁的热流量 q 以及钢板与水垢接触面上的温度 t_2。

解：根据导热公式可得

$$q=\dfrac{t_1-t_3}{\dfrac{\delta_1}{\lambda_1}+\dfrac{\delta_2}{\lambda_2}}=\dfrac{350-200}{\dfrac{0.007}{210}+\dfrac{0.002}{4}}=2.81\times10^5\left[\text{kJ/}(\text{m}^2\cdot\text{h})\right]$$

由
$$q = \frac{t_1 - t_2}{\dfrac{\delta_1}{\lambda_1}}$$

得
$$t_2 = t_1 - q\frac{\delta_1}{\lambda_1}$$

$$= 350 - 2.81 \times 10^5 \times \frac{0.007}{210}$$

$$= 350 - 9.4 = 340.6 \ (\text{℃})$$

答：锅壁的热流量为 2.81×10^5 kJ/（$\text{m}^2 \cdot \text{h}$），钢板与水垢接触面上的温度为 340.6℃。

Jd3D2089 功率为 10kW 的电动机，1h 内做多少焦耳功？

解：1h 共做的功为

$$W = 10 \times 1 = 10\text{kWh}$$

换算成焦耳

$$W = 3.6 \times 10^6 \times 10 = 36 \times 10^7 \text{J}$$

答：每小时做 36×10^7J 的功。

Jd3D2090 某工地照明用电的功率为 600W，某月点灯时数为 90h，求这个月的用电量。

解：$W = Pt = 600 \times 90 = 54\,000\text{Wh} = 54\text{kWh}$

答：这个月的用电量为 54kWh。

Jd3D3091 测量某引风机叶轮径向晃动，将叶轮分成 8 等分。百分表读数为 2.03，2.05，1.98，2.15，2.19，2.36，2.24，2.30，求径向晃动 ΔA。

解：径向晃动为百分表读数 $A_{\max}$ 和 $A_{\min}$ 之差。即

$$\Delta A = A_{\max} - A_{\min} = 2.36 - 1.98 = 0.38 \ (\text{mm})$$

答：叶轮径向晃动为 0.38mm。

Jd3D3092 减速箱重 2700kg，用效率为 0.90 的四滑轮组起吊，求绳头的拉力 s。

解： 由定滑轮引出的施力端力的公式可求出

$$s=\frac{9.8Q}{m\eta}=\frac{9.8\times2700}{4\times0.9}=7350 \text{（N）}$$

答：绳头的拉力为 7350N。

Jd2D2093 直径为 1mm 的圆铝线每千米电阻为 3610Ω，若用此电线接在 220V 的电源上 10m 处，接一盏 220V、100W 的灯泡实际功率是多少？

解：
$$R_1=\frac{3610}{1000}\times10=36.1 \text{（Ω）}$$

$$R_2=\frac{U^2}{P}=\frac{220^2}{100}=484 \text{（Ω）}$$

$$I=\frac{U}{R}=\frac{220}{R_1+R_2}=\frac{220}{36.1+484}=0.423 \text{（A）}$$

$$P_r=I^2R_2=0.423^2\times484\approx87 \text{（W）}$$

答：灯泡的实际功率为 87W。

Jd2D2094 某用户装有 40W 和 25W 的电灯各一盏，它们的电阻分别是 1210Ω 和 1936Ω，电源电压为 220V，求两盏灯的总电流。

解：
$$R=\frac{R_1\times R_2}{R_1+R_2}=\frac{1210\times1936}{1210+1936}=744.62 \text{（Ω）}$$

$$I=\frac{U}{R}=\frac{220}{744.62}=0.295 \text{（A）}$$

答：两盏灯的总电流为 0.295A。

Jd2D4095　若轴颈的直径为 110mm，用压铅丝法测量平均顶部间隙轴颈铅丝压扁后的厚度 $b_1=0.70mm$，$b_2=0.5mm$，轴瓦接合面各段铅丝压扁后的厚度 a_1、a_2、c_1、c_2 分别为 0.4，0.2，0.6，0.40mm，如图 D-10 所示，试计算轴承平均顶部间隙 s。

解：轴承顶部数值为

$$\frac{b_1+b_2}{2}=\frac{0.7+0.5}{2}=0.6\ (mm)$$

轴瓦接合面数值为

$$\frac{a_1+a_2+c_1+c_2}{4}=\frac{0.4+0.2+0.6+0.4}{4}=0.40\ (mm)$$

轴承平均顶部间隙

$$s=\frac{b_1+b_2}{2}-\frac{a_1+a_2+c_1+c_2}{4}$$

$$=0.60-0.40=0.20\ (mm)$$

答：轴承平均顶部间隙 $s=0.20mm$。

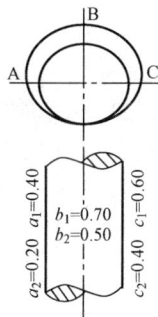

图 D-10

Jd2D5096　图 D-11（a）为起吊质量 $m=306.1kg$ 的横担的情况。当 $\alpha=60°$ 时，试求绳 AC 和 BC 所受的力。若 $\alpha=30°$ 时，AC 和 BC 绳所受的力如何？

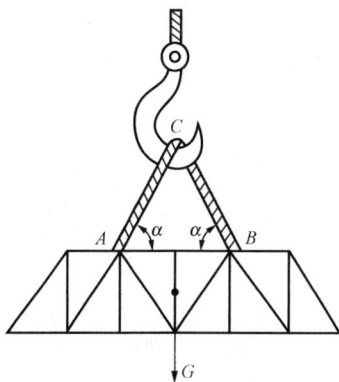

(a)

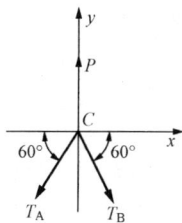

(b)

图 D-11

解：以 C 点为研究对象，受力如图 D-11（b）所示。当横担匀速上升时，力 P 与 G 相平衡。现在汇交点 C 建立直角坐标系。

由 $\Sigma x=0$

得 $\qquad -T_A\cos60° +T_B\cos60° =0 \qquad$ （1）

由 $\Sigma y=0$

得 $\qquad P-T_A\sin60° -T_B\sin60° =0 \qquad$ （2）

从式（1）得 $\qquad T_A=T_B$

代入式（2）得 $\quad 2T_A\sin60° =P=G=3000\text{N}$

$$T_A=T_B=1732\text{N}$$

当 $\alpha=30°$ 时，$T_A=T_B=\dfrac{306.1\times9.8}{2\sin30°}=3000\text{N}$。

答：由作用、反作用公理可知绳子受力大小与 T_A、T_B 相等，但方向相反。

Jd2D5097 已知烟气在 0℃，压力在 760mm 汞柱下的密度为 1.3kg/m³，求烟气在烟压不变条件下烟温在 800℃时的密度和比体积。

解：根据公式 $\rho_2 = \rho_1\dfrac{p_2T_1}{p_1T_2}$，当压力不变时，烟气的密度和温度的关系为

$$\rho_2 = \rho_1\frac{T_1}{T_2}$$

800℃烟气的密度

$$\rho_2 =1.3\times\frac{273}{273+800}= 0.331 \ （\text{kg/m}^3）$$

设其比体积为 v_2

则 $\qquad v_2 =\dfrac{1}{\rho_2}=\dfrac{1}{0.331}=3.021 \ （\text{m}^3/\text{kg})$

答：烟气在烟压不变条件下烟温在 800℃时的密度和比体积分别为 0.331kg/m³ 和 3.021m³/kg。

Jd1D2098 在某封闭容器内储存有气体，其真空度 $H_1=$ 50mmHg，温度 $t_1=70℃$，气压计读数 p_{amb} 为 760mmHg。问将气体冷却到什么温度，方可使其真空度变成 100mmHg?

解： 在封闭容器内气体的状态变化过程是定容过程。在定容过程中

$$\frac{p_1}{T_1} = \frac{p_2}{T_2}$$

即

$$T_2 = p_2 \frac{T_1}{p_1}$$

式中 p_1、p_2 分别为原态、终态的绝对压力，即

$$p_1 = p_{amb} - H_1 = 760 - 50 = 710 \text{（mmHg）}$$
$$p_2 = p_{amb} - H_2 = 760 - 100 = 660 \text{（mmHg）}$$

代入计算 T_2 的公式中，得

$$T_2 = p_2 \frac{T_1}{p_1} = 660 \times \frac{70 + 273.15}{710} = 318.98 \text{（K）}$$

$$t_2 = 318.98 - 273.15 = 45.8 \text{（℃）}$$

答： 需将气体冷却到 45.8℃。

Jd1D2099 设有匀质 T 形断面梁，其截面尺寸如图 D-12 所示。试求此梁的重心位置。

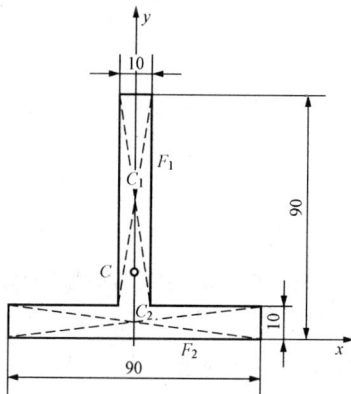

图 D-12

C_1—面积为 F_1 部分的重心位置；C_2—面积为 F_2 部分的重心位置；C—T 型等断面梁的重心

解：一般情况下，此梁截面可作为匀质等截面，故在梁的中点必有一对称面，梁的重心必在此对称面上。因为匀质，则形心与重心相重合，于是求梁的重心问题化为求 T 形断面的形心问题了。在 T 形断面上又有一对称轴，如取对称轴为 y 轴，则 $x=0$，如图 D–12 所示。将 T 形断面分割为二长方形，其面积分别为 F_1 及 F_2，则

$$F_1=10\times80=800（mm^2）$$
$$F_2=10\times90=900（mm^2）$$

第一长方形的形心坐标为 $x_1=0$，$y_1=50mm$

第二长方形的形心坐标为 $x_2=0$，$y_2=5mm$

所以 $\quad y_c=\dfrac{F_1y_1+F_2y_2}{F}=\dfrac{800\times50+900\times5}{800+900}=26.17（mm）$

答：重心位置如图 D–12 所示。

Je4D2100 冷油器的冷却水管外径为 159mm，壁厚为 4.5mm，冷却水流量为 150t/h。求水的流速。

解：冷却水管外径 $D=159mm$，壁厚为 4.5mm，冷却水流量为 $W=150t/h=150m^3/h$。

则冷却水管的流通面积为

$F=\pi(159-4.5\times2)^2\times10^{-4}/4=3.14\times0.15/4=0.017\ 7（m^2）$

所以冷却水速度为

$$v=150/0.017\ 7/3600=2.35（m/s）$$

答：冷却水流速为 2.35m/s。

Je4D3101 某一凝汽器在穿管前进行试胀管，第一次测得胀管后的管内径为 24.198mm，第二次测得胀管后的管内径为 24.142mm。已知管板孔直径为 25.5mm，管子直径为 $\phi25\times0.7mm$。通过计算说明两次试胀管是否合格。（扩胀系数 a 取 $4\%\sim6\%$）

解：（1）根据 $D_a=D_1-2t（1-a_1）$ 得

$$24.198=25.5-2\times0.7（1-a_1）$$
$$a_1=0.07=7\%$$

因为 $a_1>a$，所以此试胀管不合格，过胀。

（2）根据 $D_a=D_1-2t（1-a_2）$ 得

$$24.142=25.5-2\times0.7（1-a_2）$$
$$a_2=0.03=3\%$$

因为 $a_2<a$，所以此试胀管不合格，欠胀。

答： 两次试胀管均不合格。

Je4D3102 用公称直径 100mm 的钢管煨制 90° 弯头，要求弯曲半径为 400mm，两头直管段各为 400mm，求煨制此弯管的下料直管长度。

解： 利用公式　弧长 $L=\dfrac{\alpha\pi R}{180}$ ，其中 $\alpha=90°$，$R=400$

那么　　　$L=\dfrac{90\times3.14\times400}{180}=628$（mm）

直管下料长度 $=2\times400+628=1428$（mm）

答： 煨制此弯管的下料直管长度为 1428mm。

Je4D4103 若铜管规格为 $\phi25\times1$mm，管板孔直径为 $D_1=25.1$mm，扩胀系数 $\alpha=5\%$，求扩胀后铜管内径 D_2。

解： 按胀管公式：$D_2=D_1-2t(1-\alpha)$

将各数据代入公式中得 $D_2=25.1-2\times1(1-0.05)=23.2$（mm）

答： 扩胀后铜管内径为 23.2mm。

Je3D1104 $\phi26$ 钢丝绳（$6\times37+1$），其直径为 1.2mm，中间麻芯不计算承受拉力，抗拉强度 Q_b 取 170kg/mm²，受载不均匀系数取 0.82mm，用单根起吊一般设备，安全系数取 6 倍时，最大允许起吊重量为多少？

解： 钢丝绳断面积 $F=\dfrac{\pi\times1.2^2}{4}\times6\times37=251$mm²

$$最大允许起吊重量\ Q=\frac{F\times\sigma\times\phi}{K}=\frac{251\times170\times0.82}{6}$$
$$=5832\ （kg）$$

答：此钢丝绳最大允许起吊重量为 5832kg。

Je3D1105 已知一轴承所需润滑油量为 4L/min，求轴承进油节流孔的直径。（油速取 7m/s）

解：根据 $\dfrac{\pi D^2}{4}=\dfrac{Q}{v}$ 得

$$D=\sqrt{\frac{4Q}{\pi v}}=\sqrt{\frac{4\times1000\times4}{3.14\times60\times7}}=3.48\ （mm）$$

答：进油孔直径为 3.48mm。

Je3D1106 有一条长 30m 的供汽钢管，在室温 25℃下安装的，供汽温度是 300℃，计算管道受热后的伸长量。[α=12×10^{-6}m/（m·℃）]

解：$\Delta l=\alpha l\Delta t=0.012\times30\times(300-25)=99$ （mm）
答：管道受热后的伸长量为 99mm。

Je3D2107 已知某黄钢管长 9.5m，白天最高温度 30℃，夜间最低温度为 20℃。求黄铜管在白天比夜间的长度增加了多少。[铜管的线膨胀系数为 0.000 016mm/（mm·℃）]

解：已知 L=9.5m，α=0.000 016，t_2=30℃，t_1=20℃。则
$\Delta L=\alpha L\Delta t=0.000\ 016\times9500\times(30-20)=1.52$ （mm）

答：黄铜管在白天比夜间长度增加 1.52mm。

Je3D3108 某轴颈晃度测量记录如下，求晃度是多少？哪点高？哪点低？（单位为 mm）。

1. 0.50 　2. 0.50 　3. 0.51

4. 0.51　5. 0.52　6. 0.52

7. 0.51　8. 0.51　9. 0.50

解：晃度值＝最大表值－最小表值＝0.52－0.50＝0.02（mm）

答：5、6点高，1、2点低。

Je3D3109　根据如下联轴器瓢偏记录，求瓢偏度是多少？哪点高？哪点低？（单位：mm）

位置	A表	B表	A－B值
1～5	0.50	0.50	0.00
2～6	0.53	0.51	0.02
3～7	0.54	0.54	0.00
4～8	0.53	0.54	－0.01
5～1	0.52	0.53	－0.01
6～2	0.51	0.53	－0.02
7～3	0.51	0.52	－0.01
8～4	0.52	0.53	－0.01
1～5	0.52	0.52	0.00

解：瓢偏值 ＝[(A－B)$_{max}$－(A－B)$_{min}$]÷2

＝[0.02－(－0.02)]÷2＝0.02（mm）

答：2点高，6点低。

Je3D3110　有一根ϕ325×8mm的无缝钢管，投入运行后的温度为150℃，而安装时的温度为25℃，如果将管道两端固定，因膨胀而产生的轴向推力是多少？

解：管道投入运行后与安装时的温度差为

$$\Delta t＝150－25＝125℃$$

故热膨胀应力为

$$\delta＝2.4×\Delta t＝2.4×125$$

$$＝300（MPa）＝300×10^6（Pa）$$

管材的截面积

$$F=\frac{\pi(D^2-d^2)}{4}=\frac{\pi(32.5^2-30.9^2)}{4}$$

$$=79.7（cm^2）=0.007\,97（m^2）$$

管道产生的轴向推力为

$$F\delta=0.007\,97\times300\times10^6=2.39\times10^6N$$

答：该管道因膨胀而产生的轴向推力是 2.39×10^6N。

Je3D4111　有一汽轮机转子与发电机转子联轴器找中心测量数据如下，请计算其圆周及端面偏差情况。（单位：mm）（千分表跳杆指向发电机联轴器）

圆周	端面	
左 $A=0.50$	左 $a_1=0.30$	右 $c_1=0.50$
上 $B=0.39$	上 $b_2=0.25$	下 $d_2=0.55$
右 $C=0.38$	左 $a_3=0.54$	右 $c_3=0.30$
下 $D=0.49$	上 $b_4=0.45$	下 $d_4=0.40$

解：（1）圆周方向：

上、下移动值

$$\Delta A=\frac{0.39-0.49}{2}=-0.05（mm）$$

左、右移动值

$$\Delta A_1=\frac{0.50-0.38}{2}=0.06（mm）$$

（2）垂直方向：

上、下张口

$$\Delta a=\frac{0.25+0.45}{2}-\frac{0.55+0.40}{2}=-0.125（mm）$$

左、右张口

$$\Delta a_1 = \frac{0.30 + 0.54}{2} - \frac{0.50 + 0.30}{2}$$

$$= 0.02 \ (mm)$$

答：发电机转子圆周偏低 0.05mm；偏左 0.06mm；端面下张口 0.126mm；左张口 0.02mm。

Je2D2112　某施工组测量轴无弯曲时的径向跳动，其记录值见图 D–13，试求椭圆度。

径向跳动记录

位置	表值（mm）
1	0.5
2	0.52
3	0.53
4	0.52
5	0.49
6	0.5
7	0.5
8	0.51
1	0.5

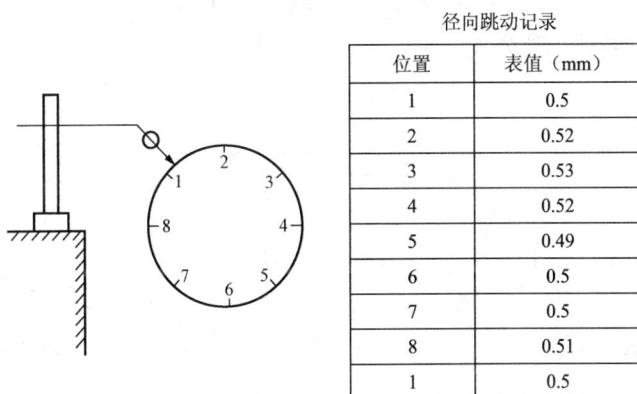

图 D–13

解：轴的椭圆度即为千分表测得最大晃动值，根据径向跳动纪录列出下列晃动值（见表 D–1）。

表 D–1　　　　　晃　动　值　　　　　0.01mm

位置编号	表值差	晃动值
1–5	50−49	1
2–6	52−50	2
3–7	53−50	3
4–8	52−51	1

由表 D-1 得，最大晃动值为 0.03mm。

答：即椭圆度为 0.03mm，位置在 3-7 编号处。

Jf4D5113 一台设备重 1.7t，要用单根钢丝绳安全起吊就位，应选用直径为多大的钢丝绳。

解：钢丝绳的允许拉力

$$P=S_b/k$$

安全系数 $\qquad k=8$

$$S_b=1.7\times8\times10^4=136\,000\,（N）$$

采用经验公式

$$S_b=500\times d^2$$

$$d=\sqrt{\frac{S_b}{500}}=16.5\,（mm）$$

答：选用直径为 16.5mm 的钢丝绳。

Jf2D2114 已知蜗轮减速机输入轴转速为 750r/min，蜗轮 60 个齿，蜗杆头数为 3，问输出轴转速为多少？

解：已知 $n_1=750$r/min，$z_1=3$，$z_2=60$。

由转动关系式知

$$\frac{n_1}{n_2}=\frac{z_2}{z_1}$$

所以 $\qquad n_2=\dfrac{n_1 z_1}{z_2}=\dfrac{750\times3}{60}=37.5\,（r/min）$

答：输出轴转速为 37.5r/min。

Jf1D1115 要用一个定滑轮和一个动滑轮提升一个重 6000N 的物体，若绳子只能支持 2500N 的力，应当怎样装配？（动滑轮的重量不计）

解：设动滑轮和物体的总重量由 n 股绳子承担，则 $F=G/n$。

已知：G=6000N　F=2500N

所以　$n=G/F=6000/2500=2.4$

故 n 取 3，绳子的一端拴在动滑轮上，滑轮组装配如图 D-14 所示。

图 D-14

4.1.5 绘图题

La5E1001 根据已给二视图 E-1（a），画出第三视图。

答：第三视图如图 E-1（b）所示。

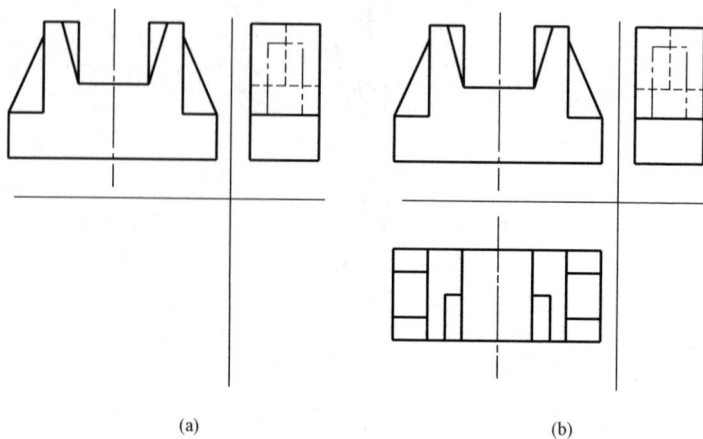

（a）　　　　　　　　　　　　　　（b）

图 E-1

La5E1002 根据三视图 E-2（a），补画漏掉的图线。

答：如图 E-2（b）所示。

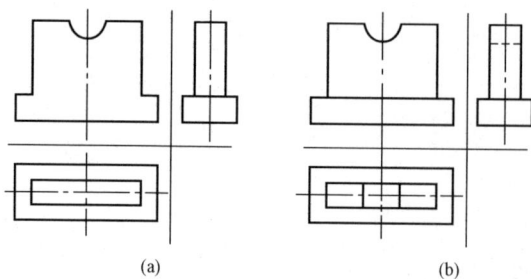

（a）　　　　　　　　　　　　　　（b）

图 E-2

La5E1003 补画图 E−3（a）的左视图。

答：如图 E−3（b）所示。

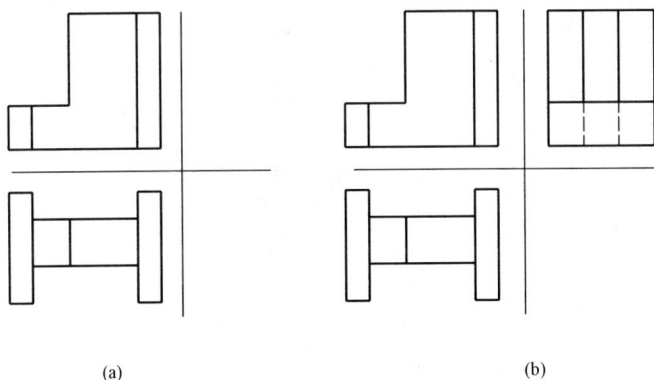

<table>
<tr><td>(a)</td><td>(b)</td></tr>
</table>

图 E−3

La5E1004 由给定的三视图 E−4（a），补画出漏掉的线。

答：如图 E−4（b）所示。

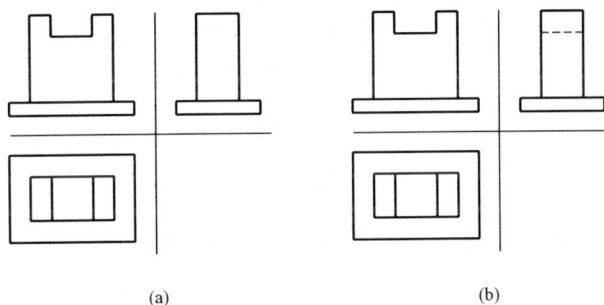

<table>
<tr><td>(a)</td><td>(b)</td></tr>
</table>

图 E−4

La5E1005 补画图 E−5（a）侧视图。

答：侧视图如图 E−5（b）所示。

La5E1006 补画图 E−6（a）俯视图。

答：如图 E−6（b）所示。

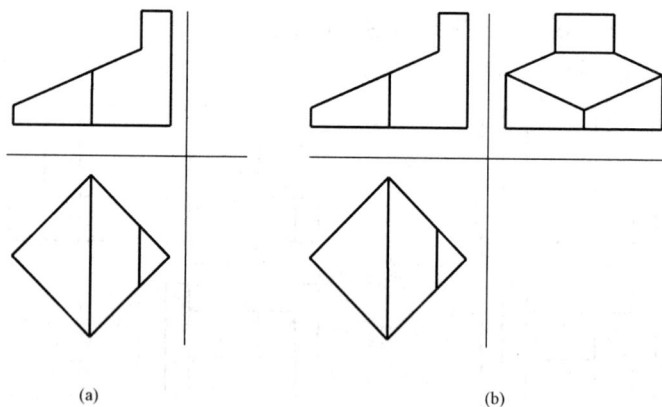

(a)   (b)

图 E-5

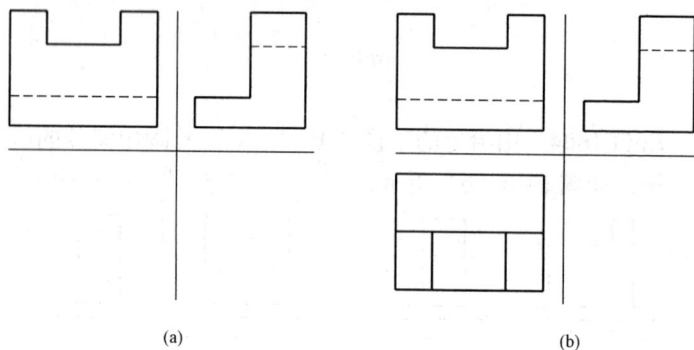

(a)   (b)

图 E-6

La5E2007 根据三视图 E-7（a）画出立体图。

答： 如图 E-7（b）所示。

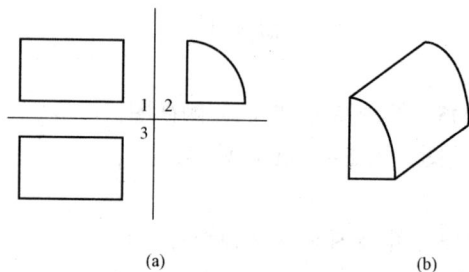

(a)   (b)

图 E-7

La5E2008 将图 E-8（a）的尺寸按制图要求标出尺寸线，尺寸线的尺寸可以用字母表示。

答：标注如图 E-8（b）所示。

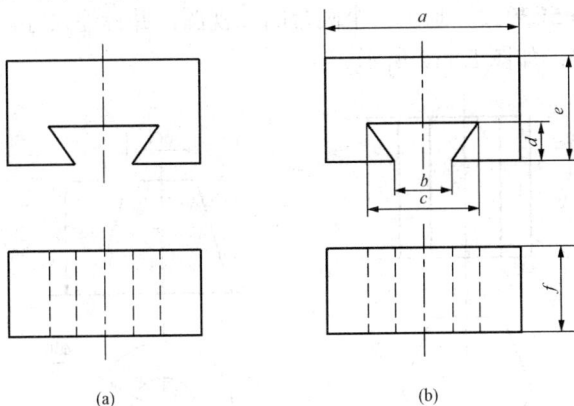

(a)　　　　　　　　(b)

图 E-8

La5E2009 试将半径为 30mm 的圆分成六等分。

答：如图 E-9 所示。

La5E2010 由给定的三视图 E-10（a），补画出漏掉的线。

答：如图 E-10（b）所示。

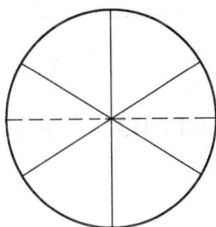

图 E-9

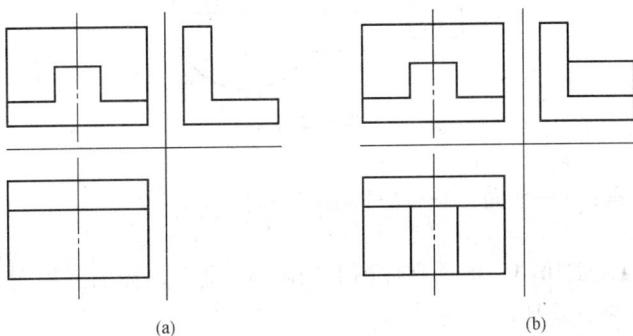

(a)　　　　　　　　(b)

图 E-10

La5E2011 试画出一个正六棱柱的二视图，并标注尺寸。

答：如图 E–11 所示。

La5E3012 画出一个圆台的二视图，并标注尺寸。

答：如图 E–12 所示。

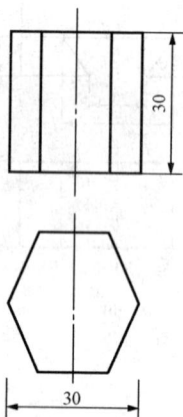

图 E–11

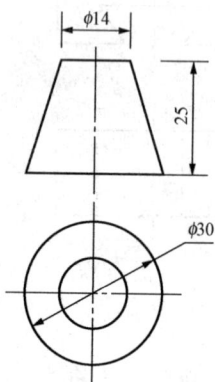

图 E–12

La5E3013 在指引线上写出所指表面的名称，如图 E–13 所示。

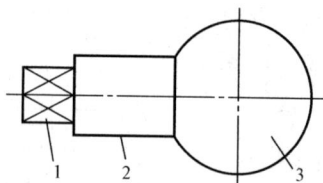

图 E–13

答：1—平面；2—圆柱面；3—球面。

La5E3014 根据立体图 E–14（a）画出物体的三视图（尺寸由图上最取）。

答：如图 E–14（b）所示。

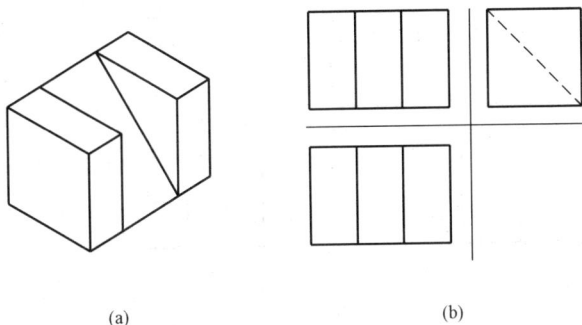

(a) (b)

图 E-14

答：图 E-14（b）所示。

La5E3015 补画视图与剖图中的缺线，如图 E-15（a）所示。

答：如图 E-15（b）所示。

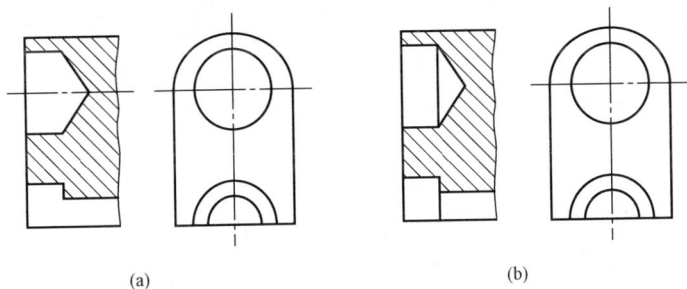

(a) (b)

图 E-15

La5E3016 由给定的三视图，见图 E-16（a），补画出漏掉的线。

答：如图 E-16（b）所示。

La5E5017 根据立体图 E-17（a）画出物体的三视图（尺寸由图上量取）。

答：如图 E-17（b）所示。

305

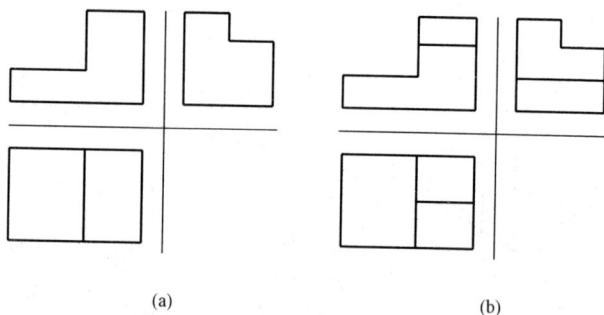

(a)   (b)

图 E-16

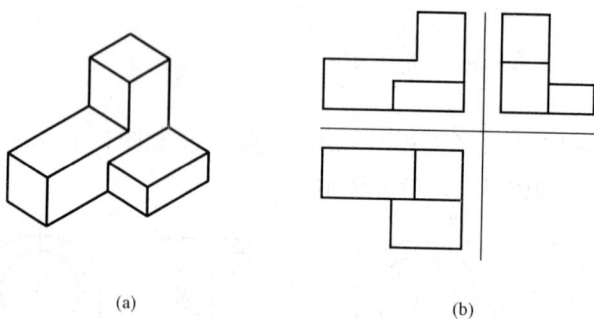

(a)   (b)

图 E-17

La5E5018　补画视图 E-18（a）中所缺的线。

答：如图 E-18（b）所示。

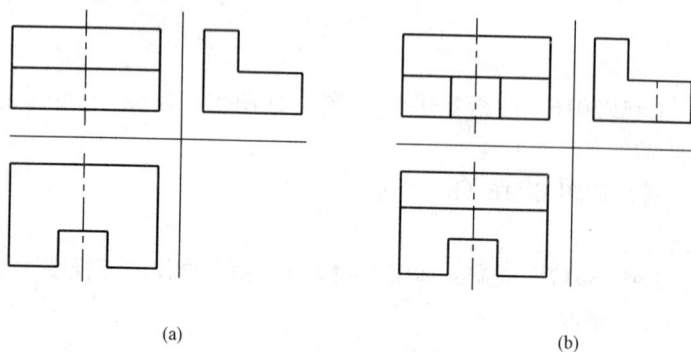

(a)   (b)

图 E-18

La4E1019 补画视图 E–19（a）中所缺的线。

答：如图 E–19（b）所示。

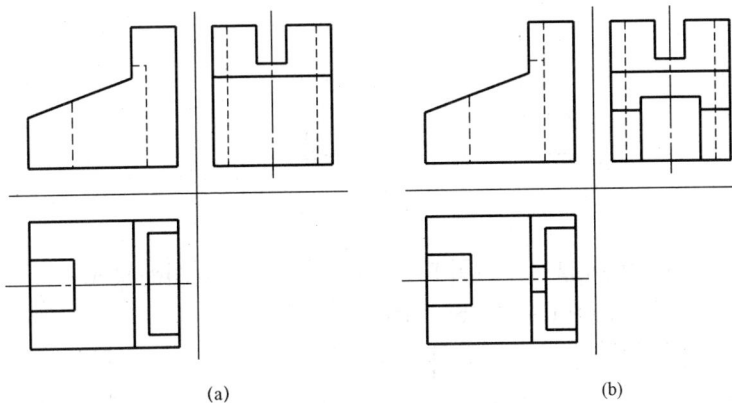

(a)   (b)

图 E–19

La4E1020 补画视图 E–20（a）中所缺的线。

答：如图 E–20（b）所示。

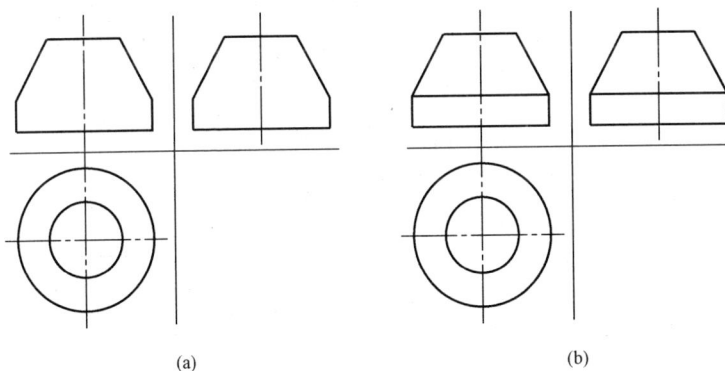

(a)   (b)

图 E–20

La4E1021 用文字说明图 E–21 中符号所表示的含义。

答：（1）端面 A 对 ϕ30d 轴线的垂直度公差不大于 0.02mm。

（2）ϕ30d 的圆柱度公差不大于 0.05mm。

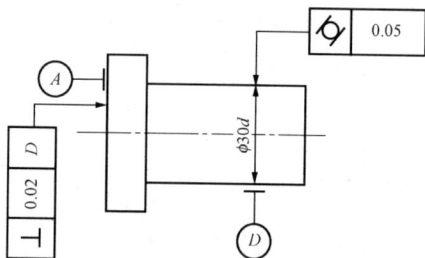

图 E–21

La4E2022 补画图 E–22（a）中 1、2 视图的缺线。

答：如图 E–22（b）所示。

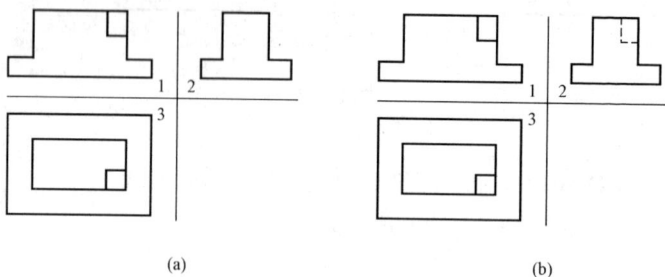

（a）

（b）

图 E–22

La4E3023 补画图 E–23（a）中 3 视图。

答：如图 E–23（b）所示。

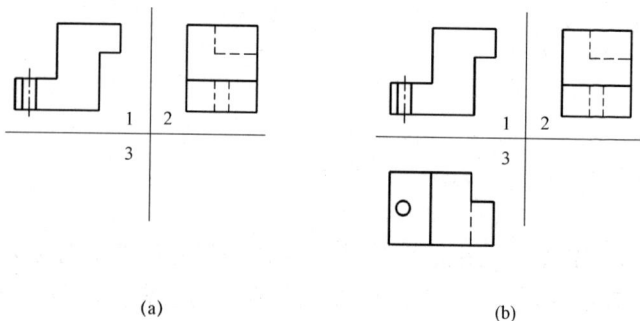

（a）

（b）

图 E–23

La4E4024 补画图 E−24（a）中第 2 视图。

答：如图 E−24（b）所示。

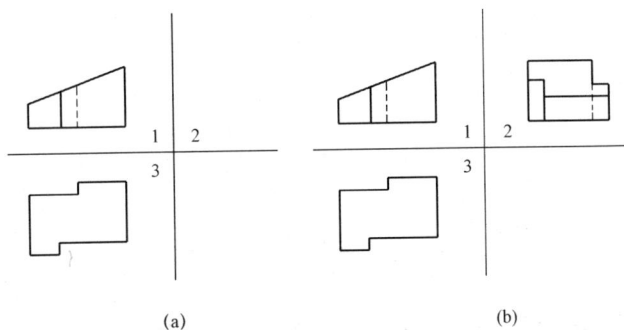

(a)   (b)

图 E−24

La4E4025 看懂图 E−25（a）视图，补齐图中所漏的线条，并补画三视图。

答：如图 E−25（b）所示。

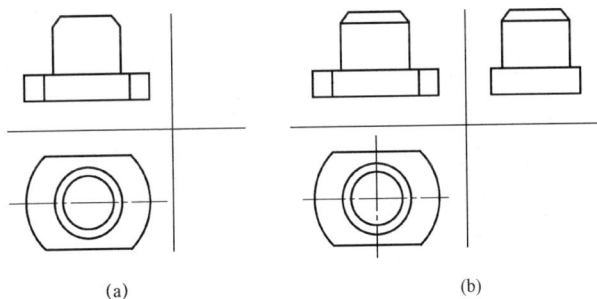

(a)   (b)

图 E−25

La4E4026 补画图 E−26（a）中第三视图缺线。

答：如图 E−26（b）所示。

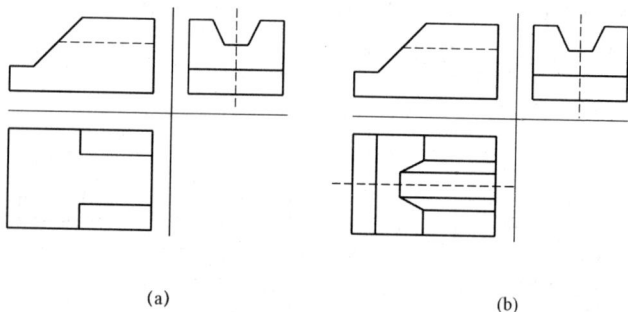

(a)

(b)

图 E-26

La4E5027 改画图 E-27（a）的剖视图。

答： 改画的剖视图如图 E-27（b）所示。

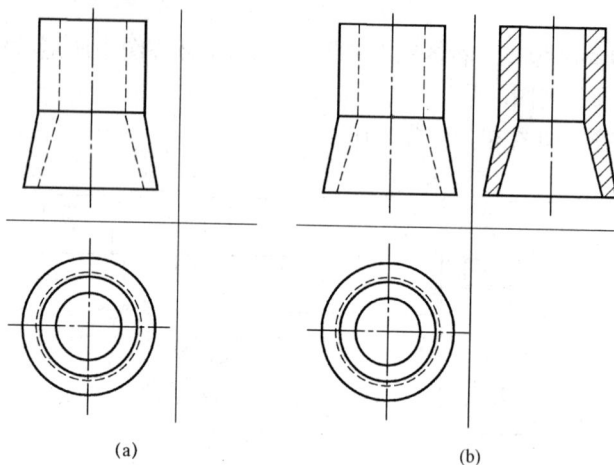

(a)

(b)

图 E-27

La4E5028 根据立体图 E-28（a）画出物体的三视图（尺寸由图上量取）。

答： 如图 E-28（b）所示。

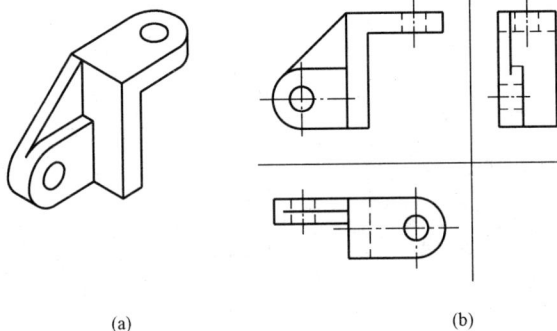

(a)　　　　　　　　　　　　(b)

图 E-28

La3E1029 补画图 E-29（a）中第三视图缺线。

答：如图 E-29（b）所示。

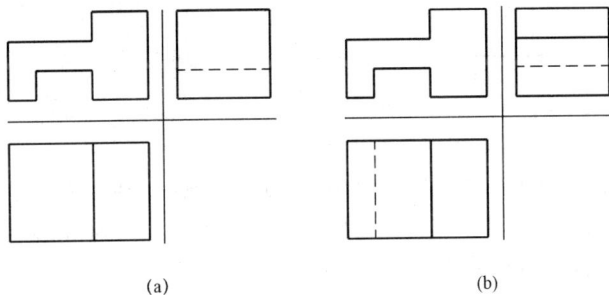

(a)　　　　　　　　　　　　(b)

图 E-29

La3E1030 根据立体图 E-30（a）画出物体的三视图（尺寸由图上量取）。

答：如图 E-30（b）所示。

La3E1031 用两个视图画出一个六角螺栓，并标出尺寸线和尺寸相应标记符号。

答：如图 E-31 所示。

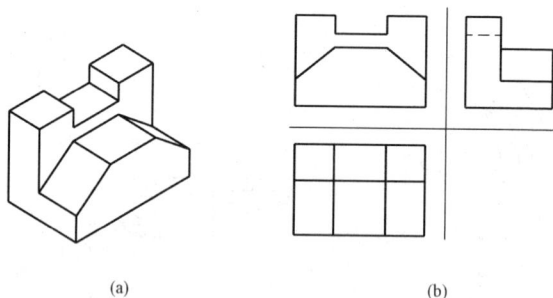

(a)　　　　　　　　(b)

图 E-30

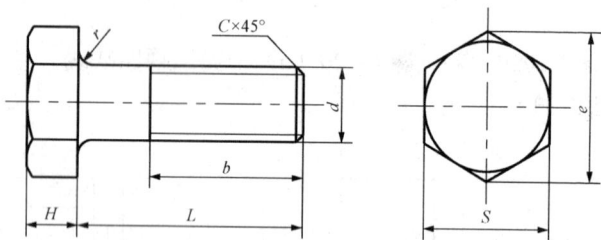

图 E-31

La3E1032　已知孔和轴配合为基孔制，公差等级为 7 级的基准孔，过度配合轴的基本偏差为 k，公差等级为 6 级，用国际公差代号标注在图 E-32（a）中。

答：如图 E-32（b）所示。

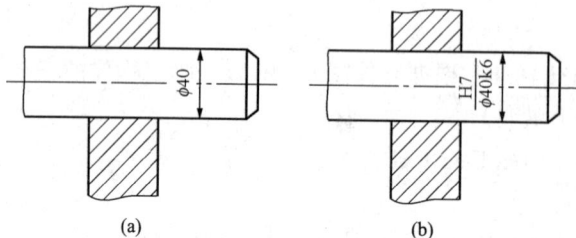

(a)　　　　　　　　(b)

图 E-32

La3E1033　指出深井泵示意图（见图 E-33）中各部件的名称。

答：1—传动轴；2—叶轮；3—橡胶轴承；4—进水口泵壳。

La3E1034 将图 E-34（a）中的主视图改画成剖视图。
答：如图 E-34（b）所示。

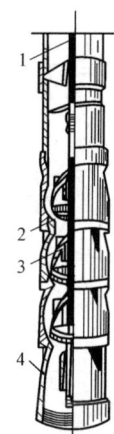

图 E-33

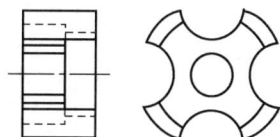

（a）

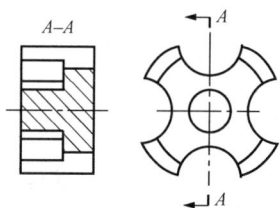

（b）

图 E-34

La3E2035 补画图 E-35（a）中第二视图。
答：如图 E-35（b）所示。

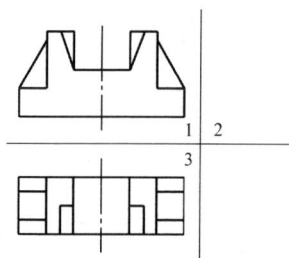

（a）

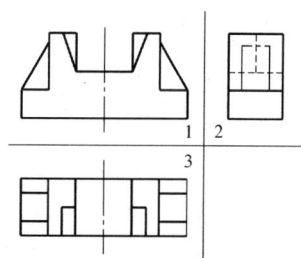

（b）

图 E-35

La3E2036　在指定线框内改画图 E–36（a）的全剖视图。

答：如图 E–36（b）所示。

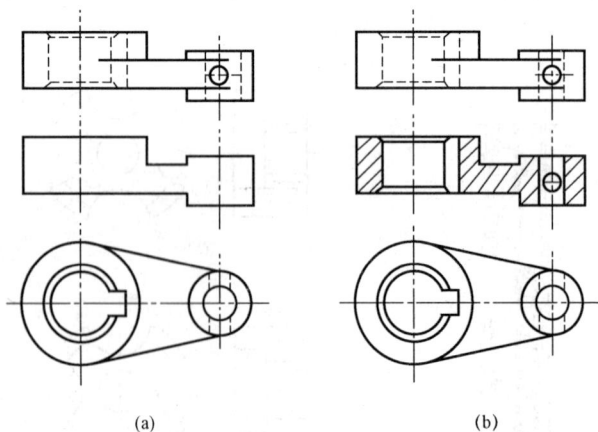

(a)　　　　　　　　　　　　(b)

图 E–36

La3E2037　对照图 E–37（a）立体图画三视图。

答：如图 E–37（b）所示。

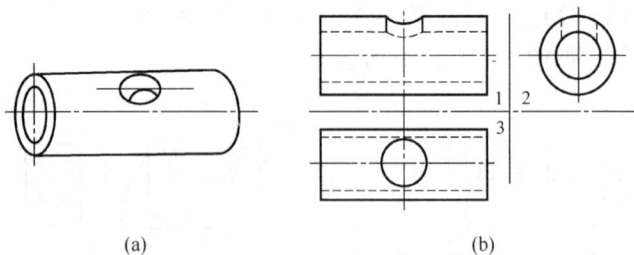

(a)　　　　　　　　　　　　(b)

图 E–37

La3E3038　画出同心大小头的展开图，并简述具体步骤。已知该大小头的大口直径为 D，小口直径为 d，高度为 h。

答：具体步骤如下：

（1）画出大小头的立面图 $bacd$，其中 $ac=D$，$bd=d$，高度

h 如图 E-38 所示。

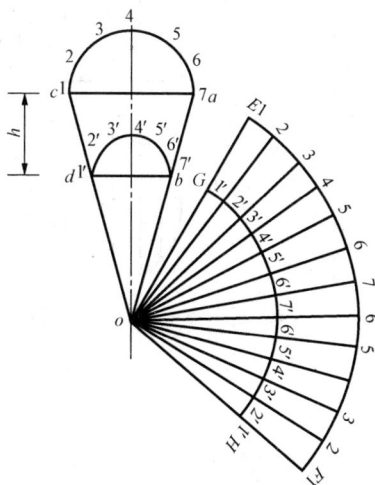

图 E-38

（2）以 D 为直径作大小头的半圆并六等分，每等分弧长为 $\dfrac{\pi D}{12}$；

（3）以 d 为直径作小头的半圆并 6 等分，每一等分弧长为 $\dfrac{\pi d}{12}$；

（4）延长斜边 ab 及 cd，相交中心线于 o 点；

（5）以 oa 及 ob 为半径，以 o 点为圆心，连接 E、F、G、H 四点，即为大小头 $abcd$ 的展开图。

注明：EF 及 GH 的长度可根据大头和小头等分后的每一等分弧长来量取，就不用再计算圆周长了。放样时，D 和 d 应分别考虑放样材料的厚度。

La3E3039 补画图 E-39（a）第二视图。

答： 如图 E-39（b）所示。

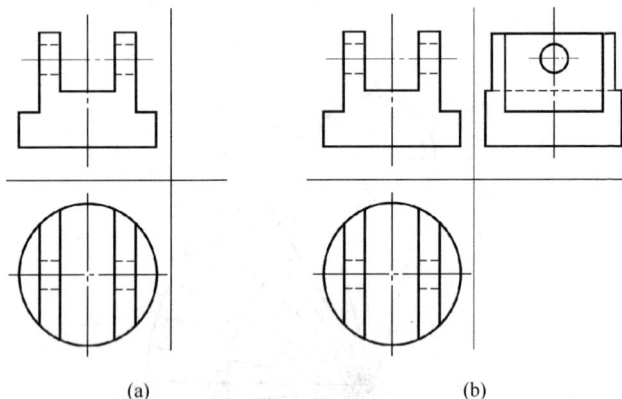

(a)   (b)

图 E-39

La3E3040　已知孔和轴配合为：基孔制，公差等级为 7 级的基准孔，过渡配合轴的基本偏差为 K，公差等级 6 级，用国际公差配合代号标注在图 E-40（a）中。

答：如图 E-40（b）所示。

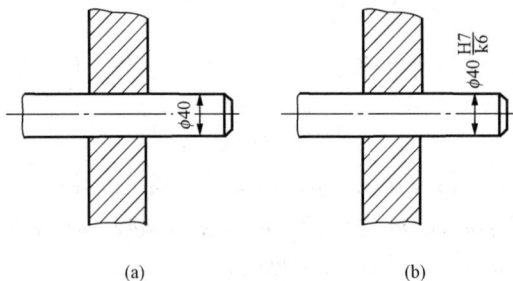

(a)   (b)

图 E-40

La3E4041　图 E-41（a）中是管件锻制三通剖面图，找出图中错误，画出正确的三通剖面图。

答：如图 E-41（b）所示。

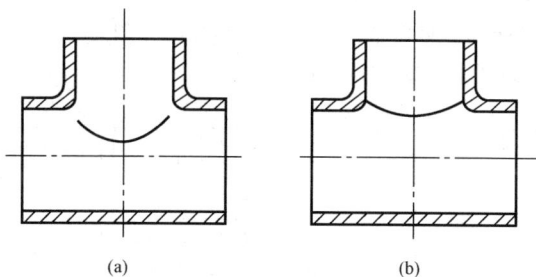

(a)　　　　　　　　　　(b)

图 E−41

La3E4042　补画图 E−42（a）中的顶视图。

答：如图 E−42（b）所示。

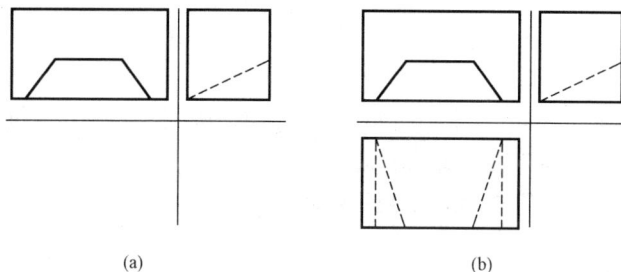

(a)　　　　　　　　　　(b)

图 E−42

La3E5043　画出图 E−43（a）的侧视图。

答：如图 E−43（b）所示。

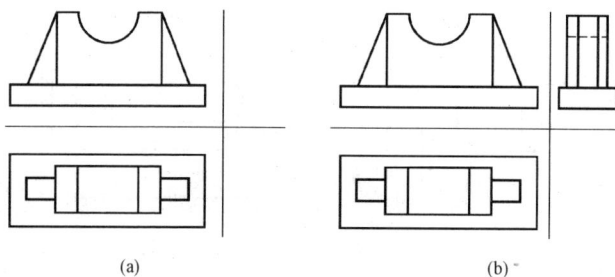

(a)　　　　　　　　　　(b)

图 E−43

La3E5044 画出图 E−44（a）的侧视图。

答：如图 E−44（b）所示。

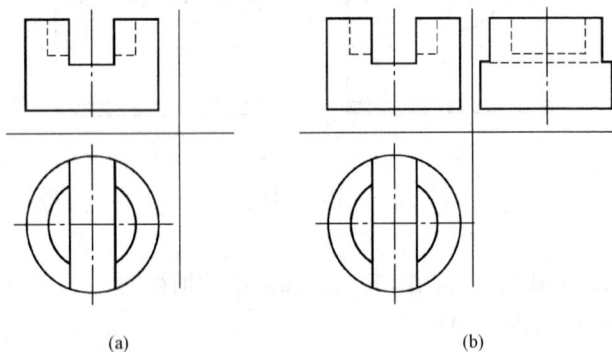

（a）   （b）

图 E−44

La2E1045 画出剖视图，并用 *A*、*B*、*C*、*D*⋯等字母来完成如图 E−45（a）所示的尺寸标注。

答：如图 E−45（b）所示。

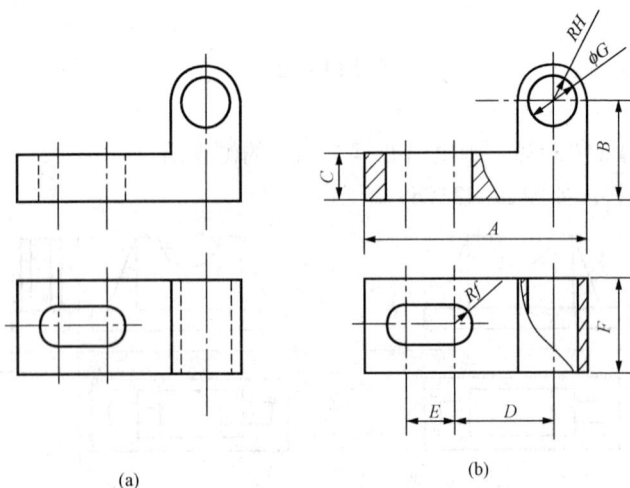

（a）   （b）

图 E−45

La2E1046 画出图 E–46（a）的侧视图。

答：如图 E–46（b）所示。

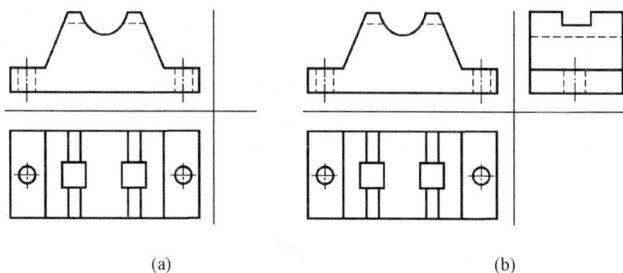

（a）　　　　　　　　　　　　　（b）

图 E–46

La2E1047 根据立体图 E–47（a），补全三视图中的缺线。

答：如图 E–47（b）所示。

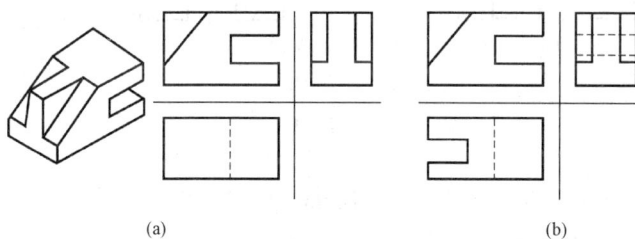

（a）　　　　　　　　　　　　　（b）

图 E–47

La2E1048 补画图 E–48（a）中第 3 视图。

答：如图 E–48（b）所示。

La2E2049 补画三视图 E–49（a）中漏画的图线。

答：如图 E–49（b）所示。

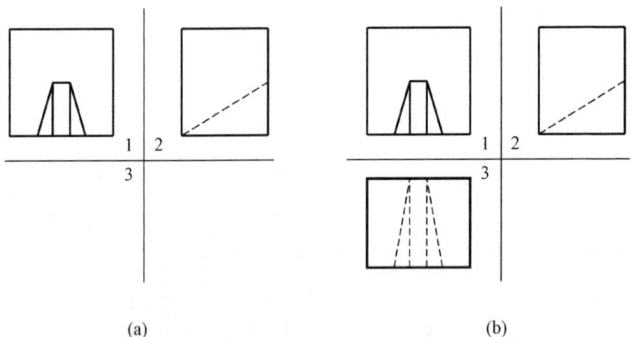

(a)   (b)

图 E-48

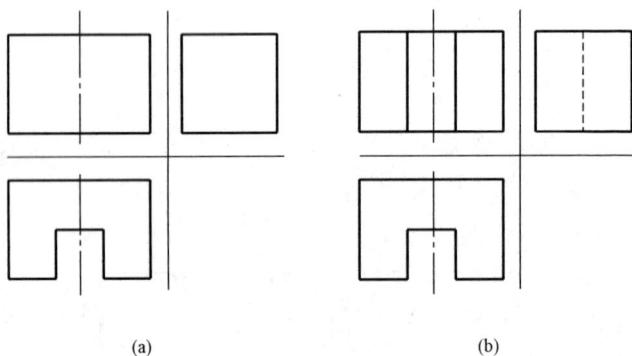

(a)   (b)

图 E-49

La2E2050 画出一个 M20mm 的螺母的加工图。

答：M20mm 的螺母的加工图如图 E-50 所示。

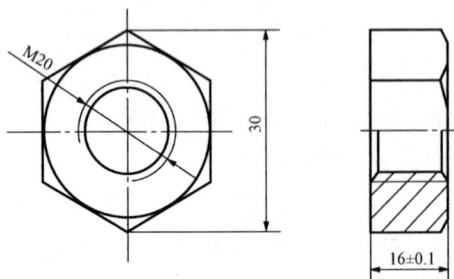

图 E-50

La2E2051 图 E-51（a）为内螺纹的剖视图，试画出其左视图。

答：左视图如图 E-51（b）所示。

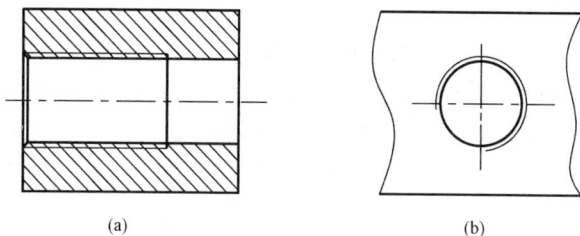

(a)   (b)

图 E-51

La2E2052 看懂射水抽气器结构图（见图 E-52），并注出各部分结构的名称。

答：1—水室；2—压力表接座；3—真空表接座；4、5—止回阀；6—混合室；7—收缩管；8—扩散管。

La2E3053 指出摇摆式动平衡台示意图（见图 E-53）中各部分名称。

答：1—油管；2—固定螺栓；3—百分表；4—轴瓦；5—轴瓦座；6—弧形板；7—平板；8—离合器。

La2E4054 根据机械制图标准在绘出的图 E-54（a）中画内螺纹剖视图。比例 1:1。M16 内螺纹，通孔 30，M10 内螺纹，通孔 50，

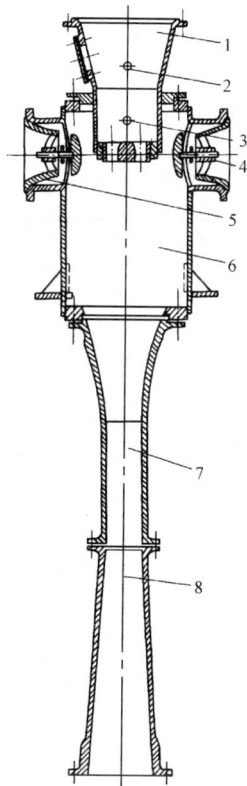

图 E-52

两孔垂直交叉在图中心上。

答：如图 E-54（b）所示。

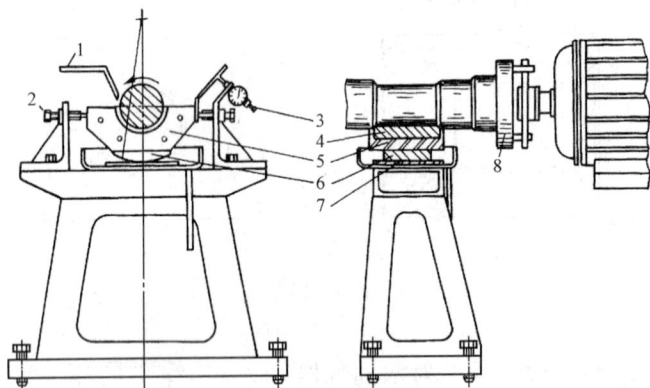

图 E-53

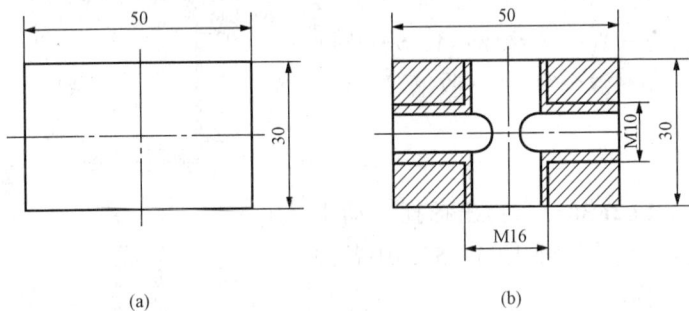

(a)

(b)

图 E-54

La2E4055 根据图 E-55（a）所示的立体图，画出其三视图（尺寸从立体图上量取）。

答：如图 E-55（b）所示。

La2E5056 指出三螺杆泵结构图（见图 E-56）中各部分的名称。

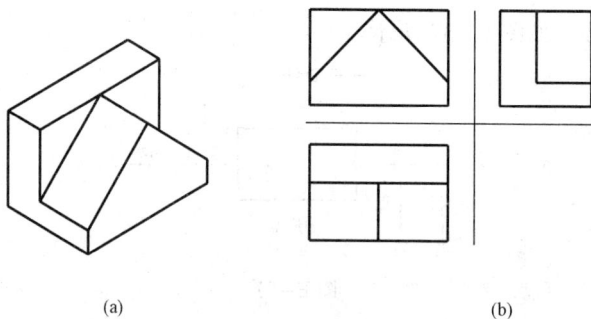

(a)   (b)

图 E-55

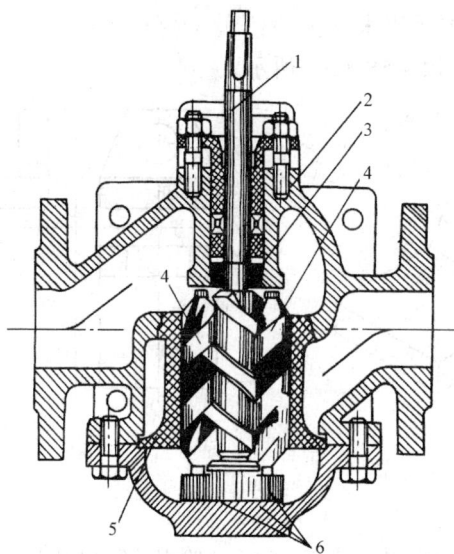

图 E-56

答：1—轴；2—泵壳；3—轴承套；4—从动螺杆；5—衬套；6—减压活塞。

La2E5057　画出用测温法检查加热器旁路门严密性的示意图。

答：如图 E-57 所示。

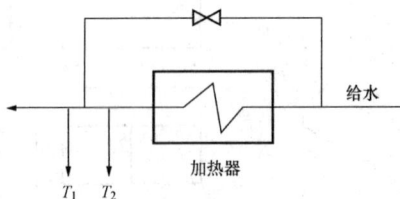

图 E-57

La1E1058 将图 E-58（a）所示机件用主视、俯视、左视的投影方法表示出来。

答：如图 E-58（b）所示。

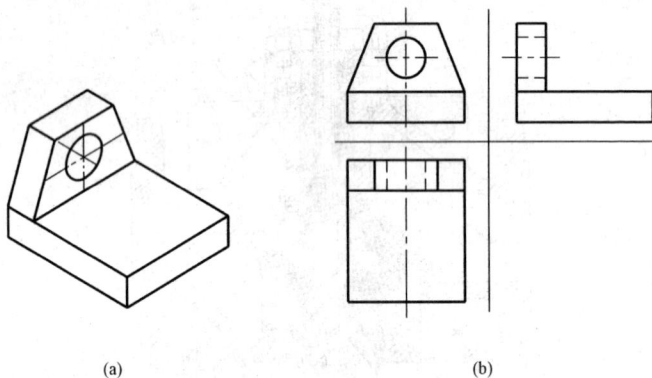

（a）   （b）

图 E-58

La1E1059 根据图 E-59（a）给出的轴侧视图画出全剖视图。

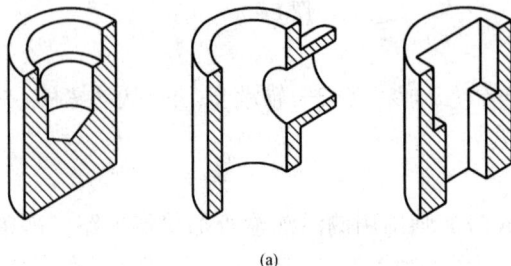

（a）

图 E-59（一）

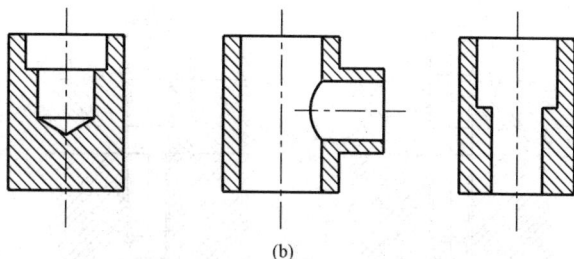

(b)

图 E-59（二）

答：全剖视图如图 E-59（b）所示。

La1E1060 补画图 E-60（a）所示三视图中漏画的图线。
答：如图 E-60（b）所示。

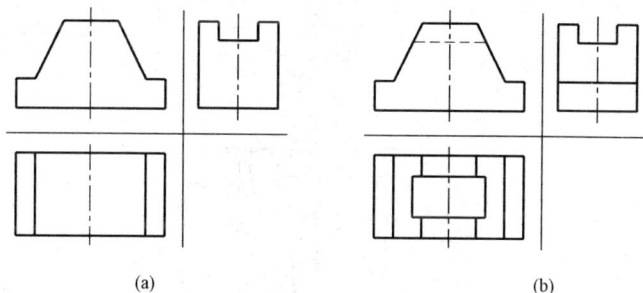

(a)   (b)

图 E-60

La1E1061 图 E-61（a）为双头螺栓连接图，此图有什么错误？请按原视图比例重新画出正确视图（将正确之处用小圆圈括起）。

答：1 处应画出螺纹小径；2 处被连接件的孔径为 1.1d，与螺栓有间隙，此处应画两条粗实线；3 处螺纹的大小径应对齐。正确连接图如图 E-61（b）所示。

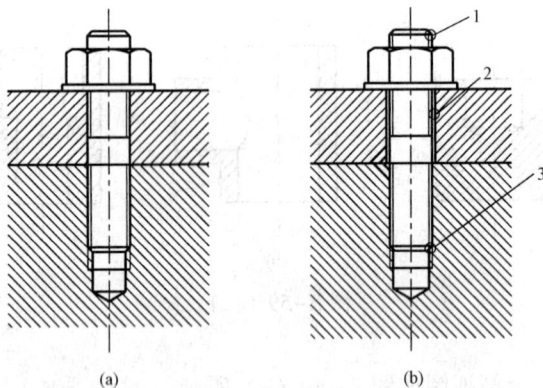

(a)　　　　　　　　　　　　(b)

图 E-61

La1E1062 指出截止阀结构图（见图 E-62）各部分的名称。

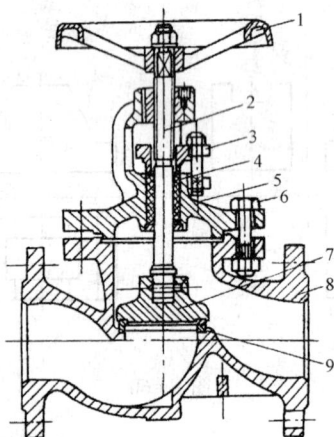

图 E-62

答：1—手轮；2—阀杆；3—填料压盖；4—填料；5—阀盖；6—螺栓；7—阀瓣；8—阀体；9—阀座。

La1E1063 补全如图 E-63（a）所示全俯视图中的缺线。

答：如图 E-63（b）所示。

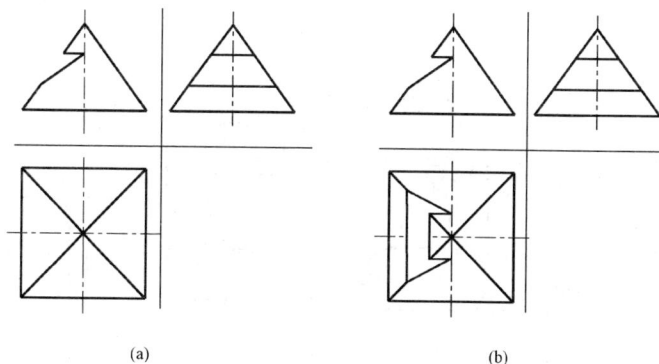

(a)　　　　　　　　　(b)

图 E-63

La1E1064　根据图 E-64（a）所示的立体图，画出其三视图。（尺寸从立体图上量取）

答：如图 E-64（b）所示。

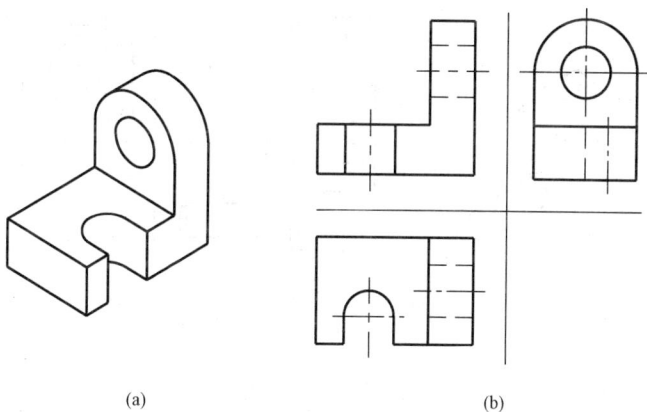

(a)　　　　　　　　　(b)

图 E-64

La1E1065　根据如图 E-65（a）所示立体图和主视图画出 $A-A$、$B-B$ 剖视图。

答：如图 E-65（b）所示。

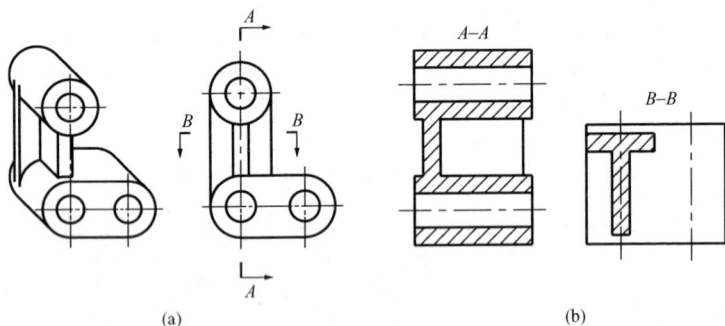

(a)　　　　　　　　　　　　　(b)

图 E-65

La1E2066 画出图 E-66（a）的主视、俯视、左视图。
答： 如图 E-66（b）所示。

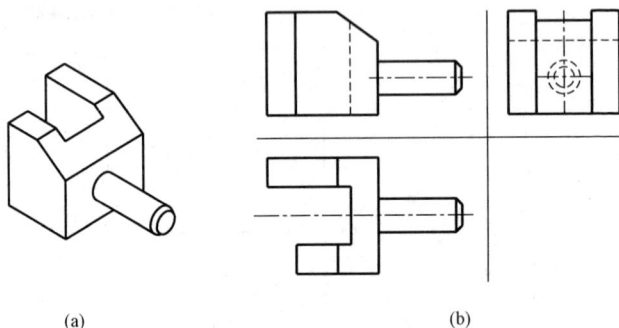

(a)　　　　　　　　　　　　　(b)

图 E-66

La1E2067 试绘制六角螺母的粗制图。
答： 六角螺母的粗制图如图 E-67 所示。

La1E3068 画出图 E-68（a）的主视、俯视、左视图。
答： 如图 E-68（b）所示。

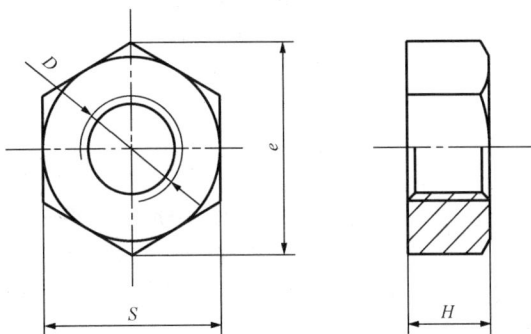

图 E-67

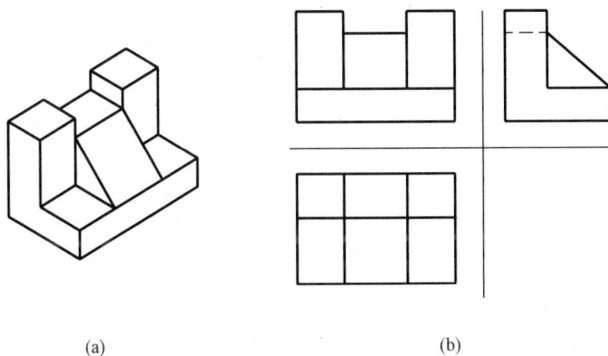

(a)　　　　　　　　(b)

图 E-68

La1E3069 试绘出 GB/T 5782 M10×40 六角螺栓装配图，并注明各部件名称。

答：GB/T 5782 M10×40 六角螺栓装配图如图 E-69 所示。

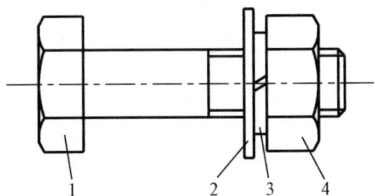

图 E-69

1—螺栓；2—垫圈；3—弹簧垫圈；4—螺母

La1E3070 看懂压力调整器连接图（见图 E–70），并指出各部件名称。

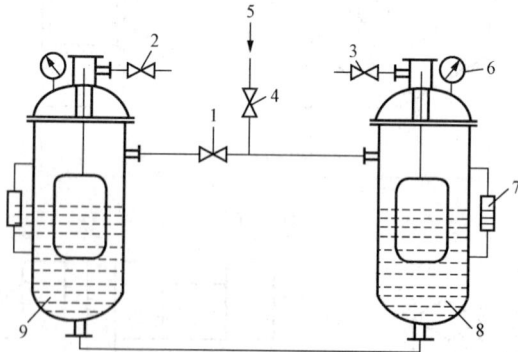

图 E–70

答：1、2、3、4—阀门；5—压缩空气；6—压力表；7—液面指示器；8—氧压力调整器；9—氢压力调整器。

La1E4071 看懂 N300–165/550/550 型汽轮机原则性热力系统图（见图 E–71），并注明各设备（1～10）名称。

答：1—主凝结水泵；2—凝结水升压泵；3—轴封加热器；4—低压加热器；5—疏水泵；6—高压除氧器；7—汽动给水泵；8—辅助汽轮机；9—辅助汽轮机凝汽器；10—高压加热器。

La1E4072 画出斜切圆筒的投影及展开图。

答：斜切圆筒的投影及展开图如图 E–72 所示。

Jd5E1073 写出给水回热示意图（见图 E–73）中各设备的名称。

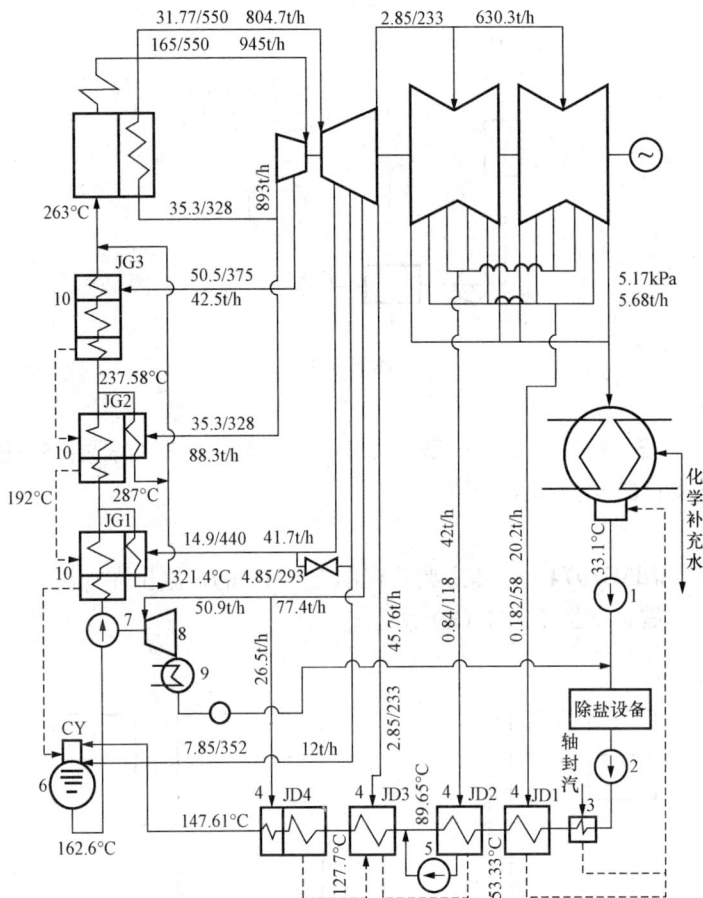

图 E-71

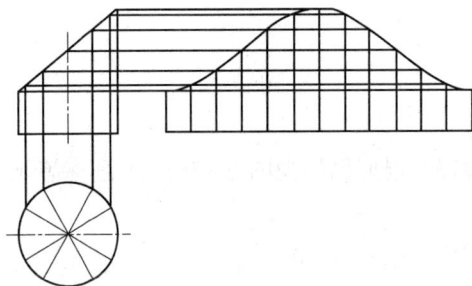

图 E-72

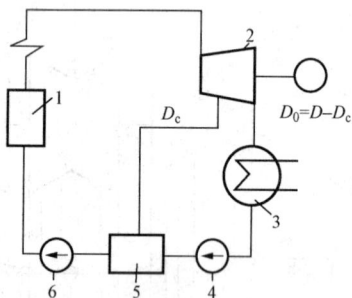

图 E-73

答：1—锅炉；2—汽轮机；3—凝汽器；4—凝结水泵；5—加
热器；6—给水泵。

Jd5E1074 已知主俯两视图 E-74（a），画出左视图。
答：如图 E-74（b）所示。

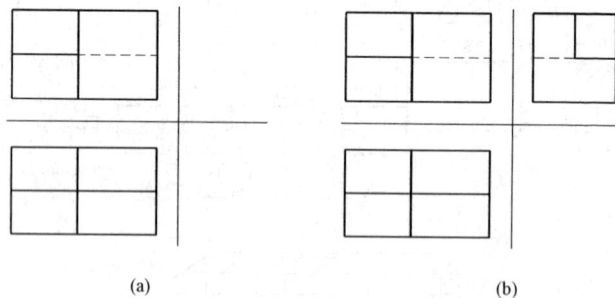

(a)   (b)

图 E-74

Jd5E1075 根据已知视图 E-75（a）画正等侧视图，尺寸
从图中量取。

答：如图 E-75（b）所示。

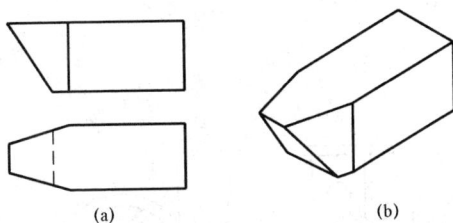

(a)　　　　　　　　(b)

图 E-75

Jd5E3076　画出一般平焊法兰零件图。

答：如图 E-76 所示。

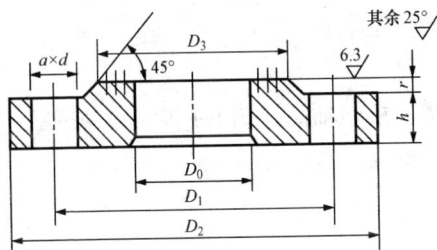

图 E-76

Jd5E3077　画出单头螺栓零件图。

答：如图 E-77 所示。

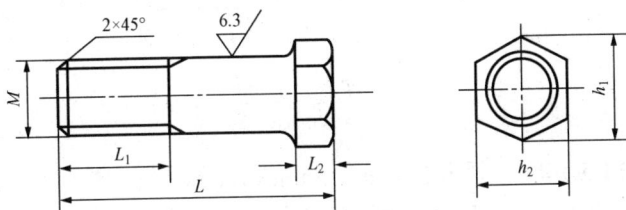

图 E-77

Jd5E4078 写出离心式水泵示意图（见图 E-78）中各部件的名称。

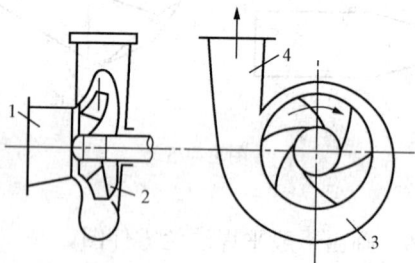

图 E-78

答：1—吸入口；2—叶轮；3—泵壳；4—出水口。

Jd5E5079 根据轴侧视图 E-79（a）画出三视图。

答：如图 E-79（b）所示。

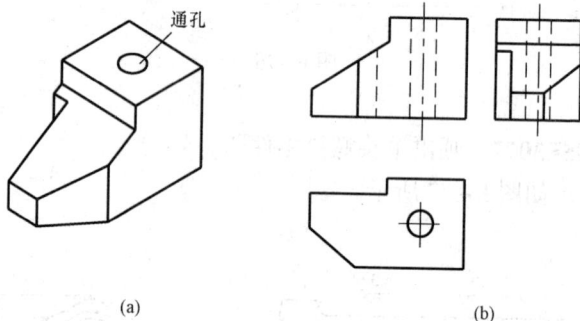

通孔

（a）

（b）

图 E-79

Jd4E1080 画出 25mm×15mm×10mm（长×宽×高）长方体的正投影轴侧图，要求按坐标轴比例 1:1 作图，并标注尺寸。

答：如图 E-80 所示。

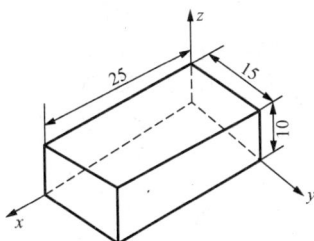

图 E-80

Jd4E2081 试画出凝汽式汽轮机组简易热力系统图。

答：如图 E-81 所示。

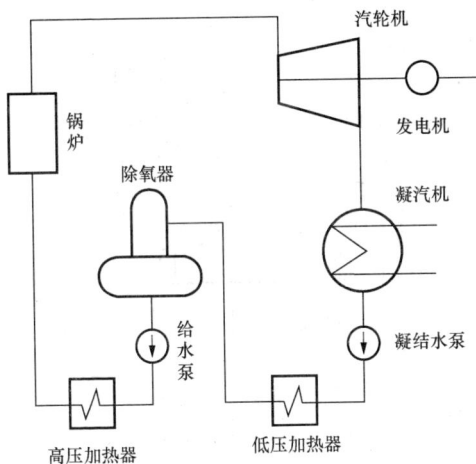

图 E-81

Jd4E2082 画出射汽抽气凝汽系统示意图，并标出各设备名称。

答：如图 E-82 所示。

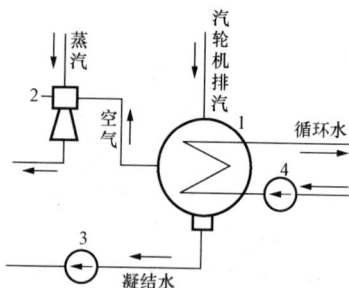

图 E-82

1—凝汽器；2—抽气器；3—凝结水泵；4—循环水泵

Jd4E3083　画出高压凝汽式发电厂除氧器连接方式并标出设备名称。

答：如图 E-83 所示。

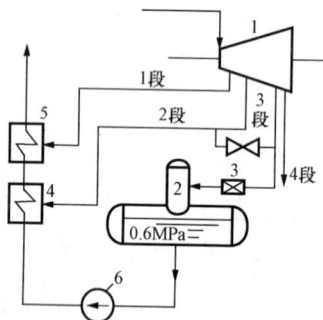

图 E-83

1—高压凝汽式汽轮机；2—高压除氧器；3—除氧器压力调整器；

4、5—高压加热器；6—给水泵

Jd4E3084　在 U 形管式加热器示意图（见图 E-84）中注明各部位名称。

答：1—U 形管；2—导向板；3—浮子；4—管板；5—疏水阀；6—外壳。

Jd4E4085 画出凝结水泵安装系统示意图，并注明各部件名称。

答： 如图 E-85 所示。

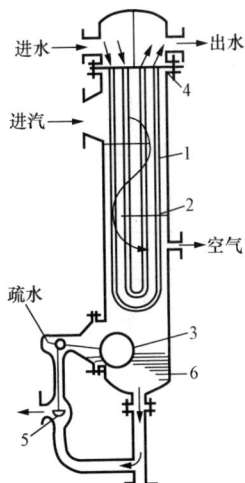

图 E-84

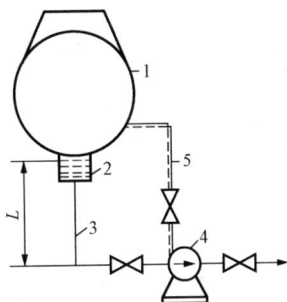

图 E-85

1—凝汽器；2—热水井；3—凝结水管；

4—凝结水泵；5—平衡管

Jd4E5086 画出三床四塔除盐系统图，并注明设备名称。

答： 如图 E-86 所示。

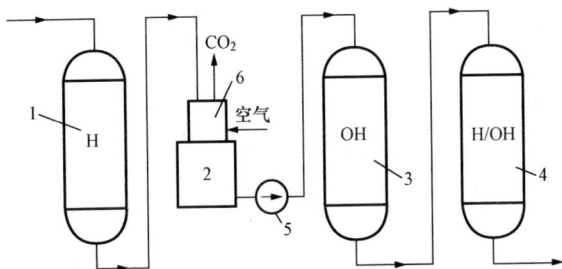

图 E-86

1—强酸性阳离子交换器；2—中间水箱；3—强碱性阴离子交换器；

4—混合离子交换器；5—中间水泵；6—除二氧化碳器

337

Jd3E1087 画一个天圆地方过渡节零件图（圆直径 $\phi=800$，方口 1400mm×1200mm，高 1500mm）用所给尺寸按合适比例画。

答：画法如图 E-87 所示。

Jd3E3088 画出用图 E-88（a）所示六角头螺栓连接的装配图。

答：如图 E-88（b）所示。

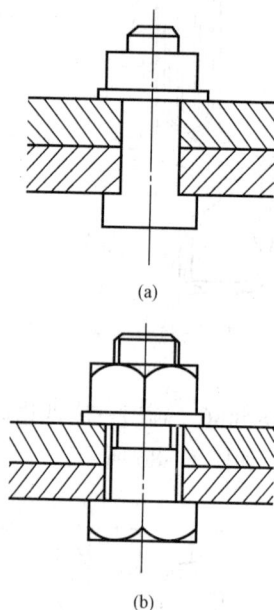

(a)

(b)

图 E-88

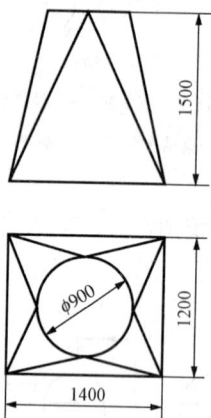

图 E-87

Jd3E4089 图 E-89 所示为国产 300MW 机组单元制给水系统，请注明各级设备名称。

答：1—除氧器；2—水箱；3—电动水泵；4—汽动水泵；5—蒸汽冷却器；6—锅炉。

Jd3E5090 画出等径直交三通的投影图及展开图。

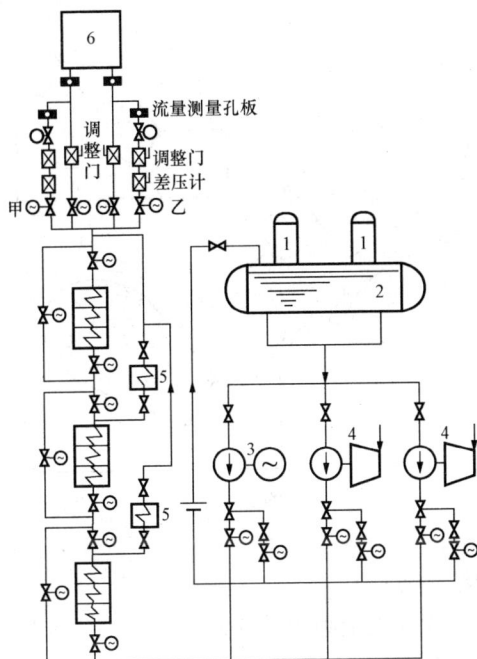

答：如图 E-90 所示，其中图（a）、（b）为等径直交三通的投影图。图（c）为等径直交三通的展开图。

图 E-89

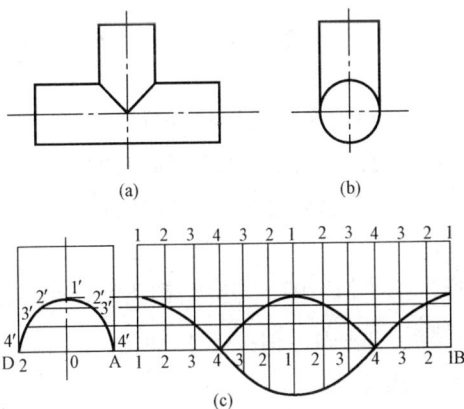

(a)　　　　　　(b)

(c)

图 E-90

339

Jd2E3091 试画出等径斜三通的展开图，并写出步骤。

答：如图 E-91 所示。

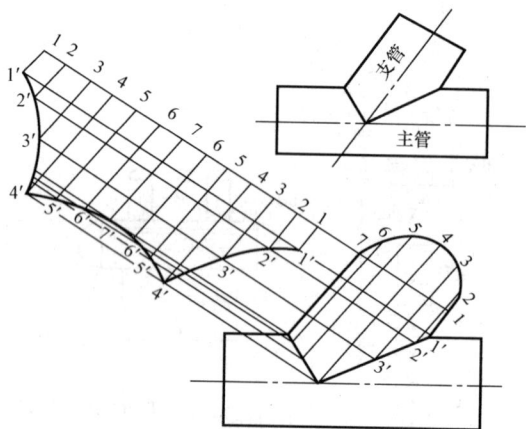

图 E-91

基本画法步骤：

（1）在支管的顶端画半圆并六等分，等分点分别为 1、2、3、4、5、6、7。

（2）由各等分点向下画出与支管中心线平行的斜直线，使之与主管的斜尖角相交得直线 11′、22′、33′、44′、55′、66′、77′。

（3）将这些线段移至支管周长等分点的相垂直线上。

（4）将所得交点用光滑曲线连接起来即是支管的展开图。

（注：放样时，支管管径应考虑放样材料的厚度）。

Jd2E3092 从图 E-92（蝶阀结构图）上指出各部件名称。

答：1—蝶板；2—固定轴；3—传动轴；4—销钉；5—阀杆；6—密封圈；7—阀体。

Jd2E3093 图 E-93（a）是一压盖立体图，画出全剖图。

答：如图 E-93（b）所示。

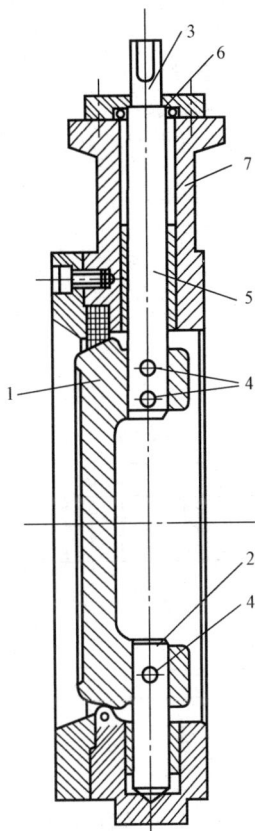

图 E-92

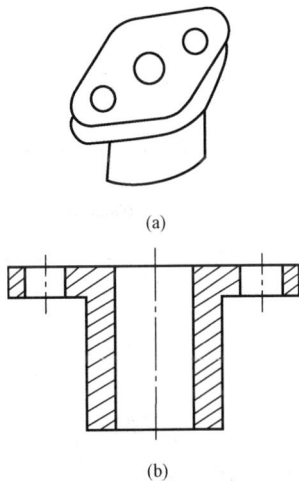

(a)

(b)

图 E-93

Jd2E4094 画出给水泵再循环调节示意图。

答：如图 E-94 所示。

Jd1E2095 按比例1:2画一法兰盘的剖视图。法兰外径 ϕ 160，内径 ϕ 58，法兰螺孔中心直径 ϕ 125，法兰面直径 100，台厚 3，倒角 45°，法兰厚 22，螺孔 φ18，均布 4 孔，要求标注全剖尺寸。尺寸单位：mm。

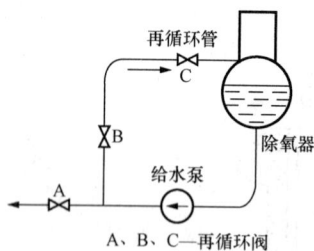

再循环管

C

B

A

除氧器

给水泵

A、B、C—再循环阀

图 E-94

答：如图 E-95 所示。

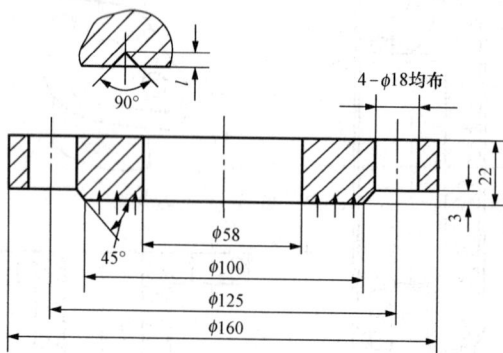

90°

4-φ18均布

22

3

45°

φ58

φ100

φ125

φ160

图 E-95

Jd1E3096　试画出等角度的等径 Y 形三通管的展开图（俗称裤裆杈），并写出步骤。

答：如图 E-96 所示。

基本画法步骤：

（1）已知尺寸画出立面图的外形（即实样）。

（2）由三通管交接线的中心点 O，向左引水平线。

（3）在水平线上量出管外径的周长并将其十二等分，各等分点自右向左的顺序号为 1、2、3、4、3、2、1、2、3、4、3、

2、1。通过各等分点向上引垂直线。

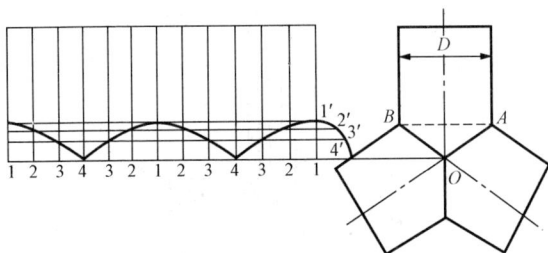

图 E-96

（4）以水平线右边端点 1 为圆心，以 $r = \dfrac{D}{2} \times \tan 30° =$

0.288 7D 为半径画 $\dfrac{1}{4}$ 圆。三等分 $\dfrac{1}{4}$ 圆，等分点为 1′、2′、3′、4′。

（5）以 $\dfrac{1}{4}$ 圆等分点向左引水平线，与管外径周长各等分点的上引垂直线相交。

（6）将诸对应交点连成光滑曲线，即得出所求展开图。

注明：放样时，管径 D 应考虑使用放样材料的厚度。

Je4E1097 画出单吸水泵叶轮图。

答：如图 E-97 所示。

Je2E5098 画出单元制主蒸汽管道系统图。

答：如图 E-98 所示。

Je1E4099 看懂机油泵装配图 E-99，选择适当表达方法画出零件 4 泵盖的主、俯视图，尺寸按 1:1 由装配图中量取。

答：如图 E-99（b）所示。

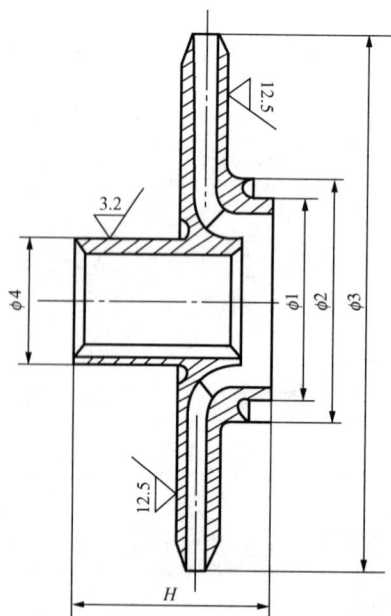

图 E-97

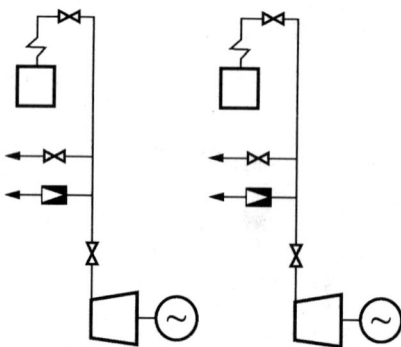

图 E-98

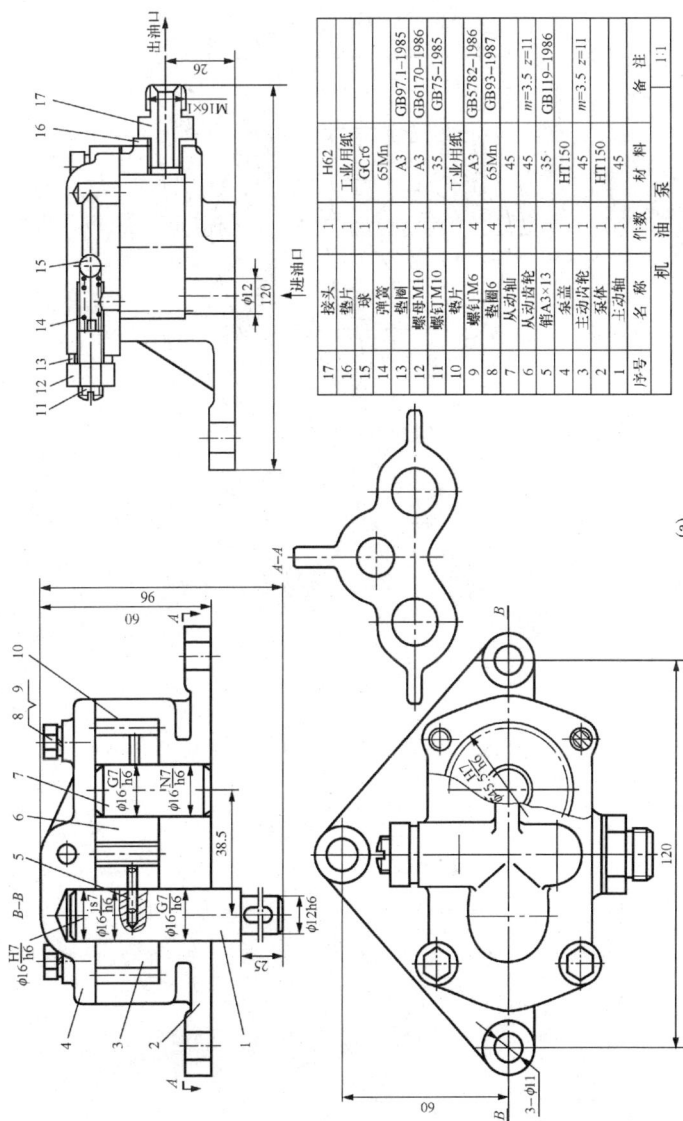

图 E-99 （一）

(a)

序号	名称	件数	材料	备注
17	接头	1	H62	
16	垫片	1	工业用纸	
15	球	1	GCr6	
14	弹簧	1	65Mn	
13	螺母M10	1	A3	GB97.1—1985
12	垫圈	1	A3	GB6170—1986
11	螺钉M10	1	35	GB75—1985
10	垫片	1	工业用纸	
9	螺钉M6	4	A3	GB5782—1986
8	从动轴	4	65Mn	GB93—1987
7	从动齿轮	1	45	m=3.5 z=11
6	销A3×13	1	35	GB119—1986
5	泵盖	1	HT150	
4	主动齿轮	1	45	m=3.5 z=11
3	泵体	1	HT150	
2	主动轴	1	45	
序号	名称	件数	材料	备注

机 油 泵   1:1

345

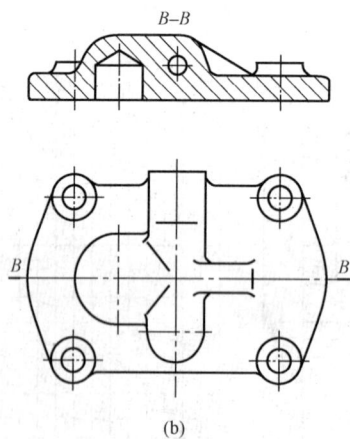

$B-B$

(b)

图 E-99（二）

4.1.6 论述题

La5F3001 经定压加热使未饱和水变为饱和水的过程加入热量温度升高，但饱和水变为干饱和蒸汽的过程也需加入热量，温度却不升高，为什么？

答： 未饱和水变为饱和水过程所加入的热量主要用来增加液体分子的动能，升高其温度。饱和水的汽化过程所加入的热量，主要用于克服分子间的吸引力，膨胀其容积，增加内位能，而不是用来增加分子动能，所以温度不升高。

La4F3002 优质碳素结构钢的表示方法是什么？

答：（1）这类钢的钢号一般采用两位阿拉伯数字来表示，数字代表平均含碳量的万分之几。如 45 钢就是表示平均含碳量为 0.45% 的钢。

（2）锰含量较高的优质碳素结构钢，应将锰元素标出。如 50Mn 就是表示平均含碳量为 0.50%，锰含量较高（0.70%～1.0%）的钢。

（3）沸腾钢、半镇静钢及专门用途的优质碳素结构钢，在钢号后应标出规定的符号。如 10F 表示平均含碳量为 0.10% 的沸腾钢（10b 则表示半镇静钢），20g 表示平均含碳量为 0.20% 的锅炉用钢。

La4F3003 水泵吸入室的作用是什么？有哪几种形式？

答： 水泵吸入室的作用是将进水管中的液体以最小的损失均匀地引向叶轮。

有以下三种形式。

（1）锥形管吸入室。采用收缩式锥形管可使液体流速增加，达到叶轮进口必要的速度，并使流速分布均匀，能径向进入叶轮。它多用在悬臂结构泵上，吸入室的锥度一般为 7°～8°。

（2）圆环式吸入室。在这种吸入室中，由于泵轴穿过吸入室，在泵轴后面会形成漩涡区，引起叶轮前流速分布不均匀，使液体进入叶轮时发生撞击和涡流损失。这种吸入室多用在多级泵上，由于多级泵扬程较高，吸入室水力损失所占的比例并不大。

（3）半螺旋形吸入室。这种吸入室的截面是逐渐减小的，可使进水导管中的水流加速，还使液体在进入叶轮前产生了预旋，降低了水泵的扬程；但它可以消除泵轴后面的旋涡区，从而使液流较均匀地进入叶轮。螺旋形吸入室上部有分离筋，在45°的方向上。半螺旋形吸入室被广泛地应用在双吸式离心泵和多级蜗壳泵上。

La3F2004　为什么启动时温度变化率过大会造成加热器管系泄漏？

答：发电厂大型机组一般采用表面式高压加热器，内部传热管数量多、管壁薄，而管板很厚，管板两侧温度差值可达300℃左右，所以从加热器结构来说存在较大的隐患。另外，高压加热器工况恶劣，高压加热器承受着给水泵的出口压力，比锅炉汽包承受的压力还高,是发电厂内承压最高的压力容器；高压加热器还承受着过热蒸汽和给水之间的温差，其中又以管板式高压加热器的管子与管板连接处的工作条件最为恶劣。在高压加热器投运和停运过程中，如果操作不当，管子与管板结合面受到很大的温度冲击，会有很大的热应力叠加在机械应力上。当这种应力过大或多次交变，就会损坏结合面或造成管子端口泄漏。

La3F2005　试述热力除氧的工作原理。

答：热力除氧的原理建立在亨利定律和道尔顿定律基础上。

亨利定律指出：当液体和气体间处于平衡状态时，对应一定的温度，单位体积水中溶解的气体量与水面上该气体的分压力成正比。若水面上该气体的分压力大于该气体在水面的实际分压力，则该气体就会在不平衡压差作用下自水中离析出来，直至达到新的平衡状态为止。如果能将某种气体从液面上完全清除掉，就可把该气体从液体中完全除去。

道尔顿定律指出：混合气体的全压力等于组成它的各气体分压力之和。对于给水而言，水面上混合气体的全压力等于水中溶解气体的分压力与水蒸气分压力之和。在除氧器中，水被定压加热时，其蒸发量增加，从而使水面水蒸气的分压力增高，相应地，水面其他气体分压力降低。当水加热到除氧器压力下的沸点时，水蒸气的分压力就会接近水面上混合气体的全压力，此时水面上其他气体的分压力将趋近于零，于是溶解于水中的气体将在不平衡压差的作用下从水中逸出，并从除氧器排汽管中排走。

La3F3006 滑动轴承的基本形式和特点是什么？

答：滑动轴承大多用在大型、高载荷的设备上，如汽轮机、大型风机或水泵等。滑动轴承按其工作原理分为圆筒形、椭圆形和三油楔形三种，按其结构则分为整体式和对开分半式两种。整体式滑动轴承只适用于低速、轻载和间歇工作的小型齿轮油泵等处。

滑动轴承的轴径与轴瓦接触面积大、钨金基体韧性强并兼具塑性，具有承载能力强、径向尺寸小、抗冲击载荷及应变能力强、摩擦系数小、精度高、在保证润滑良好的条件下可长期在高速运转的工况下运行等优点；其缺点是启动力矩大、耗油量大和各结合面的漏油不易密封等。

La3F3007 滚动轴承的基本结构和特点是什么？

答：滚动轴承由外圈、内圈、滚动体（有滚珠、滚柱、滚锥和滚针等）和隔离圈等组成。在滚动轴承的装配中，内圈与轴径、外圈与轴承座的配合分别采用过盈、过渡间隙配合。为了保证滚动体在内、外圈之间的正常滚动，又用隔离圈来保持滚动体之间的距离。

滚动轴承与滑动轴承相比，具有摩擦系数小、消耗功率少、启动力矩也小、耗油少、易于密封，而且能自动调整中心以补偿轴弯曲和装配的误差的优点；其缺点是承受冲击载荷能力差，径向尺寸大，在运转过程中的噪声大，维护保养的成本高。

La3F3008 根据图 F-1 叙述液压千斤顶的工作原理。

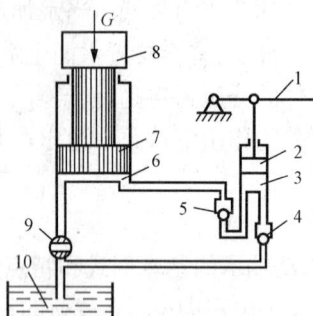

图 F-1

1—杠杆；2、7—活塞；3、6—液压缸；4、5—球阀；8—顶杆；

9—放油阀；10—油箱

答：工作时，将放油阀 9 关闭，抬起杠杆 1，活塞 2 随着一起抬高，上油缸 3 下腔的容积增大，因球阀 4、5 开始时处于关闭状态，油缸 3 下腔密封，故形成真空，球阀 4 在真空和大气油压的作用下被打开，油进入小油缸，完成吸油过程；当杠杆被压下时，球阀 4 关闭，球阀 5 被打开，油被压入大活塞的下腔，由于大油缸下腔是密封的，进入的油要有一定的体积容纳，这样就把大活塞向上推一段距离，完成压油过程。如此所复，油压千斤顶就可以顶起重物。油压千斤顶工作时油不会反流，是球阀起的单向作用。工作结束后，将放油阀打开，大活塞在重力的作用下降到原来的位置，油流回油箱。

La1F2009　水泵的几个主要性能参数是什么？

答：不论什么水泵，在工作时都具有一定的参数，通常在水泵的铭牌中给出，主要有：

（1）流量。单位时间内水泵供出的液体数量，用字母 Q 来表示。

（2）扬程。单位质量的液体通过水泵后所获得的能量，用字母 H 来表示。

（3）转速。泵轴在每分钟内所转过的圈数，用字母 n 来表示。

（4）轴功率。由原动机传给水泵泵轴上的功率，用字母 N 来表示。

（5）效率。指被输送的液体实际获得的功率与轴功率的比值，用字母 η 表示。

（6）比转速。在设计制造水泵时，为了将具有各种各样流量、扬程的水泵进行比较，就将某一台泵的实际尺寸几何相似地缩小为标准泵。此时标准泵的转数就是实际泵的比转数。比转数是从相似理论中引出来的一个综合性参数，它说明流量、扬程、转数之间的相互关系。

La1F2010　汽轮机冲转条件中，为什么规定要有一定数值的真空？

答：汽轮机冲转前必须有一定的真空，一般为 60kPa 左右，若真空过低，转子转动就需要较多的新蒸汽，而过多的乏汽突然排至凝汽器，凝汽器汽侧压力瞬间升高过多，可能使凝汽器汽侧形成正压，造成排大气安全薄膜损坏，同时也会给汽缸和转子造成较大的热冲击。

冲动转子时，真空也不能太高，真空过高不仅要延长建立真空的时间，也因为通过汽轮机的蒸汽量较少，放热系数小，使得汽轮机加热缓慢，转速也不稳定，从而延长启动时间。

La1F3011 凝汽式发电厂生产过程中有哪些能量损失？其中哪项损失最大？各项损失的原因是什么？

答：凝汽式发电厂生产过程中有以下损失：

（1）锅炉热损失（9%）。是锅炉排烟损失、化学和机械不完全燃烧损失、锅炉散热损失、锅炉灰渣热损失的总和。

（2）管道热损失（0.063%）。是指热力管道散热和泄漏所产生的热损失。

（3）汽轮机的冷源损失（58.603 12%）（最大）。是指凝结器内凝结放热损失，它包括固有冷源损失和附加冷源损失。

（4）汽轮机机械损失（0.323 34%）是指汽轮机的轴承摩擦阻力产生的损失。

（5）发电机能量损失（0.480 16%）。是指发电机轴承摩擦产生的阻力损失、铁损和铜损。

La1F3012 设备到达现场后，对于常有缺陷的设备和怀疑有问题的部件应如何处理？

答：设备到达现场后，应会同有关部门开箱清点，对设备的名称、规格、数量和完好情况进行外观检查，对于常有缺陷的设备和怀疑有问题的部件应重点检查，做出记录，并应做到：

（1）开箱应使用合适的工具。对装有精密设备的箱件，更应注意妥善保护。

（2）设备的转动和滑动部件，在防腐涂料未清理前，不得转动和滑动，检查后仍应进行防腐处理。

（3）装箱设备开箱检查后不能立即安装者，应将箱封闭好，露天放置的箱件应加防雨罩。

La1F4013 高压加热器汽侧水位过低会产生哪些危害？

答：如果高压加热器在运行中汽侧水位过低，不能浸没内置式疏水冷却段的疏水入口，蒸汽就会进入疏水冷却段，从而影响疏水冷却段内部的传热效果。对于需要靠虹吸作用维持疏水正常流动的立式加热器和具有疏水冷却段的卧式加热器，一旦疏水水位低于疏水冷却段入口，水封遭到破坏，就失去了疏水冷却段的作用，使疏水所含热量不能得到充分利用，影响热经济性。

各级加热器之间的疏水一般都是逐级串联的。在无水位运行情况下，抽汽压力较高的一级加热器中的蒸汽就会通过疏水管道进入下一级抽汽压力较低的加热器，从而使回热循环的整体热经济性降低。

对有内置式疏水冷却段的加热器，当水位过低而使疏水入口暴露在蒸汽中时，会在入口处形成蒸汽与水的两相流动。疏水冷却段的流通截面是按水量设计的，为防止压损过大，一般规定疏水冷却段内凝结水流速不大于 0.6～1.2m/s。当部分蒸汽进入疏水冷却器时，高速流动的汽水混合物会侵蚀疏水冷却段入口附近的管束、隔板等构件。此外，流速增大还可能导致管束振动损坏。

在水位过低的情况下，疏水冷却段不能正常工作，由加热器排出的疏水过冷度很小，疏水在流动过程中就很容易因压损而造成疏水在管道内闪蒸。闪蒸后形成高速流动的汽水混合物，对管路中的弯头、阀门等造成严重侵蚀的可能性就增加了很多。疏水闪蒸和两相流动过程通常不稳定，会激发管道的振动。管道长期大幅度振动，会造成管道及有关设备的疲劳损坏。对采用疏水泵的系统，疏水过冷度不足，还会造成疏水泵汽蚀余量不足。

La1F5014　凝汽器与汽缸采用焊接连接时，应符合哪些要求？

答：（1）连接工作应在低压汽缸负荷分配合格、汽缸最终定位后进行。

（2）焊接工艺应符合《电力建设施工质量验收及评定规程》（DL/T 5210.7—2010）的要求，并应制定防止焊接变形的施焊措施，施焊时应用百分表监视汽缸台板四角的变形和位移，当变化大于 0.10mm 时要暂时停焊接，待恢复常态后再继续施焊。

（3）凝汽器与排汽缸的接口可以加铁板贴焊，其上口弯边突入排汽缸内的部分，一般不应超过 20～50mm。

La1F5015　如何从金属监督角度来分析高压加热器入口管端的侵蚀损坏？

答：入口管端的侵蚀损坏只发生在碳钢管加热器中，损坏部位一般限制在管束的给水入口端约 200mm 的范围内。入口管端侵蚀损坏是一种侵蚀和腐蚀共同作用的损坏过程，其机理是管壁金属在表面形成的氧化膜被高紊流度的给水破坏并带走，在这种连续不断的过程中，金属材料不断损失，最终导致管子的破损，有时损坏面可以扩大到管端焊缝甚至管板。

影响入口管端侵蚀损坏的主要因素有给水 pH 值、含氧量、温度和紊流度。铁在含水环境中生成铁离子（Fe^{2+}），然后在含氧量低的条件下与水中的氢氧根离子（OH^-）结合而生成铁的氢氧化物［$Fe(OH)_2$］；当温度高于 150℃ 时，反应开始向着形成磁性氧化铁的方向转移，即

$$Fe(OH)_2 \longrightarrow Fe_3O_2 + H_2O$$

磁性氧化铁与钢有相同的晶格结构，能够和钢材基体建立牢固的联系，在钢材表面形成很薄的氧化膜保护层，把腐蚀介质与金属隔开，起到减轻腐蚀、保护金属材料的作用。

由上述反应过程可知，铁先和氢氧根离子生成 $Fe(OH)_2$，然后再转变成磁性氧化铁。

这种反应主要出现在低含氧量的中性和碱性溶液中。在酸性溶液中有较多的氢离子（H^+），会使 Fe_3O_4 游离成铁离子（Fe^{2+}）而被水流带走。试验表明：在流动的水中，pH 值上升，材料损耗速度下降；当 pH 值达 9.6 时，管端侵蚀损坏现象几乎消失。

较高的温度有利于磁性氧化铁的形成。一般认为给水温度

低于 200℃时，才会出现明显的侵蚀。

水的紊流引起压力波动和对管壁的冲击，是使磁性氧化膜破坏的主要原因。紊流的形成主要来自给水从进水管流入水室时的强大扰动，以及给水进入管束时在端部出现的收缩和脱离。这种紊流的影响一般可深入到管内约 200mm 处。紊流度越大，对氧化膜的破坏就越迅速，因而侵蚀速度也越快。

Lb5F2016　水泵通常分为哪几种?

答：水泵的分类方法很多，如果按其工作时产生的压力大小，可分为高压泵（工作压力在 6MPa 以上的水泵）、中压泵（工作压力在 2～6MPa 之间的水泵）和低压泵（工作压力在 2MPa 以下的水泵）三种。按水泵工作原理，可分为容积式泵和叶片式泵，其中容积式泵又包括往复式泵（如活塞泵、柱塞泵）和回转式泵（如齿轮泵、螺杆泵）两种，叶片式泵又包括离心泵、轴流泵和混流泵。此外，还有一些特殊用途的水泵，如真空泵、射流泵及潜水泵等。

Lb5F3017　为什么大型发电厂的热力系统中要使用高压除氧器?

答：在电厂热力系统中，除氧器的加热蒸汽除来自汽轮机的抽汽外，还有高压加热器的疏水及排污扩容器来的二次蒸汽。如果使用大气式除氧器，当汽轮机主凝结水量很少时高压加热器的疏水蒸发出来的蒸汽及其他蒸汽足以满足除氧用汽的需要，不必再从汽轮机抽汽。抽汽止回阀将因除氧器压力升高而关闭。此时会使内部汽水的逆向流动受到破坏，在除氧器底部形成不动的蒸汽层，使汽体不能排出，破坏了除氧效果。另外，除氧器内部压力升高，排汽量加大而造成较多的热损失。采用高压除氧器后，除氧器内相应饱和水温度也提高，可以避免上述现象，保证工作稳定。

Lb5F3018　发电机采用氢气冷却的优缺点是什么？

答：（1）优点：

1）通风损耗低，机械（指发电机转子上的风扇）效率高。这是因为氢气比重小的原因。

2）散热快，冷却效率高。因为氢气的导热系数大，扩散性好，能将能量迅速导出。通常能使发电机的温升降低 10～15℃。

3）因为氢气不能助燃，而发电机内充入的氢气中含氧又小于 2%，所以一旦发电机绕组被击穿时，着火的危险性很小。

（2）缺点：

1）氢气的渗透性很强，易于扩散泄漏，所以发电机的外壳及转子轴承部位必须很好的采取密封措施。

2）氢气与空气混合能形成爆炸性气体，一旦泄漏，遇火即能引起爆炸。因此，在用氢冷却的发电机四周严禁明火。

3）采用氢气冷却必须设置一套制氢的电解设备和控制系统，这就增加了基建设备投资及维修费用。

Lb5F4019　凝汽器壳体在现场组合应注意什么？

答：（1）壳体起吊点应绑扎在壳体结构坚实的部位，起吊应平稳，不使设备产生永久变形。

（2）壳体应垫平、垫实，并能自由地组合在一起。

（3）管板、隔板和管孔中心线要按图纸规定检查并调整好，无规定值时，可参照类似结构形式的设备确定。

（4）壳体焊接工作应按焊接规程进行，并有防止壳体接变形的措施。

（5）向壳体上接疏水管与喷水管，应在壳体组合焊接完毕后进行，露出壳体外的管口应焊接好临时堵板。

（6）接到凝汽器的各管应采取措施，使汽水不直接冲到铜管上，含盐浓度较大的疏水管喷孔，应能使喷水雾化良好。

（7）组合后的壳体焊缝应做渗油试验，确认无渗漏。

Lb4F3020　进行凝汽器的组合，包括哪些内容？

答：① 焊接坡口清理；② 管孔清理；③ 拼焊热水井及底板；④ 组装管板；⑤ 组装边板；⑥ 组装隔板；⑦ 组装另一侧边板；⑧ 复查管板间距和对角距离及隔板管孔；⑨ 组装凝汽器壳体中其他附件；⑩ 焊接。

Lb4F3021　管式冷油器做严密性试验时有哪些规定？

答：（1）油侧应进行工作压力 1.5 倍的水压试验，保持 5min 无渗漏。如作风压试验，其压力应为工作压力。

（2）对于带有膨胀补偿器的冷油器，试验时应先采取加固措施，防止损坏补偿器。

（3）对于下管板与下水室封闭在油室内的冷油器，必须在水侧水压合格后才能装入油室。

（4）油侧试压后铜管胀口如有渗漏应补胀，但补胀后胀口应无裂纹，对补胀无效和管壁泄漏的铜管应更换。

Lb4F3022　施工组织设计应包括哪些主要内容？

答：施工组织设计应包括以下主要内容：

（1）说明部分。包括编制整个施工组织设计的依据、大型设备吊装方案、起重机械的选择和计算、设备进行预检修及组合的场地等。

（2）设备安装的进度计划。规定机组和部件安装的程序、各程序所需劳动力以及主要设备安装、分部试运行和整套试运行的控制日期。

（3）各主要设备安装的技术措施和工艺卡片。

（4）起重和安装用的设备、运输工具、安装材料与施工机具清单以及起重方法示意图。

（5）厂区平面布置图：包括仓库、检修场、组合场临时建筑物、交通运输路线以及电源、压缩空气和氧气、乙炔等各种能源的管道布置等。

Lb4F3023　汽轮机辅机安装前的物资准备有哪些？

答：（1）器材准备：① 消耗材料，包括各种清洗剂、螺栓松动剂、红丹粉、黑铅粉等；② 油料，包括汽油、常用机油、润滑脂等；③ 填料、垫料、研磨材料等；④ 加工配制件，如垫铁、管道支架、吊架、法兰等。

（2）工具准备。包括各种常用工具、专用工具（自行配制加工的或制造厂供给的）、各种普通或精密量具、小型千斤顶、链条葫芦等。

（3）机具准备。包括砂轮机、台钻、滤油机、试压泵、手电钻、角磨机等。

Lb4F3024　班组的原始记录主要有哪些？

答：（1）施工任务单要求的工期、人工、材料消耗、机械台班使用等记录。

（2）班组考勤记录。

（3）施工及验收规范要求填写的技术记录，设备缺陷及处理记录。

（4）设计及图纸变更记录。

（5）材料代用记录。

（6）质量检查验收及隐蔽工程验收记录。

（7）质量、安全、机械设备事故记录。

（8）班组核算及经济活动分析记录。

Lb4F3025　管道施工的主要工序是什么？

答：管道施工的主要工序有：管件及附件的配制、管道下料、支吊架安装、管道试装、对口焊接、管道正式安装、调整支吊架弹簧、合金钢管道焊口热处理及透视检验、水压试验及冲洗、保温涂色。

Lb4F3026　怎样看管道施工图？

答：（1）按图纸目录清点好图纸数量是否齐全。

（2）看清管道系统及走向，看懂图纸文字说明技术要求，按图纸设计要求对照材料明细表。

（3）看清管线的几何位置及与建筑物之间的关系。

（4）按材料明细表做好统计，汇总提出加工明细。

（5）弄清管道几何尺寸和中心线位置及管线上各种配件型号和数量。

Lb4F4027　在主蒸汽温度不变时，主蒸汽压力的变化对汽轮机运行有何影响？

答：（1）主蒸汽温度不变，主蒸汽压力升高对汽轮机的影响：

1）整机的焓降增大，运行的经济性提高。但当主蒸汽压力超过限额时，会威胁机组的安全；

2）调节级叶片过负荷；

3）机组末几级的蒸汽湿度增大；

4）引起主蒸汽管道、主汽门及调速汽门、汽缸、法兰等变压部件的内应力增加，寿命减少，以致损坏。

（2）主蒸汽温度不变，主蒸汽压力下降对汽轮机影响：

1）汽轮机可用焓降减少，耗汽量增加，经济性降低，出力不足；

2）对于用抽汽供给的给水泵汽轮机和除氧器，因主蒸汽压力过低也就引起抽汽压力相应降低，使给水泵汽轮机和除氧器无法正常运行。

Lb4F4028　试述澄清器的安装步骤。

答：一般可按如下程序安装：① 基础的检查；② 底部组件的就位；③ 中部组件、上部组件的安装；④ 进水装置和加药管的安装；⑤ 沉渣箱的安装；⑥ 水平多孔隔板、竖直多孔稳流板的安装；⑦ 内筒集渣管及沉渣箱清水管道的安装；⑧ 顶部多孔板的安装；⑨ 集水槽的安装；⑩ 空气分离器的安装；⑪ 取样管的安装；⑫ 石灰乳管道的安装；⑬ 其他部件（集渣箱、顶部盖板、梯子等）的安装；⑭ 附属设备（加药设备及转动机械等）、管道的安装。

Lb4F4029　试述电动给水泵的安装工序和内容。

答：（1）先对照图纸划好安装位置中心线、实际标高和垫铁位置。

（2）垫铁位置打出毛面并放置垫铁，然后找平。

（3）把电动机、耦合器和水泵的联轴器装好后再先后就位，并粗找中心、标高、地脚螺栓位置等，看是否合适。

（4）以耦合器为准找纵向水平。无耦合器的，则以电动机水泵侧轴颈水平为零左右为准，同时找纵中心线。

（5）电动机、水泵、耦合器中心线、标高找定后，找各联轴器的中心。

（6）要把二次浇灌后无法安装的各管件安装好。

（7）把给水泵附属的油泵、冷油器安装好。

（8）准备电动给水泵的二次浇灌，并清理基础。

（9）浇灌混凝土并捣实地脚螺孔。

（10）二次混凝土强度达到 70%以上时，紧固地脚螺栓并校核联轴器中心；连接各附属管道和进出水管道，并监督给水管道不要在泵上吃力。

（11）安装各附件（压力表、温度计、冷却水等）。

Lb4F4030　水泵固定部分各部件的检查应符合什么要求？

答：（1）壳体各结合面应平整、光洁、无径向沟痕，用涂色法检查，圆周方向接触痕迹应无间断，施工中严防碰撞结合面。

（2）检查泵壳各个中段的结合面的不平行度，允许值一般应小于 0.04mm。

（3）相邻中段之间的定心止口的配合间隙，一般为 0.00～0.50mm，各段结合面间铜垫应经退火处理。

（4）导叶衬套与导叶的配合间隙，一般为 0.00～0.03mm，装好后应加装骑缝螺栓或点焊，且不应有凸起现象。

（5）密封环与中段的配合径向总间隙，一般应为 0.03～0.05mm。

（6）导叶衬套处的动静配合的径向总间隙一般为 0.40～0.60mm，密封环与叶轮的径向配合间隙应符合图纸规定，一般为 0.45～0.65mm（较大直径采用较大数值）。

（7）第一级为双级叶轮时，前段护套与挡套的径向总间隙一般为 0.40～0.60mm。

（8）静平衡盘的套筒部分与出水段泵壳的配合，应为过渡配合，无间隙并不得松旷，静平衡盘端面与壳体经涂色检查应接触密实无间隙。

Lb4F4031　对轮找中心时，测量数据产生误差的原因是什么？

答：（1）轴承安装不良，垫铁与轴承洼窝接触情况不良，使轴瓦在调整之后，重新装入时不能复原。

（2）有外力作用在转子上，如盘车装置的影响和对轮临时连接销子憋劲等。

（3）百分表固定不牢或卡得过紧；测量部位不平或桥规的塞位有斜度；桥规固定不牢固或刚性差。

（4）垫片片数过多，垫片不平，有毛刺或宽度过大。因此垫片应使用等厚的薄钢片，冲剪后磨去毛刺，垫片宽度应比垫铁小 1～2mm。每次安放垫铁时，应注意原来方向。

（5）在绘制对轮偏差总结图、中心状态图及计算各轴瓦调整量时，发生计算和推理上的错误，其原因多属不仔细造成。

Lb3F1032　简述除氧器的工作原理。

答：现代发电厂中广泛采用的是加热除氧，它的原理是将压力稳定的蒸汽通入除氧器内，同时使给水和补给水也通入除氧器。用蒸汽把给水加热到与除氧器压力相应的饱和温度（即水在除氧器压力下的沸腾温度）。因为一定的气体在水中的溶解度和水面上该气体的分压力及水的温度有关。温度和分压力高，则气体溶解度大；相反，则溶解度小。给水在除氧器中加热，温度升高，在这一加热过程中，水面上蒸汽分压力也逐渐加，从而相应地降低了气体的分压力。溶解于水中的气体就不断地分离逸出。当给水达到沸腾时，水面上已全是蒸汽，即水蒸气的分压力达到 100%，气体的分压力近于零。溶解于水中的气体全部逸出，达到除氧的目的。

Lb3F2033　高压加热器的汽侧水位过高会有哪些危害？

答：若汽侧水位过高，就会多淹没一部分有效传热面，使给水在加热器中的吸热量减少，这样也就降低了给水的温升值，从而降低了回热循环的热效率和热经济性。当加热器因管束泄漏或疏水调节系统故障等原因而造成汽侧水位过高甚至满水时，汽侧的水就有可能通过抽汽管路倒流入汽轮机，引发汽轮机重大损坏事故。对具有内置式蒸汽冷却器的倒置立式加热器来说，如汽侧水位过高、淹没了过热蒸汽冷却段的上端隔板，则会导致该处管束的损坏。

Lb3F3034　卧式、立式加热器各有何优缺点？

答：根据安装位置的不同，加热器可分为卧式加热器和立式加热器。两种加热器的优、缺点比较如下：

卧式加热器的优点是：便于安装、维修，在堵塞管子或补修管子与管板的焊接时，易于在管板面上工作；液体容积较大，有利于疏水水位的调节控制，有较好的运行稳定性，排气问题较少；疏水逐级自流导入下级加热器，可以少用弯头；全部传热面均可加以充分利用。其缺点是：需占用较多的厂房面积。

立式加热器的优点是：占用较少的厂房面积，可以有比较经济的建筑安排。其缺点是：横截面小，因而对应单位高度水位的水容积小，水位控制较为困难，排气不充分；而且对于倒置立式加热器来说，因其内部的布置要求，有一些不起作用的传热面积，且由于传热 U 形管倒立于向下的管板面上，维修比较困难。

Lb3F3035　高压加热器运行时为什么要控制水位？

答：在正常的运行中，高压加热器的水位对加热器的性能及寿命影响很大，这是因为高压加热器的性能指标是基于正常水位来保证的。高压加热器运行时必须是有水位运行，不可以长期处于无水或低于低水位线之下运行，否则除造成疏水温度偏高、热效率差外，还会引起 U 形管的冲刷损坏。

加热器正常水位即控制水位。当加热器达到运行温度并稳定运行时，一定要保证控制水位，在高压加热器壳体上固定的水位指示计能清楚地表明这一水位。为使加热器正常运行，需要保持一定水位，一般卧式加热器允许水位偏离正常水位±38mm，立式加热器为±50mm。

Lb2F2036　氢冷发电机气体置换为什么用中间气体？

答：因为氢气于空气的混合气体是爆炸性气体，遇火易引起爆炸，造成事故，所以严禁在氢气中混入空气。但在发电机投入运行、停机、检修或检修后投入运行的过程中，存在着由氢气转换为空气和由空气转换为氢气的过程。为防止发电机发生着火和爆炸事故，氢冷发电机气体置换要用中间气体。

Lb2F3037　试述凝结水过冷却的原因。

答：主要有以下方面：

（1）凝结器汽侧积聚空气，使蒸汽分压力下降，从而使凝结水温度降低。

（2）凝结器水位过高，淹没部分铜管，形成凝结水过冷。

（3）凝结器冷却水管排列不佳或布置过密，使凝结器的冷却水管外壁形成一层水膜。

此水膜外层温度接近蒸汽饱和温度，而膜内层紧贴铜管外壁，因而接近或等于冷却水温度，当水膜变厚下垂成水滴时，水滴温度是水膜平均温度，显然低于饱和温度，从而产生过冷却。

Lb2F3038　填料函泄漏缺陷应如何处理？

答：对由于填料的材质选择不当所造成的填料烧损、磨损过快而导致的填料函泄漏，应根据机械的转速、介质的特性来重新选择合乎要求的填料。

若是由于填料压盖未压紧或紧偏所造成的填料函泄漏，应检查并重新调整填料压盖，确保压盖螺栓紧固到位且压盖各处均匀受力、间隙一致。

对由于加装填料的方法不当所造成的填料函泄漏，应重新按照规定的方法加装填料，注意切口剪成 45° 斜口，相邻两圈的接口要错开 90°～120°。

对由于阀杆表面粗糙度大或磨成椭圆形、填料挤压受损而造成的填料函泄漏，应对阀杆进行修整或更换。

对由于填料使用过久而磨损、弹性消失、松散失效等造成填料函泄漏的情况，应立即更换新的填料。

对由于填料压盖变形所造成的填料不能均匀、密实地被压紧而产生的填料函泄漏现象，需更换新的填料压盖。

Lb2F3039　硬聚氯乙烯塑料焊接时的注意事项有哪些？

答：（1）焊条在移动时必须垂直于焊缝表面。

（2）焊接时应对焊条施加一定的压力。

（3）手必须随着焊条的消耗而逐渐向前摆动焊枪，喷嘴与焊接点的距离约为 5mm。

（4）空气流必须吹向所焊接的工件，而不应吹向焊条。

（5）塑料板材焊接时，不宜采用搭缝焊接，最好进行对缝焊接。

（6）应使用合格的塑料焊条，不应使用过期焊条。

Lb2F4040 给水泵（调速泵）的安装步骤是什么？

答：基础复查，基础处理，设备就位（电动机、耦合器、主泵、前置泵），电动机找正找平，电动机螺栓孔 5 次灌浆，复查电动机轴承的扬度与电动机为准，初找耦合器和前置泵的对轮中心，再找耦合器与主泵的对轮中心，电动机二次灌浆（耦合器、前置泵、主泵找正，二次灌浆）一次灌浆（灌螺栓孔），复查电动机扬度，紧（耦合器、前置泵、主泵）螺栓，以电动机为准调整中心，翻瓦，清理油室，复查电动机与耦合器、电动机与前置泵、耦合器与主泵的对轮中心并验收，电动机试转，电动机与耦合器试转整套试转。

注意：定位以厂家要求为准，有的以电动机为基准，有的以耦合器为准，这里讲的是以电动机为准。

Lb2F4041 试述一般离心泵试运行的启动程序和运行中的注意事项。

答：一般离心水泵启动程序如下：

（1）先检查油位和冷却水泵系统通水情况。

（2）开启入口门使水进入泵、并排空气。

（3）泵进水后检查泵壳体各部的泄漏情况。

（4）活动出口门是否有卡涩情况，然后关闭。

（5）盘动转子转动数圈使轴承有油浸入。

（6）电气无问题后开启水泵。

（7）徐徐开启出口门，使管道充满水，压力稳定后，再根据需要开启出口门。

运行中应注意：

（1）轴承温度在 65℃以下，超过 45℃投入冷却水。

（2）检查轴封泄水和其温度。

（3）注意出口压力表的数值，以调整泵出口门。

（4）检查泵体及轴承振动情况。

Lb2F4042　消除阀门开关不灵的方法有哪些？

答：（1）操作阀门应用力均匀、平衡。

（2）修理损伤的阀杆和螺母、螺纹；阀杆弯曲超标，应更换。

（3）提高阀杆光洁度，选择符合要求的阀杆以及螺母、螺纹的配合公差。

（4）操作阀门前应清除蚀锈并涂润滑油。

（5）冷态时阀门不应关的太死，应留适当的热膨胀量。

（6）调整填料盖与门杆的间隙，使间隙符合规定。

（7）紧填料盖时，要对称紧防止填料盖歪斜或紧得过死，满足门杆转得灵活、介质不外泄的原则。

（8）对有操作指示的阀门，操作机构安装时，应检查开度指示的位置与阀门的关开位置是否一致。

Lb2F5043　给水泵为什么要装有暖泵装置？

答：因为给水泵输送的是温度较高的给水，如果在启动之前不充分暖泵，泵体内的温度分布是不均匀的，存在着上热下凉的现象，这样泵体上部膨胀多，下部膨胀少，出现拱腰现象，使内部有些间隙消失，联轴器中心破坏。如果这时启动，不可避免地会出现振动、摩擦造成轴弯曲。另外，在启动前泵体温度要比除氧器水箱的水温低，在不暖泵的情况下更低。这样启动时，泵体会受到较大的热冲击，即直接与给水接触的通流部件受热快，膨胀迅速；而另一些部件不直接与给水接触，如轴和泵壳外壁等，受热慢，膨胀迟缓。由于膨胀速度不均匀而引起了热应力，因此容易造成泵壳歪斜、转子弯曲等。同时，还可能使中段结合面产生泄漏。因泵腔内膨胀过快时会使中段结合面紧密性减弱，所以给水泵启动前必须暖泵，必须装暖泵装置。

Lb2F5044　试述检修加热器（高低压加热器）的工序和内容。

答：（1）看设备图并了解设备实际情况。

（2）准备水压试验工具和配件。

（3）先作汽侧水压试验，检查无泄漏（主要检查冷却管束的胀接口无泄漏，管子无破裂）。

（4）汽侧水压试验后，拆出管束，进行壳体清理。壳体内的杂物、焊渣、铁锈等要清除干净。

（5）对管束水侧进行水压试验，检查管束胀口和管子的破损情况。

（6）管束水压试验后，进行水室清理、焊渣、铁锈清理干净。

（7）清理干净后，进行管束回装，水室壳体连接时，螺栓要紧匀。

（8）紧壳体螺栓时，高、低压加热螺栓要注意涂润滑剂并注意热紧值。

（9）水位计和连接阀门进行检修后装到位置上。

（10）有安全门的要调定好动作。

（11）对高压加热器的保护装置进行检修。

（12）安装完后，水侧要进行水压试验，检查整体配合无泄漏才算合格。

Lb1F2045　中间再热机组有何优缺点？

答：（1）中间再热机组的优点。

1）提高了机组效率。如果单纯依靠提高汽轮机进汽压力和温度来提高机组效率是不现实的，因为目前金属温度允许极限已经提高到 560℃。若该温度进一步提高，则材料的价格会昂贵得多。不仅温度的升高是有限的，而且压力的升高也受到材料的限制。

大容量机组均采用中间再热方式，高压缸排汽在进中压缸之前需回到锅炉中再热。再热蒸汽温度与主蒸汽温度相等，均为 540℃。一次中间再热至少能提高机组效率 5%以上。

2）提高了乏汽的干度。低压缸中末级的蒸汽湿度相应减少至允许数值内。否则，若蒸汽中出现微小水滴，会造成末几级叶片的损坏，威胁安全运行。

3）采用中间再热后，可降低汽耗率，同样发电出力下的蒸汽流量相应减少。因此末几级叶片的高度在结构设计时可相应减少，节约叶片金属材料。

（2）中间再热机组的缺点。

1）投资费用增大，因为管道阀门及换热面积增多。

2）运行管理较复杂。在正常运行加、减负荷时，应注意到中压缸进汽量的变化是存在明显滞后特性的。在甩负荷时，即使主汽阀或调节阀关闭，但是还有可能因中压调节阀没有关严而严重超速，这是因再热系统中的余汽引起的。

3）机组的调速保安系统复杂化。

4）加装旁路系统，便于机组启停时再热器中通有一定蒸汽流量以免干烧，并且利于机组事故处理。

Lb1F2046 离心式主油泵安装完毕后提交验收时，应具备哪些安装技术记录？

答：（1）叶轮密封环径向和轴向间隙及紧力记录。

（2）泵轴油封环间隙记录。

（3）支持轴承间隙及紧力记录。

（4）推力间隙记录。

（5）轴颈的径向晃度、叶轮密封环处的径向晃度、进油侧油封处轴端晃度记录。

（6）挠性联轴器各项间隙记录。

（7）联轴器找中心记录。

Lb1F3047　对于自压密封式的高低压加热器，有哪些特殊检查项目？

答：（1）自压密封座（堵头）压垫片的平面应光洁无毛刺。

（2）钢制密封环应光亮无毛刺，几何尺寸应符合要求，软质非金属垫应质地均匀，材质和尺寸应符合规定。

（3）压垫片的垫圈要求厚度均匀，两端面应有一定的光洁度。

（4）对支撑压力的均压四合圈，外观检查应无缺陷，且拼接密合，进行光谱检验，其材质应符合要求。

（5）止脱箍应安装正确与四合圈吻合。

Lb1F3048　提高机组运行经济性要注意哪些方面？

答：（1）维持额定蒸汽初参数。

（2）维持额定再热蒸汽参数。

（3）保持最有利真空。

（4）保持最小的凝结水过冷度。

（5）充分利用加热设备，提高给水温度。

（6）注意降低厂用电率。

（7）降低新蒸汽的压力损失。

（8）保持汽轮机最佳效率。

（9）确定合理的运行方式。

（10）注意汽轮机负荷的经济分配。

Lb1F3049　高压加热器出水温度下降的原因有哪些？

答：高压加热器出水温度下降，降低了回热系统效果，增加了能耗，应找出具体原因，予以消除。出水温度下降的原因有：

（1）抽汽阀门未开足或被卡住。

（2）运行中负荷突变引起暂时的给水加热不足。

（3）给水流量突然增加。

（4）水室内的分程隔板泄漏。

（5）高压加热器给水旁路阀门未关严，有一部分给水走了旁路，或保护装置进、出口阀门的旁路阀等未完全关严而内漏。

（6）疏水调节阀失灵，引起水位过高而浸没管子。

（7）汽侧壳内的空气不能及时排除而积聚，影响传热。

（8）经长期运行后堵掉了一些管子，传热面减小。

Lb1F3050　高压锅炉给水泵的液力耦合器安装完毕后，应具备哪些技术文件？

答：（1）泵轮滑轮以及升速齿轮各部分的径向晃度和端面瓢偏值记录，齿轮配合间隙记录。

（2）泵轮和滑轮的轴向间隙记录。

（3）各支持轴承和推力瓦的间隙和轴承紧力记录。

（4）喷嘴和进排油孔孔径记录。

（5）工作油系统各滑动部套的配合记录。

（6）工作油泵各部件按规定应做的记录。

（7）外壳水平结构面及轴颈水平扬度记录。

Lb1F3051　蒸汽管道的冲管原理是什么？

答：冲管利用蒸汽作为吹扫动力。一方面是利用蒸汽高速流动时对杂物的作用力，使附着在管子内壁的杂物被冲走；另一方面是利用反复冲管而引起的管壁温度变化，造成管道多次热胀冷缩，使管子内壁的氧化铁皮等杂物松动脱落而被冲掉。

冲管时，蒸汽的冲动力应大于额定工况下的蒸汽冲动力。这样才能保证在冲管时不能被冲掉的杂物在额定工况下运行时也不致被冲掉，而是逐渐消蚀掉，不致危害汽轮机。

Lb1F4052　给水泵为什么采用平衡鼓?有何益处?

答：随着机组容量的增大，对给水泵可靠性的要求也越来越高，为了在给水汽化或供水中断的情况下，仍不使给水泵受到损坏，所以大容量的高速给水泵大都采用平衡鼓。

平衡鼓前面承受的是给水出口压力，后面承受的是给水入口压力，所以也有一个向后的平衡力。不过平衡鼓不像平衡盘那样有一个轴向间隙，所以在泵轴发生轴向移动时不能自动地调整和平衡轴向推力，因此必须设置推力轴承。平衡鼓的平衡力大小与平衡鼓的设计尺寸有关，设计其尺寸时，一般是让平衡力稍比叶轮轴向推力小一些，为避免出现推力反向，常取轴向推力的 90%～95%，而剩余的 5%～10%由推力轴承的瓦块来承受。

平衡鼓在干转情况下，虽然泵内无水，但因为其与泵壳有足够的径向间隙，所以不会发生烧伤。而平衡盘在无水情况下由于推力不足，会发生轴向接触，引起平衡盘与平衡环磨损烧伤。

平衡鼓代替平衡盘，除以上干转需要之外，还有另一个考虑，那就是：在大型机组中给水泵很多是由汽轮机拖动的，在低速暖机过程中，平衡盘本身的推力不足，易与平衡环发生接触摩擦，而平衡鼓就避免了这种现象。

平衡鼓与平衡盘相比，泄漏量增加了。为了减少泄漏，在平衡鼓和平衡衬套表面上开有反向螺旋槽，这与普通圆柱表面相比较，泄漏量可平均降低 50%。另外，螺旋槽还有一个优点，即水中存有杂物时，能顺着沟槽被水排除，不致咬伤平衡鼓与平衡衬套。

Lb1F4053　为什么会造成高压加热器假水位?

答：（1）上部平衡管太长，过量的凝结水使通过该管的流量增加，形成压降，使水位计的指示水位高于加热器的实际水位。

（2）加热器汽侧通过上部平衡管开孔处的蒸汽流速太高而使该处静压降低，由于抽吸作用，会降低上部平衡管内的压力，使水位计的指示水位高于加热器的实际水位。

（3）逐级疏水流入倒置立式加热器汽侧上部平衡管接头，会淹没传感器而使指示水位高于加热器的实际水位。

（4）部分沉积物的堵塞或下部平衡管上的阀门关闭，阻碍凝结水流回汽侧，使传感器中的指示水位高于加热器的实际水位。

（5）安装不正确或水位计的阀门关闭，造成指示假水位。

（6）水位计接口开在加热器汽侧内有剧烈流动的不稳定区域，指示水位不稳定。

（7）加热器内部由于汽侧压损而存在压力梯度，从而使水位有坡度，这对卧式加热器尤其明显。这时只反映了水位计处的水位，而不是加热器内的水位。

（8）浮子式水位计上的污垢使浮子质量改变，从而改变水位的指示值。

Lb1F5054　引起除氧器发生振动的原因有哪些？

答：除氧器振动的原因，以下是经常易发生的振动原因：

（1）对于高压力除氧器来讲，由于除氧器暖管不当造成热胀不均，因而产生振动。

（2）在投入除氧器时，由于汽水负荷分配不匀或操作太快而振动。

（3）进入除氧器各管路中的疏水未放尽或将存汽等带入除氧器内产生振动。

（4）并列除氧器时，汽压、水位、水温不符合要求，各自产生压差而振动。

（5）在运行中由于内部机件脱落（如淋水盘、筛盘隔板等）造成冲击而振动。

（6）运行中联系不当，突然进入大量冷水，使冷水不均产生冲击而振动。

（7）运行中除氧器满水造成进水困难，内部应力不均匀而振动。

（8）运行中汽压突然升高，造成进水管进水困难，或进汽管进汽困难，造成内部应力不均而产生振动。

（9）有的除氧器有沸腾水管装置，用于快速加热除氧器会造成振动。

Lb1F5055　试述电解槽的组装方法。

答： 电解槽的组装方式有两种，在不使用起重机具时，可以在电解槽的基础上进行水平组装；在使用起重机具时，可采用立式方法组装。

（1）水平方法组装。

1）端极板的安装。在基础上安装绝缘板后，将两个端极板垂直安装在绝缘板上，它们之间的距离应符合图纸规定。在两个端极板的下部装两根拉紧螺杆，上部穿一根拉紧螺杆，找正好每根拉紧螺杆的水平，使水平误差在±1mm 左右。然后在螺杆两端各装上一套蝶形弹簧并拧上螺母。在组装时不许弄脏设备，特别不允许掉进金属物品。

2）电解小室的组合。首先在端极板的氢气、氧气孔道和碱液孔道内分别穿入三根导杆。从一侧端极板开始，依次将垫片（石棉橡胶垫或聚四氟乙烯垫）、隔膜框、垫片、双极板、垫片、隔膜框等组装起来。组装隔膜框时，氢气和氧气孔道方向不能错；组装双极板时，阴、阳极方向应正确。每装一个隔膜框，就要在隔膜框与拉紧螺杆之间垫好电木绝缘垫。随着组装双极板数量的增加，导杆穿入深度也逐渐增加。全部组装完毕后，穿入第四根拉紧螺杆、并装上绝缘垫、蝶形弹簧及螺母。均匀地进行四根拉紧螺杆的预紧,紧的程度以能抽出三根导杆为准。导杆抽出后再继续拧紧四根拉紧螺杆。

（2）立式方法组装。

1）将端极板水平放置，穿好 3 根导杆和 3 根拉紧螺杆。

2）依次将垫片、隔膜框、垫片、双极板等从导杆上端组装，最后在上面放置另一侧端极板，穿好第 4 根拉紧螺杆，抽出导杆，再均匀拧紧 4 根拉紧螺杆。

3）使用起重机具将电解槽整体吊起、放平。

无论是水平组装还是立式组装，在拉紧螺杆预紧后，应继续进行冷紧。并且应该边冷紧、边测量，使两端极板内侧之间的距离相等，误差不大于 1mm。每组蝶形弹簧的压缩度应作好记录。

Lb1F5056 如何进行立式循环水泵的安装就位？

答：立式循环水泵通过泵壳上的基座用地脚螺栓固定在基础上。在安装时要根据泵的吸入口法兰和吐出口法兰测量泵的水平度、垂直度、标高和中心线。分别用基座下的垫铁调整，达到图纸要求。初步找正结束后，即可浇灌地脚螺栓孔。当地脚螺栓孔混凝土强度达到 70% 以上时，再次复查水平度、垂直度、标高等，并进行调整，符合要求后，点焊垫铁，进行二次灌浆。

电动机安装就位后，应根据叶轮轴向间隙，使电动机推力轴承承担水泵转子的质量和轴向推力。

Jd2F2057 什么是主蒸汽的单元制系统？有何优缺点？

答：每台汽轮机与供给它蒸汽的锅炉组成一个独立的单元，各单元之间没有横向联系的母管，使用新蒸汽的各个辅助设备通过用汽支管与本单元自身的主蒸汽管道相连，这样的主蒸汽管道系统称为单元制系统。目前在大容量、高参数和再热式的汽轮机组中得到了广泛的应用。

单元制系统的主要优点是系统简单、管道短、管道中的附件少、投资节省、管道压力损伤和散热损伤小、系统本身产生事故的可能性小、便于集中控制等；其缺点是单元内与主蒸汽管道相连的任何设备或附件发生事故时，整个单元均要停止运行，无法实现与相邻单元的相互支援，机炉之间无法切换运行，即运行方式调整的灵活性差，单元内的主要设备必须同时进行大修等。

Jd2F2058 简述用压铅丝法测量水泵动、静平衡盘平行度的方法。

答： 在水泵的解体过程中，应用压铅丝法来检查动、静平衡盘面的平行度，方法如下。

将轴置于工作位置，在轴上涂润滑油并使动盘能自由活动，其键槽与轴上的键槽对齐。用黄油把铅丝粘在静盘端面的上下左右 4 个对称位置上，然后将动盘猛力推向静盘，将受冲击而变形的铅丝取下并记好方位；再将动盘转 180° 重测一遍，做好记录。用千分尺测量取下铅丝的厚度，测量数值应满足上下位置的和等于左右位置的和，上减下或左减右的差值应小于 0.05mm，否则说明动、静盘变形或有瓢偏现象，应予以消除。

检查动静平衡盘接触面只有轻微的磨损沟痕时，可在其结合面之间涂以细研磨砂进行对研；若磨损沟痕很大、很深，则应在车床或磨床上修理，使动、静平衡盘的接触率在 75%以上。

Jd1F4059 简述施工图预算的编制依据。

答： 施工图预算的编制依据包括以下几个方面：

（1）设计院图纸和厂家提供的设备图纸、说明书。

（2）单位估价表和补充单位估价表。

（3）材料预算价格。

（4）成品、半成品的产品出厂价格。

（5）施工组织设计或施工方案。

（6）管理费用和法定利润的取费率规定。

（7）建筑材料手册。

（8）合同或协议。

Je5F3060　怎样对量具进行维护和保养？

答：为了保持量具的精度，延长其使用寿命，对量具的维护保养必须十分注意。

（1）测量前应将量具的测量面和加工件的被测量面擦净，以免脏物影响测量精度及加快量具磨损。

（2）量具在使用过程中，不要和工具、刀具放在一起，以免碰坏。

（3）机床开动时，不要用量具测量工件，否则容易发生磨损，而且可能加快量具磨损。

（4）温度对量具精度影响很大，因此，量具不应放在热源（电炉、暖气片等）附近，以免受热变形。

（5）量具用完后，应及时擦净、涂油，放在专用盒中，保存在干燥处，以免生锈。

（6）精密量具应实行定期鉴定和保养，发现精密量具有不正常现象时，应及时送交计量室检修。

Je5F3061　如何进行设备开箱、清点检查工作？

答：设备制造厂发运到施工现场的设备，根据设备的加工情况，分为裸装、捆装和箱装。在领用设备前，应会同设备保管人员或有关部门共同开箱检查。开箱时应使用合适的工具，不得野蛮敲击，进行破坏性的开箱。开箱后，首先清点数量、规格是否与装箱单符合，有无丢失；其次应检查设备外观，是否有碰伤、损坏、变形、严重锈蚀等缺陷。如发现设备有丢失、损坏等现象，应立即做出记录并报告有关部门。

对设备箱中的技术资料，如设备图纸、说明书、技术文件、出厂证件、试验和检验记录等，都要交资料室妥善保管，不得随意挪用。

随设备一起供应的备件、易损件、备品专用工具等，如施工班组需使用，应办理领用手续。

Je5F3062　箱罐安装前，应做哪些检查工作？

答：（1）箱壁平整，无显著凹凸现象。

（2）拉筋焊接牢固。

（3）附件应齐全无损伤。

（4）圆筒形卧式箱罐箱壁的弧度，应与其支座的弧度相吻合，无显著间隙。

（5）沿卧式箱罐圆筒内壁的横向加强筋在箱罐的底部应留有一定宽度的豁口，以利排放。

（6）除氧给水箱下水管管口应高出箱底 100mm 以上，排污管口应与箱底齐平。

（7）装设水位调整器浮筒处的套筒应牢固，并与水位调整连杆对准，无卡涩现象。

（8）水位计应清洁透明，并装有坚固的保护罩。

（9）对无压容器或方形容器应进行 24h 的灌水试验，对承压容器应按规定做严密性水压试验。

Je5F3063　过滤器的内部装置检查内容是什么？

答：过滤器的内部装置检查内容有：

（1）过滤器的配水系统、排水系统及空气分配系统的支管与母管中心线应相互垂直。支管的水平偏差在±2mm 以内。

（2）配水帽座的中心线应与支管水平面垂直，配水帽高度应一致，允许偏差为 5mm。

（3）配水帽在安装前应逐个认真检查，对缝隙大于滤料平均粒径及强度有问题的水帽应舍去不用。缝隙相近的水帽应安装在同一设备里，以求配水均匀。配水帽的缝隙一般在 0.3mm左右，缝隙在大小可用塞尺测量。

（4）过滤器如果采用开孔排水支管，应根据制造图检查孔径及开孔方向。孔眼应光滑无毛刺。套裹支管的网套，应按要求绑扎牢。

（5）过滤器内部金属表面一般要求涂刷防锈汽包漆，漆膜应均匀且无脱落现象。

Je5F4064　安装滚动轴承时应注意些什么？

答：一般应注意以下事项：

（1）根据轴承的结构、类型、尺寸和轴承部件的配合性质，选择适当的安装方法和工具。

（2）在安装轴承时，不论用什么方法，所加的压力都应加在紧配合的套圈端面上，不允许通过滚动体传递压力。

（3）轴承的保持架、密封圈、防尘盖等零件容易变形，安装轴承时，不能在这些零件上加力。

（4）两面带防尘盖或密封圈的轴承，在轴承出厂前已加入了润滑油，在安装时不再需要清洗。

（5）选用安装和拆卸轴承工具时，应保证加于轴承圈上的压力垂直于套圈端面，而且应该均匀平稳。

（6）在安装时，要注意使轴和轴承孔的中心线重合。

（7）将轴承上带有号码标记的一面朝外装。

（8）当采用油脂润滑时，在安装其他附件之前应按规定向轴承添加润滑脂，其量为 2/3。

Je4F3065　管子下料时应遵守哪些规定？

答：（1）管子接口距离弯管的弯曲起点不得小于管子外径，且不小于 100mm。

（2）管子两个接口间的距离不得小于管子外径，且不小于 150mm。

（3）管子接口不应布置在支吊架上，接口离支吊架边缘不得小于 50mm。对于焊后需作热处理的焊口，该距离不得小于焊缝宽度的五倍，且不小于 100mm。

（4）管子接口应避开疏、放水及仪表管等的开孔位置。一般距开孔的边缘不得小于 50mm，且不得小于孔径。

（5）管道在穿过隔墙、楼板时，位于隔墙楼板内的管段不得有接口。

（6）合理下料，注意节约，避免浪费。

Je4F3066　凝汽器铜管镀膜前应做哪些准备工作？

答：（1）凝汽器水侧应清理干净。

（2）凝汽器需进行泄漏检查。

（3）为防止 $FeSO_4$ 溶液或其他化学物质浸蚀管板胀口，在凝汽器管板上应涂刷两遍保护漆。

（4）将循环水进出水管封堵。

Je4F3067　高压加热器的满水保护装置的检查和安装应达到什么要求？

答：（1）用涂色法检查阀门、阀芯与阀座的接触应良好，阀芯动作应灵活可靠。

（2）发送器应动作灵活无卡涩，在相应的位置上检查电气接点，能断开或接通。

（3）系统连接应正确，安装完毕后应作严密性水压试验，各焊缝和法兰密封面均应无渗漏，试验压力与加热器水侧试验压力相同。

（4）安全门应进行动作试验并应符合要求。

Je4F3068　加热器管束试压检漏的方法是什么？

答：常用的检漏方法有两种。一种方法是吊开水室顶盖，让管板仍用螺栓拧在外壳上，将蒸汽管、疏水管、空气管等管道上的阀门关严或加堵板，再用压力水灌满汽侧，检查泄漏的管子（在向汽侧灌水时，需将空气排净）。另一种方法是把加热器管束吊出，放在专用的架子上，再盖上水室顶盖，在进出口法兰上加堵板，接上水压机作 1.25 倍工作压力的水压试验。这种方法操作较简单，工作也方便，缺点是要确知哪一根管子漏水比较困难。

Je4F3069　怎样测量轴流泵电动机的摆度？

答：将电动机的上导轴瓦适当抱紧，下导轴承和联轴器沿圆周八等分并编号，使相同的编号处于同一方位。在下导轴承和联轴器处圆周上各架两块千分表，两块表错开 90°，上下表处于同一位置。盘动转子旋转一周表还原即可进行测量。摆度的大小可从千分表读出，各测点的全摆度是千分表在直径方向相对电读数的差值。摆度应不大于 0.20mm。

Je4F3070　如何进行轴流泵壳体的安装？

答：（1）基础检查及垫铁布置。对基础标高、地脚螺栓孔、纵横中心线进行检查；按图纸要求划出垫铁位置并凿出麻面，布置垫铁；垫铁与麻面的接触应良好。

（2）将中间接管及导叶体吊到支墩上，按法兰面进行找平、找正，水平误差小于 0.50mm/m，标高偏差在 ±2mm 以内，机组中心偏差小于 5mm。

（3）采用钢丝吊线锤的方法，在主轴密封及导轴承两处用内径千分尺测量轴孔的同心度，两孔中心误差小于 0.20mm。

（4）进行地脚螺栓的浇灌及基础台板的二次灌浆。

Je4F3071　联轴器找中心应符合什么要求？

答：（1）必须使用百分表和塞尺，并根据测量数值进行调整。

（2）两联轴器中心的允许偏差值，应符合规定。

（3）根据设备支座的材料、结构形式和介质温度，及制造厂技术文件的要求，对联轴器找中心应考虑在常温下预留其运行温升时中心变化的补偿值。

（4）联轴器中心调好后应作最终记录，并在设备二次浇灌混凝土和有关设备管道正式连接后作复查。

Je4F3072　在水泵找正时应注意些什么？

答：水泵找正时应注意以下几个方面的问题：

（1）找正前应将两联轴器用找中心专用螺栓连接好。若是固定式联轴器，应将两者插好。

（2）测量过程中，转子的轴向位置应始终不变，以免应盘动转子时前后窜动引起误差。

（3）测量前应将地脚螺栓都正常拧紧。

（4）找正一定要在冷态下进行，热态时不能找中心。

（5）调整垫片时，应将测量表架取下或松开，增减垫片的地脚和垫片上的污物应清理干净，拧紧地脚螺栓时应把外加的楔铁或千斤顶等支撑物拿掉，并监视百分表数值的变化。

Je4F4073　装配轴封填料时应注意哪些事项？

答：装配填料时应注意以下几点事项：

（1）填料规格要合适，性能要与工作液体相适应，尺寸大小要符合要求。如果填料过细，虽填料压盖拧得过紧，但也往往起不到轴封作用。

（2）填料接头要相互错开 90°～180°。注意每一圈填料装在填料函之后必须是一个整圆，不能短缺。

（3）遇到填料函为椭圆时，可在较大的一边多加一些填料。如果不这样做，就有可能出现下面的情况：较小的一边已经压缩得很紧了，但较大的一边仍出现间隙，运行时容易从较大的一边漏水或使较小的一边冒烟。

（4）添加填料时，填料环要对准来水口，有些大型水泵的填料环往往不易拿出来，这时可以把整体式填料环改成组合式填料环。

（5）填料被紧上之后，压盖四周的缝隙要相等。有些水泵的填料压盖与轴之间的缝隙较小，最好用塞尺测量一下，以免压盖与轴产生摩擦。

Je4F4074　过滤器和离子交换器橡胶衬里的质量应符合什么要求？

答：（1）衬里与金属表面应结合严密，无脱开和裂缝现象。

（2）箱槽等容器的衬里，允许有 20mm^2 以下，高度 2mm 以下的局部脱开处。其数量限制为：衬里面积大于 4m^2 时，不得超过 3 处；衬里面积为 2～4m^2 时，不得超过 2 处；衬里面积小于 2m^2 时，不得超过 1 处。

（3）衬里表面不允许有深度超过 0.5mm 以上的外伤和夹杂物。

（4）法兰边沿胶板的脱开不得多于 2 处，总面积不得大于衬里面积的 2%。

（5）缺陷超过以上规定时，允许采用未经硫化的胶板修补，然后硫化。也可采用环氧树脂胶泥修补。但修补总面积不得超衬里总面积的 2%。无论施工现场有无能力修补设备衬里的缺陷，当衬里缺陷超过上述标准时，应及时分析原因，查清责任，妥善处理。

Je3F3075　凝汽器的组合有哪些步骤？

答：① 焊接坡口清理；② 管孔清理；③ 拼焊热水井及底板；④ 组装管板；⑤ 组装边板；⑥ 组装隔板；⑦ 组装另一侧边板；⑧ 复杂管板间距和对角距离及隔板管孔；⑨ 组装凝汽器壳体中其他附件；⑩ 焊接。

Je3F3076　电解槽启动时，如何进行储氢罐的气体置换？

答：（1）电解槽储氢罐的气体置换一般用二氧化碳进行。一般将储氢罐串联起来，先向第一罐内充二氧化碳，由最后一罐排出气体，直至最后一罐排出的气体含氧量小于 3%时即为合格。

（2）当用水来置换储氢罐内气体时，水应灌满储氢罐，直至上部排氢管取样阀有水流出为止。当开始集氢时，稍开罐底排水阀，使水缓慢流出，当水排尽且氢含量大于 99.7%后，关闭排水阀。

Je3F3077 进行加热器内部检修时，应采取哪些特殊的安全措施？

答：在进行加热器内部检修时，除一般安全措施外，还需要下列特殊的安全措施：

（1）在加热器的施工部位，应当进行适当的通风，可用胶皮管通入压缩空气。

（2）工作中不应使用氯化物溶剂或其他类似的溶剂，如四氯化碳等。

（3）在使用电气设备，包括电弧切割设备或电弧焊接设备、照明灯等时，必须先把加热器内所有积水处理干净，并使用 24V 的行灯变压器。

（4）工作前，要确定所有有关阀门均已关闭并挂警示牌和上锁。

（5）工作前，要确定加热器所有有压力的介质都已释放掉压力，有关的阀门均无泄漏。

（6）加热器加压前，确信所有密封都安全可靠，任何安全阀均未停用。

Je3F3078 试述射水抽气器的检修过程及应注意的问题。

答：射水抽气器检修应按以下步骤进行：

（1）拆前将各法兰打好记号，以便按号组装。

（2）检查喷嘴、扩散管的结垢和冲刷情况，将积垢打掉，对冲刷部分进行补焊，损坏严重者进行更换。

（3）检修抽气止回阀，使之严密性好，销子装设牢固。

（4）组装时必须将喷嘴与扩散管中心对正。

（5）回装各法兰应满足严密性要求。

射水抽气器检修过程中应注意以下几个方面的问题：

（1）射水抽气器安装时喉部出口截面需要保证有 1m 的布置标高（相对于水池的水面），并要求排水管必须插入射水池水位以下，以保证有一定水封。

（2）在安装时，要求喉部和抽水管可靠地固定，以避免振动。

（3）安装时，空气吸入口连接管道上必须有逆止装置，可采用足够高度的倒水封管或止回阀来实现。

（4）在大小修期间要对射水池底部进行清理，对抽气器喷嘴进行检查，以保证射水抽气器的正常运行。

Je3F4079　乙炔和氧气管道严密性试验时漏气量如何计算？

答：乙炔和氧气管道系统水压试验合格后，应以工作压力的气压进行系统严密性试验。试验应持续 24h，并按下式计算系统的漏气量

$$V = 100\left[1 - \frac{p_s(273 + t_s)}{p_e(273 + t_e)}\right]　(\%)$$

式中　V——试验全过程的总漏气量，%；

p_s、p_e——试验开始和终了时管道内的绝对压力，Pa 或 MPa；

t_s、t_e——试验开始和终了时管道内气体温度，℃。

根据上式：氧气管道每小时漏气量不得超过 1%；乙炔管道每小时漏气量不得超过 5%。

Je3F4080　加热法直泵轴的方法有几种？简述其工艺。

答：加热法直泵轴有三种方法：① 局部加热法；② 局部加热加压法；③ 应力松弛法。

（1）局部加热法。将轴弯曲处凸面向上放置，用石棉布把最大弯曲处包起来，以最大弯曲点为中心把石棉布作出矩形的加热孔。孔的长度（沿轴的圆周方向）约等于该处轴径的 25%～30%，孔的宽度（沿轴线方向）根据弯曲度确定，一般为该处轴径的 10%～15%。

选用 6、7 号烤把火嘴对加热孔处的轴面加热、火嘴距离轴

面约 15～20mm，先从孔中心开始，然后向两侧移动（千万不要停留在一处不动）。当温度升至 500～550℃时停止加热，用石棉布把加热孔盖起来，避免急剧冷却产生裂纹。

轴冷却后，检查弯曲变化情况，如不合格需要再次加热校直，若再次加热后仍无效果时，需改变加热位置，即在最大弯曲处附近同时用两个烤把火嘴顺序局部加热校正。

轴的局部加热校正同样需要稍有过弯，即跟原弯曲方向相反约有 0.03～0.04mm 的过弯曲值，待轴进行退火处理后，这一过弯值将自行消失。

重要的泵轴直轴后应进行热处理。

（2）局部加热加压法直轴。加热、冷却方法与局部加热法相同。区别是在加热之前，用加压工具在弯曲处附近施加压力，使轴产生与原弯曲方向相反的预变形（即弹性弯曲）。加热以后，加热处金属膨胀受阻提前达到屈服点，产生塑性变形，这样直轴要比纯局部加热直轴快得多。

经上述直轴后尚未达到合格，则可进行第二次，但最多一个部位加热次数不能超过三次。

（3）应力松弛法。利用金属材料的松弛特性进行直轴。首先把轴的最大弯曲部位整个圆周加热，加热温度比轴材质回火温度低 30～50℃，并需热透。在此温度下对轴的凸起部分施加外力，使轴产生与原弯曲方向相反的一定程度的弹性变形，并保持恒温一定时间。这样，金属材料在高温和应力作用下，随时间的增长将产生自发的应力下降的松弛现象，使局部弹性变形成塑性变形，从而把轴直过来。

Je3F4081　简述液力耦合器整体安装的方法。

答：安装时，先根据图纸尺寸在基础上划出纵横中心线及标高基准点，然后根据框架确定垫铁位置，在安装垫铁的基础表面上打出比垫铁面积大的麻面，并将垫铁临时放上。然后将联轴器箱体整体吊装就位，利用垫铁箱体找正找平，并调整好纵横方向位置及标高，然后进行基础二次灌装，安装结束。

Je3F4082　凝汽器灌水试验的方法是什么？

答：（1）为了保持凝汽器汽侧的清洁，应向凝汽器内灌注清水，不允许有泥沙等污染物。因此，如有条件最好灌注除盐水或软化水，所以一般都通过补给水管直接向凝汽器注水，不但水质合格，而且也冲洗了补给水管。

（2）灌水速度应缓慢，边灌水边检查胀口质量。若灌水时发现胀口渗水或"冒汗"，应及时补胀。若发现成股的水流自冷却管淌出，说明冷却管破裂，应用木塞及时封堵，待以后更换。

（3）若凝汽器采用弹簧支承，则在灌水时弹簧承受的重量包括凝汽器的自重（即凝汽器壳体加冷却管道的重量）和水侧水容积的水重。因此在灌水前，应在弹簧处加临时的支撑，防止弹簧过负荷。然后继续灌水，直至水位高出顶部冷却管100mm后停止。

（4）水位达到高度后，应维持24h无渗漏为合格，经有关部门共同检查验收，做出记录。然后将水放掉。

Je3F5083　如何进行制氢设备的启动？

答：（1）电解槽在启动之前应按工作压力时行气密性试验，并检查电气绝缘、电极、丝杆及支架等的对地电阻。

（2）用凝结水或除盐水分别冲洗电解槽、分离器、洗涤器、压力调整器、冷却器、碱液罐、均压箱等设备及其管道。

（3）在碱液箱中配制浓度为 8%的氢氧化钠溶液，注入电解槽、分离器、压力调整器、浸泡 8h 后放掉，再用凝结水或除盐水冲洗。

（4）在碱液罐内注入氢氧化钾或氢氧化钠，注入凝结水，予以搅拌，配制成浓度为 30%～40%的氢氧化钾或氢氧化钠溶液。静置 24h 沉淀后，注入电解槽和分离器，直至分离器中部取样阀流出碱液为止。

（5）通过均压箱向压力调整器和洗涤器内补充凝结水，至压力调整器内浮筒升起在低水位位置，均压箱水位在高水位位置为止。

（6）用 0.1～0.2MPa 压力的氮气吹扫氢气系统至储气罐入口阀。吹扫应分段进行，每段吹扫 1～2min。在吹扫过程中，要注意氢、氧压力调整器内水位差不超过 100mm。直至系统中含氧量不大于 3%时停止吹扫。系统充氮后要检查均压箱水位，适当补充凝结水，使其水位位于上限位置。

（7）储氢罐的气体置换一般用二氧化碳进行。一般将储氢罐串联起来，先向第 1 罐内充二氧化碳，由最后一罐排出气体，直至最后一罐排出的气体含氧量小于 3%时即为合格。

（8）当用水来置换储氢罐内气体时，水应灌满储氢罐，直至上部排氢管取样阀有水流出为止。当开始集氢时，稍开罐底排水阀，使水缓慢流出，当水排尽且氢含量大于 99.7%后，关闭排水阀。

（9）检查电解槽的极性是否正确。将直流电源调整到最小位置、合闸启动电解槽。

（10）开始产生气体时，氢气应明显多于氧气，最初产生的气体应由排空管放掉，经分析，气体纯度达到规定值时，即可关闭放空阀。根据电解液温度逐渐提高电流，一般每隔 10～30min 增加 10%左右额定电流，直至额定值。当电解液温度上升至 70～75℃时，分离器开始进冷却水，调节水量，维持电解液温度在（80±5）℃。

Je2F4084　试述电解槽总装前的检查与清理内容。

答：（1）解体电解槽，清理极板、隔膜框、拉紧螺杆和螺帽上的铁锈、焊渣、油垢和金属毛刺。用 80 号航空汽油、酒精、四氧化碳清理油垢及浮锈，有条件时，也可用蒸汽吹洗。螺杆、螺帽应用二硫化钼粉涂擦。

（2）检查极板是否平整。用 300mm 钢板尺检查极板，如有超过 1mm 的不平度，应用木锤校平。阳极板的镀镍层应完好无损，未镀镍的阴极板应没有锈斑、污垢，露出清洁的金属光泽。

（3）仔细检查隔膜框的内、外边缘及气、液孔道，并清除油污及其脏物，所有孔道的方向应正确，密封线应完好。氢气和氧气的出孔隔离应良好。石棉布应平整干燥、无损坏、无皱折。固定石棉布的铆钉的镀镍层应完好，并应在阴极侧铆平。

（4）极板与隔膜框之间的石棉橡胶垫或聚四氟乙烯垫应清洁、完好无损，垫的外缘比隔膜框大 3mm 左右，内缘比隔膜框小 1～2mm，垫的厚度在 4～4.5mm 之间。

（5）检查绝缘垫圈的绝缘情况。

Je2F4085　对玻璃钢衬里质量检查的内容是什么？

答：（1）玻璃钢衬里施工时，必须随时对各工序质量进行仔细检查，认为合格后方可进行下一道工序的施工。

（2）检查时先看衬里的表面状态是否合格，然后用铅丝弯头轻敲，检查衬里是否有气泡和离层现象。

（3）衬里有缺陷，应进行修补。修补时用刀把缺陷（气泡或脱层）剜去，露出底层，并将该处打毛，重新贴衬玻璃布。

（4）贴衬玻璃布的质量要求：① 无气泡、离层及鼓泡等不良缺陷，也无流淌现象；② 玻璃布应充分浸透胶料，含胶量均匀，不得有白点、白面，整个玻璃钢表面呈胶料颜色；③ 不得出现不固化和固化不完全的现象（衬里层粘手），否则必须返工。

Je2F4086　试述给水泵解体检修程序。

答：首先拆除与泵连接的有关管道（如进、出口管，冷却水管，油管），拆下对轮，松开泵体与泵壳的高压侧螺栓，抽出泵芯，拆下高低压侧轴承座，取下平衡盘及平衡座，拆下末级叶轮及导叶，从后往前逐级拆到第一级叶轮。由高压侧向低压侧拆，检查轴和叶轮每一级的弯曲、晃度、瓢偏；检查叶轮与导叶动、静部分的间隙、轴瓦的接触及油挡间隙情况；检查部件是否有毛刺、焊渣、铁屑等。试组装，检查泵的组装记录、间隙是否符合要求，泵体组装完毕后，安装平衡盘（检查接触）；轴承座安装检查轴瓦接触。调整油挡间隙。

Je1F2087　试述联轴器拆装注意事项。

答：（1）拆联轴器时，不可用锤子直接敲打联轴器的轮毂处。最理想的办法是用拉马拆卸。对于中小型水泵，因其过盈量很小，所以很容易拿下来；对较大型的水泵，联轴器与轴有较大过盈，所以在拆卸时必须对联轴器进行加热。

（2）装配联轴器时，要注意键的序号。采用铜棒锤子法时，必须注意敲打的部位。对过盈量较大的联轴器则应加热后再装。

（3）对轮销钉、螺帽、垫圈、胶皮圈等规格大小必须一致，以免影响联轴器的动平衡。

（4）联轴器与轴的配合一般都采用过渡配合，既可能出现少量过盈，也可能出现少量间隙。对于轮毂较长的联轴器，可采用较松的过渡配合，因轴孔较长，由于表面加工粗糙不平，会使组装后自然产生部分过盈。如发现两者配合过松，影响孔、轴对中心时，则要进行处理。

Je1F2088　波纹补偿器的适用范围有哪些?

答：（1）变形或位移量大而空间位置受到限制的管道。

（2）变形与位移量大且工作压力低的管道。

（3）从工艺操作或经济角度考虑，要求降低阻力损失、湍流程度尽可能小的管道。

（4）对冲击和振动等干扰因素要求严格、需要限制接管载荷的敏感设备的进出口管道。

（5）要求吸收、隔离高频机械振动的管道。

（6）考虑吸收地震或地基沉降的管道等。

Je1F2089　附属机械垫铁安装应满足哪些要求？

答：（1）垫铁应安放在地脚螺栓的两侧和底座承力处。大型附属机械底座内、外侧应各放一组，底座在地脚螺栓拧紧后不得变形。

（2）每叠垫铁一般不应超过 3 块，特殊情况下个别允许达 5 块，其中允许用一对斜垫铁。

（3）垫铁应比底座边宽出 10～20mm。

（4）垫铁各承力面应接触密实，一般用 0.3～0.5kg 手锤轻敲，应坚实无松动，装好后应在垫铁侧面点焊牢固。

（5）底座与基础表面的距离应不小于 50mm。

（6）底座埋入二次浇灌混凝土的部位，应将浮锈、油污及油漆清除干净。

Je1F2090　试述滚动轴承装配的一般要求是什么？

答：轴承装到轴上之后不应有晃动和偏斜，轴承端面与轴肩应靠紧，无任何间隙。通常，轴肩的高度为轴承内径厚度的 1/2～2/3，余出的地方为拆装轴承时工具着力之处。若轴肩加工得过高，则拆卸轴承时无法使工具着力在内圈上，易造成滚动体受力过大而损坏；若轴肩加工得过低，则会造成轴肩承载太大而压损。

因为轴承在运行中是随轴一同膨胀移动的，故轴承外圈与轴承室之间不应有紧力，否则会使轴承的滚动体发生卡涩甚至损坏。但是，若轴承外圈与轴承室之间过于松旷，则会影响转动精确度，转子易产生跳动，这样也极易损坏轴承。因此，轴承外圈与轴承室之间一般要留有 0.05～0.10mm 的径向间隙。

为了保证转子受热后的自由膨胀和伸长，在承担轴向力的轴承与轴承室端盖之间应留有足够的膨胀间隙，此膨胀间隙随转子的长度和材质而定，一般不小于 1.0mm。

Je1F3091　增强传热的方法有哪些？

答：增强传热的方法是：

（1）提高传热平均温差。在相同的冷、热流体进、出口温度下，逆流布置的平均温差最大，顺流布置的平均温差最小，其他布置介于两者之间。因而，在保证锅炉各受热面安全的情况下，都应尽量采用逆流或接近逆流的布置。

（2）在一定的金属耗量下增加传热面积。管径越小，在一定金属耗量下总面积就越大；采用较小的管径有利于提高对流换热系数，还有利于提高对流换热系数，但过分缩小管径会带来流动阻力增加、管子堵灰的严重后果。

（3）提高传热系数。

1）减少积灰和水垢热阻。其手段是受热面经常吹灰，定期排污和冲洗，以保证给水品质合格。

2）提高烟气侧的放热系数。其手段是采用横向冲刷，当流体横向冲刷管束时，采用叉排布置、采用较小的管径；增加烟气流速，对管式空气预热器，考虑到纵向冲刷与横向冲刷放热情况的差别，控制烟气和空气两种气体速度在一定的比例范围内，以使两侧放热系数比较接近。

Je1F4092　给水管道酸洗用临时管道安装，应注意哪些事项？

答：（1）管道系统采用的管径应符合酸洗措施的要求。

（2）所用阀门的公称压力，应比清洗或冲洗压力高一级。

（3）应采用铁芯密封面阀门。

（4）临时管道一般只有系统图，而无正式安装图，管道布置由施工人员自行考虑。临时管应在可能聚集空气的地方设放空气口。分支管道的布置要防止偏流，可采用斜三通、Y形三通。对阻力相差很大的分支管道，应设调节流量的阀门。

（5）对低压加热铜心低压阀门等，应有可靠的隔离措施，防止碱液、酸液腐蚀铜管和门心。

（6）管道支架要牢固。不允许在一段直管上设一个以上的固定支架。

（7）阀门的设置位置，尽可能靠近压力表、流量表、液位计，并尽量集中布置，便于调节操作。

Je1F4093　如何进行凝汽器不停汽侧的找漏工作?

答：机组运行中，如果出现凝结水硬度增大而超标，则可能是凝汽器铜管破裂或胀口渗漏所致。因此，如果机组不允许停止凝汽器汽侧，则可采取火焰找漏法或塑料薄膜找漏法进行找漏，将破裂或胀口渗漏的管子找出。若是管子破裂，可在其两端打入锥形塞子将其堵住；若是胀口渗漏，则可以重新胀管；若管口损坏严重不能再胀管，则可将该铜管抽出，然后在其两端管板上各插入一小截短铜管，将其胀口后用铜管塞子堵死。

火焰找漏法和塑料薄膜找漏法都是基于同样的原理，都是在水侧停止运行并将水放尽后而汽侧继续保持运行时进行的。由于汽侧处于真空状态运行,如果有铜管破裂或铜管胀口渗漏，则这根铜管管口就会发生向里吸空气的现象。这两种方法只需打开水侧人孔盖，人员进入水室即可找漏。

火焰找漏法是用蜡烛火焰逐一靠近管板处的每根铜管管口，如果铜管有破裂或胀口不严，则当蜡烛火焰靠近这根钢管管口时，火焰就会被吸进去。而塑料薄膜找漏法是用极薄的塑料膜贴在两侧管板上，如果有泄漏的铜管，则该铜管两端管口处的薄膜将被吸破或被吸成凹窝，可非常直观地看到。

Je1F5094　试述轴瓦的研刮与调整的方法。

答：在检修轴承时，若发现轴瓦与轴颈的间隙及接触面不正确时，先不要盲目动手修刮，应根据具体情况进行分析，再处理。

（1）轴瓦两侧间隙变小，上瓦顶部间隙增大，并超过允许值，说明下瓦有较大的磨损，则需进行局部补焊。

（2）轴瓦两侧间隙过大，顶部间隙偏小，往往是安装或检修时遗留下的问题。对这种情况，若运行中无异常现象，可不必修理。

（3）轴瓦两侧间隙与塞尺的塞入深度关系不正确时，必须进行修刮。

（4）轴瓦两侧及顶部的前后间隙不同时，往往是轴瓦的安装位置不正确或由于轴瓦在车加工时造成的偏差。此时应该检查轴瓦的调整垫铁的接触情况，以及轴瓦中分面的圆形销是否有整劲现象等，而使轴瓦歪斜。经查证若不是因轴瓦位置不正确而造成的，可对轴瓦进行修刮。

（5）下轴瓦的接触面，无论是增大、偏歪或过小都应修刮，在修刮时要注意顶部间隙的变化。

上述轴瓦的修刮工作，除三油楔轴瓦外，均应将下瓦装入轴承座，盘动转子磨合着色，取出下瓦根据痕迹修刮。对于有调整垫铁的轴瓦，应在垫铁修刮后，再修刮轴瓦。取下瓦的方法可用铁马将轴颈抬起 0.20～0.30mm，并用事先在轴头上装好的千分表监测轴的抬起值。然后用铜棒在轴瓦一侧轻击，使轴瓦从另一侧滑出，即可取出下瓦，也可采用 8 字钩和撬棍将下瓦取出。

Je1F5095　凝汽器更换铜管有哪些要求？

答：（1）领用铜管时，应查阅制造厂家有关证件。

（2）铜管表面应无裂纹、砂眼、腐蚀锈斑、凹坑、折纹等缺陷，管内应无异物。

（3）清除铜管内部剩余应力的退火温度一般为 250～350℃，退火时间应根据应力大小而定。

（4）对铜管作耐压试验，全部铜管应逐根进行耐压试验，试验压力为最大工作压力的 1.25 倍，铜管应无渗漏现象。

（5）残余应力试验，抽查铜管总数 1%～2%。由化学作氨熏法或硝酸亚汞法，并配以切开末能进行试验。

（6）压扁试验，切取 20mm 长试样压成椭圆，短轴相当于原铜管之半，铜管应无裂度或其他损伤。

（7）扩张试验，切取 50mm 长试样，向试样内敲入加工成 45℃ 的锥体使其内径比原内径扩大 3%，试样不许有裂纹。当上述试验不合格时，应在铜管胀口进行 400～450℃ 的退火处理。

（8）管板孔内壁应光洁，无锈垢、脏物和顺管孔中心线的沟槽。

（9）管口两端应有 1×45° 的坡口，坡口应光滑无毛刺。

（10）管孔内径与铜管外径之差值应符合规定，一般约为 0.2～0.5mm。

（11）各管板之间的平行度误差应不大于 1.2mm，管板应无变形。

（12）擦管前应在管两端不小于 2.5 倍管板厚度的长度处退火砂光。

（13）铜管擦好后，两端头最后应各露 2～3mm 供翻边用。

（14）胀管前应进行试胀；胀口深度应正确，一般为管板厚度的 75%～90%。

（15）管子胀好后应进行翻边，胀口或翻边处应光滑，无裂纹和显著切痕沟槽。

（16）管子胀好，应进行灌口找漏，各胀口均应无泄漏，如胀口不严，重新补胀，但补胀次数不得超过两次。

（17）胀口应无失胀，过胀和损伤，胀口处铜管管壁胀薄量约 4%～6%，胀口测量胀口径为

$$D_2 = D_1 + \delta + C$$

式中　D_2——胀后铜管内径，mm；

　　　D_1——胀前铜管内径，mm；

　　　δ——管孔内径与胀前铜管外径之差值；

　　　C——管子完全扩张时的常数，即 4%～6% 管壁厚度。

Jf4C4096　试述文明生产和安全生产的基本要求。

答：文明生产包括以下几点：（1）正确组织工作位置，在工作位置内只放置与本工序有关的物品。

（2）合理安放工件、工具、量具等。

（3）工具箱要保持整洁，放置工具要有条不紊。

（4）爱护图样、量具、工具和机床。

（5）定期保养机床。

（6）成批生产的零件要严格进行首件检验。

（7）完工后的工件不得有碰伤、拉毛、生锈现象。

（8）做好交接班工作。

安全生产包括以下几点：（1）操作时要穿工作服，女同志要戴安全帽。

（2）必须正确安装砂轮，新砂轮要检查是否有裂纹，并校核最高工作线速度。

（3）不能在没有防护罩的情况下进行磨削。

（4）磨削前砂轮应经过两分钟空转试验。试车时，人不应该站在砂轮正面。

（5）工件要装夹牢靠。

（6）不能用一般砂轮端面较宽的外圆端面。

（7）防止砂轮与工件或卡盘撞击。

（8）磨床外露的旋转部分，应做罩壳保护。

（9）操作时精力集中，不擅自离开机床。

Jf2F5097　提高劳动生产率的主要途径有哪些？

答：主要途径有：（1）采用新技术，开展技术革新，提高施工的机械化、自动化水平。

（2）改善劳动组织，合理的专业化施工，有关人员协作好。

（3）提高管理水平，搞好定员、定额、按劳分配、劳保福利及劳动纪律等工作。

（4）加强技术培训，提高工人文化技术水平，防止各种事故发生。

（5）提高职工的政治思想觉悟，发挥个人的主观能动性。

Jf1F3098　项目施工质量管理策划的主要内容有哪些？

答：（1）本工程主要采用的技术标准、规范和特殊质量要求。

（2）质量管理组织结构、质量检查验收网络、质检人员的配备和职责。

（3）质量监督检查项目和过程审核项目的计划安排。

（4）本工程项目拟采取的预防措施、质量通病的防治项目和施工工艺要求。

（5）计量管理。

（6）物资采购的质量控制。

（7）分包工程项目的质量管理。

（8）质量记录的控制要求等。

Jf1F3099　施工综合进度如何分类？

答：施工综合进度一般分为以下四种：

（1）总体工程施工综合进度（一级进度）。以工程合同投产日期为依据，对各专业的主要环节进行综合安排的进度，应从施工准备开始到工程建成为止，包括全部工程项目，并反映出各主要控制工期。

（2）主要单位工程施工综合进度（二级进度）。以总体工程施工综合进度为依据，对主要单位工程的土建、安装工作进行综合安排的进度，应明确施工流程以及主要工序衔接、交叉配合等方面的要求。

（3）专业工程施工综合进度（三级进度）。以总体工程施工综合进度为依据，分别编制土建、锅炉、汽轮机、电气、热控等专业的施工综合进度，在满足主要控制工期的前提下，力求使各专业的自身均衡施工，工期安排尽量适应季节和自然条件的因素，以期工序合理、经济效果良好。

（4）专业工种工程施工综合进度（四级进度）。为保证实施总进度并做到均衡施工，可根据需要编排重点专业工种（如土方工程、各种配置加工、吊装工程等）的施工综合进度。

上述 4 种综合进度中，除总体工程施工综合进度外，其余 3 种可根据总体综合进度的需要、设计图纸资料的情况和主管单位管理方的要求进行取舍。

Jf1F3100　施工综合进度的编制步骤主要有哪些？

答：（1）列出工程项目一览表并计划工程量。施工总进度计划主要起控制总工期的作用，因此项目划分不宜过细，工程项目一览表通常按照分期分批投产顺序和工程开展顺序列出，突出每个交工系统中的主要工程项目，并在一览表的基础上，按工程的开展顺序，以单位工程粗略计算主要实物工程量。

（2）确定各单位工程的施工期限。根据施工单位自身的施工技术、管理水平、机械化程度、劳动力和材料供应等具体条件，同时考虑施工项目的特点、现场情况、施工条件、工程量等因素确定各单位工程的施工期限。

（3）确定各单位工程的开竣工时间和相互搭接关系。确定各单位工程的开竣工时间和相互搭接关系时要考虑以下各主要因素：保证重点、兼顾一般；满足连续、均衡施工要求；满足生产工艺要求；仔细考虑施工总进度计划对施工总平面空间布置的影响；全面考虑如施工企业的施工力量和材料、设备的供应情况等各种条件限制。

Jf1F4101　项目施工的质量保证措施主要有哪些？

答：（1）建立质量监督网络。

1）根据工程项目施工组织设计中的要求，建立分级质量监督网络，对施工质量全面负责。

2）对混凝土、金属、计量等主要专业，健全技术上的质量保证网络。

（2）加强质量管理措施。

1）技术管理的质量保证措施。

a）坚持施工图纸会审制度，在开工前尽可能的消除设计缺陷，使施工人员领会设计意图，确保按图施工。

b）坚持作业指导书编审制度，通过对作业指导书中的施工项目规定人、机、料、法、环的控制要求，使施工项目质量控制做到有章可循。

c）坚持技术交底制度，通过交底，使施工人员在施工前对作业任务、作业条件、施工进度、作业方法和工艺要求、质量标准及检验要求、安全措施等做到心里有数。

2）施工过程的质量保证措施。

a）加强施工工艺的过程管理，按规定要求的施工技术和方法控制施工工艺。

b）加强对施工过程中的工序控制，对关键的部位和环节，加强中间检查和技术复核。

c）对隐蔽工序，严格按照程序进行检查和验收，未经检查和验收通过的工程不得隐蔽。

3）质量检查和验收的保证措施。

a）严格按照国家、行业、厂家等的规程、规范和标准进行质量检查验收。

b）严格遵守各级检查验收程序。

c）严格按有关部门规定处理质量缺陷和质量事件。

4）开展 QC 小组活动。在施工过程中，根据施工情况，针对施工难度大，质量要求高，工艺复杂的项目或工序组建 QC 小组，按 PDCA 循环的四个环节开展质量管理和质量改进活动。

4.2 技能操作试题

4.2.1 单项操作

行业：电力工程　　工种：汽轮机辅机专业安装　　等级：初

编　　号	C05A001	行为领域	e	鉴定范围	2
考核时限	40min	题　型	A	题　分	20
试题正文	测量卧式泵的轴窜				
其他需要说明的问题和要求	1. 独立操作 2. 注意安全，文明操作				
工具、材料、设备、场地	工具：百分表、磁力表架等 设备：现场实际设备				

	序号	操作步骤及方法	质量要求	满分	扣分
评分标准	1	在轴端部装设一个轴向指示的百分表，指针垂直于轴端，并适当预压一值	百分表装设正确	8	装设百分表不正确扣8分
	2	将轴推向两端，分别读取并记录百分表读数	读数正确，轴推到位	8	轴推不到位扣4分，读数不准确扣4分
	3	计算轴窜值：即两次读数之差	计算正确	4	计算错误扣4分

行业：电力工程　　　　工种：汽轮机辅机专业安装　　　　等级：初

编　　号	C05A002	行为领域	e	鉴定范围	2
考核时限	120min	题　型	A	题　分	20
试题正文	安装单级泵地脚螺栓				
其他需要说明的问题和要求	1. 独立操作 2. 注意安全，文明操作 3. 第5项在一次灌浆后检查				
工具、材料、设备、场地	工具：扳手等 设备：现场实际设备				

	序号	操作步骤及方法	质量要求	满分	扣分
评分标准	1	地脚螺栓清理	应无油脂、污垢，螺栓与螺母配合应灵活，无卡涩	4	视清理情况扣1～3分，未清理扣4分
	2	地脚螺栓垂直度	应自由悬垂，垂直度偏差不大于1%，末端不碰孔底	4	不垂直扣2分，末端碰孔底扣2分
	3	地脚螺栓与其孔壁，底座螺栓孔间隙	应留有足够的调整间隙	4	视情况扣1～3分
	4	地脚螺栓配件	应配有一个螺母、一个垫圈	4	缺1件扣0.5分
	5	地脚螺栓紧固	紧固前螺母与垫圈，垫圈与底座应接触良好；紧固后，螺母上应露出2～3扣	4	接触不好扣2分，螺母上未露丝扣2分

行业：电力工程　　　工种：汽轮机辅机专业安装　　　等级：初

编　　号	C05A003	行为领域	e	鉴定范围	2
考核时限	120min	题　　型	A	题　　分	20

试题正文	凿毛单级泵基础承力面

其他需要说明的问题和要求	1. 独立操作 2. 注意安全，文明操作

工具、材料、设备、场地	工具：錾子、榔头、铁水平等 材料：破布、红丹粉等

	序号	操作步骤及方法	质量要求	满分	扣分
评分标准	1	基础清理	应干净、无油漆、油污垢	4	未作清理扣4分，清理不合格扣2分
	2	垫铁布置划线	符合厂家要求，无厂家要求按《电力建设施工及验收技术规范》执行	5	布置位置不符合要求扣4分
	3	用錾子凿麻面	凿毛深度：凿去表面灰浆层，露出混凝土层；凿平尺寸：超出垫铁边缘10～30mm	6	未露出混凝土层扣3分，尺寸不对扣3分
	4	垫铁与混凝土接触	应密实四角无翘动，且水平（涂色检查接触情况，水平尺检查水平）	5	接触不密实，接触面积小扣2分，水泡偏离且方向与扬度方向相反扣2分

行业：电力工程　　　　工种：汽轮机辅机专业安装　　　　等级：初/中

编　　号	C54A004	行为领域	e	鉴定范围	2
考核时限	180min	题　　型	A	题　　分	20
试题正文	配制安装单级泵垫铁				
其他需要说明的问题和要求	1. 独立操作 2. 注意安全，文明操作				
工具、材料、设备、场地	工具：卷尺、榔头等 设备：现场实际设备				

	序号	操作步骤及方法	质量要求	满分	扣分
评分标准	1	垫铁表面检查	应平整无翘曲和毛刺，经过机加工	2	检查不细致扣2分
	2	垫铁坡度，薄边厚度复查	坡度1:10～1:25，薄面厚度不小于5mm	2	未进行复查扣2分
	3	垫铁布置	应符合厂家要求，无厂家要求时，垫铁应布置在地脚螺栓两侧和底座承力处，大型机械底座内外侧应各放一组，以保证底座在地脚螺栓拧紧后不变形	6	布置不合理扣4～6分
	4	垫铁配制安装	每迭垫铁不应超过3块，特殊情况允许达5块，其中只允许用一对斜垫铁；总厚度不小于50mm	6	不符合要求扣4～6分
	5	垫铁各承力面接触情况检查	应接触密实（用0.3～0.5kg手锤轻敲，坚实无松动）	2	每漏检一处扣1分
	6	斜垫铁错开面积检查	不大于25%垫铁面积	2	检查不细致扣2分

402

编　　号	C54A005	行为领域	e	鉴定范围	2
考核时限	50min	题　型	A	题　　分	20
试题正文	测量滑动轴承的顶部间隙				
其他需要说明的问题和要求	1. 独立操作 2. 注意安全，文明操作				
工具、材料、设备、场地	工具：0～25mm 外径千分尺 材料：铅丝、黄油等 设备：现场实际设备				

	序号	操作步骤及方法	质量要求	满分	扣分
评分标准	1	取下上轴承盖和上轴瓦	操作正确	2	视操作情况扣分
	2	取直径比轴瓦顶部间隙大的铅丝，截取约 20mm 长的五段，分别放在轴顶和上下轴瓦的结合面四角	铅丝选取合理，放置位置正确	6	选取铅丝不合理扣 2 分，铅丝位置放置错误扣 4 分
	3	扣上上轴瓦，均匀用力拧紧螺栓，使铅丝受压变形	对称、均匀紧固	6	未均匀紧固扣 4 分
	4	打开轴瓦，分别测量各段铅丝厚度，设顶部铅丝厚度为 a，两侧结合面铅丝厚度 b_{11}、b_{12}、b_{21}、b_{22}，则顶部间隙为 $a-(b_{11}+b_{12}+b_{21}+b_{22})/4$	测量准确、计算正确	6	测量不准确扣 4 分，计算错误扣 2 分

行业：电力工程　　　工种：汽轮机辅机专业安装　　　等级：初/中

编　　号	C54A006	行为领域	e	鉴定范围	1
考核时限	50min	题　型	A	题　　分	20
试题正文	抽凝汽器铜管				
其他需要说明的问题和要求	1. 独立操作 2. 两人配合 3. 注意安全，文明操作				
工具、材料、设备、场地	工具：鸭嘴扁錾子、样冲等 设备：现场实际设备				

	序号	操作步骤及方法	质量要求	满分	扣分
评分标准	1	用錾子将铜管两端胀口处铜管挤在一起，即缩口	缩口规范且不应伤及管孔	6	缩口不规范扣4分，伤及管孔扣6分
	2	用大样冲从一端冲出，直至具备拉出条件	不应伤及管孔	4	伤及管孔扣4分
	3	将冲出的铜管拉出	操作正确	4	视操作情况扣1～4分
	4	检查拉出铜管后的端板管孔，并清理、修整	管孔应光滑，无纵向沟槽及毛刺	6	清理不彻底扣3～6分

404

编　　号	C54A007	行为领域	e	鉴定范围	1
考核时限	40min	题　　型	A	题　　分	20

试题正文	穿凝汽器铜管

其他需要说明的问题和要求	1. 独立操作 2. 3～4人配合 3. 注意安全，文明操作

工具、材料、设备、场地	工具：导向器、木榔头等 设备：现场实际设备

	序号	操作步骤及方法	质量要求	满分	扣分
评分标准	1	隔板、端管板管孔清理	管孔内应无毛刺、锈皮、油垢和顺管子的纵向沟槽	4	清理不彻底每处扣2分
	2	铜管检查（外观）	管子表面应无裂纹、砂眼、腐蚀、凹陷、毛刺、油垢等缺陷，管内应无杂物和堵塞现象，管子应平直	4	检查不彻底每处扣1分，未检查扣4分
	3	管端检查、修整	管口应无毛边、裂纹扁口等现象	4	管口有缺陷不处理扣4分
	4	穿管：3～4人将铜管平拿起，装上导向器，对准管孔，轻推轻拉，将铜管穿入各管孔，两端露出量适度	铜管表面应无拉伤现象	8	视操作熟练情况扣1～4分，铜管表面拉伤扣8分

行业：电力工程　　　工种：汽轮机辅机专业安装　　　等级：中

编　　号	C04A008	行为领域	e	鉴定范围	1
考核时限	60min	题　　型	A	题　　分	20
试题正文	试胀凝汽器铜管				
其他需要说明的问题和要求	1. 独立操作、一人配合 2. 注意安全，文明操作				
工具、材料、设备、场地	工具：胀管控制仪、胀管器、游标卡尺、深度游标尺、电源盘、翻边工具等 材料：黄油、破布等 设备：现场实际设备				

	序号	操作步骤及方法	质量要求	满分	扣分
评 分 标 准	1	工器具准备、检查、调试	电动工具经检修合格，无漏电现象，量具经校验合格	2	准备不足扣1～2分
	2	将待胀铜管一端固定，另一端内壁涂黄油	操作应平稳	2	不正确操作扣2分
	3	试胀接	操作正确	3	操作不正确扣3分
	4	测量胀接铜管内径，及胀接深度，判断是否欠胀或过胀，胀接深度是否符合要求	扩张后内径 D_a 为 $D_a=D_1-2t(1-a)$ mm（D_1 为管板孔直径，t 为铜管壁厚，a 为扩张系数）胀接深度为管板厚度75%～90%，但扩张部分应在管板壁内不少于2～3mm。不允许扩胀部分超出管板内壁	6	测量不准确扣3分，判断错误扣3分
	5	调节胀管控制仪，再试胀接直至合格	操作正确	4	胀接不合格扣4分
	6	翻边	翻边角度15°左右，翻边后应平滑光洁，无裂纹和显著切痕	3	翻边不规范扣1～3分

406

编　　　号	C04A009	行为领域	e	鉴定范围	2
考核时限	50min	题　型	A	题　分	20
试题正文	测量联轴器径向晃度				
其他需要说明的问题和要求	1. 独立操作 2. 注意安全，文明操作				
工具、材料、设备、场地	工具：百分表、磁力表架等 设备：现场实际设备				

	序号	操作步骤及方法	质量要求	满分	扣分
评分标准	1	将待测联轴器圆周 8 等分，并按逆旋转方向 1～8 顺序编号	编号清晰，均匀	3	不合要求扣 3 分
	2	在联轴器圆周上装设一块百分表，表头指向联轴器中心，且垂直于轴线	表架设稳定，符合要求	3	不合要求扣 3 分
	3	调整百分表，使其指针处于量程中部，记录初读数，按旋转方向盘动转子一周至初始位置，读取数值，与初读数比较应基本一致	操作正确	4	表指针不处于量程中部扣 2 分，未按旋转方向盘动转子一周至初始位置扣 2 分
	4	按旋转方向，盘动转子至各测点，读取并记录读数	操作正确	6	不按要求操作每次扣 1.5 分
	5	各测点读数的最大与最小值之差，即得出联轴器晃度，测量应进行两遍	操作正确	4	计算错误扣 4 分

407

编　　　号	C04A010	行为领域	e	鉴定范围	2
考核时限	50min	题　　　型	A	题　　　分	20
试题正文	测量联轴器瓢偏度				
其他需要说明的问题和要求	1. 独立操作 2. 注意安全，文明操作				
工具、材料、设备、场地	工具：百分表、磁力表架等 设备：现场实际设备				

	序号	操作步骤及方法	质量要求	满分	扣分
评分标准	1	将待测联轴器分 8 等分，并按逆旋转方向 1～8 顺序编号	操作正确	3	不按要求操作扣 3 分
	2	在联轴器端面相对 180°各装设一个百分表，表针垂直指向联轴器端面，且在靠近边缘处	操作正确	3	视操作分情况扣 1～3 分
	3	调整百分表，使其指针处于量程中部，记录读数，按旋转方向盘动转子一周至初始位置，比较两次读数差值,应基本一致	操作正确	4	不按要求操作每处扣 2 分
	4	按旋转方向,盘动转子至各测点,读取并记录两表读数	操作正确	6	不按要求操作每次扣 2 分
	5	取两表同时指示的最大差值减取最小差值,除以 2,即得出联轴器的瓢偏值,测量应进行两遍	操作正确	4	计算错误扣 4 分

行业：电力工程　　　工种：汽轮机辅机专业安装　　　等级：中

编　　号	C04A011	行为领域	e	鉴定范围	2
考核时限	40min	题　　型	A	题　　分	20
试题正文	测量齿轮间隙				
其他需要说明的问题和要求	1. 采用压铅丝法 2. 独立操作 3. 注意安全，文明操作				
工具、材料、设备、场地	工具：0～25mm 外径千分尺 材料：铅丝 设备：现场实际设备				

	序号	操作步骤及方法	质量要求	满分	扣分
评分标准	1	选用适当粗细的铅丝	正确选择铅丝	6	选铅丝不正确扣 4 分
	2	将铅丝放在未啮合齿处，然后盘动齿轮，使铅丝挤压	铅丝放置正确	6	视挤压过程酌情扣分
	3	测量挤压后铅丝在齿侧和齿顶位置的厚度，即为齿轮的侧隙和顶隙	测量正确	8	测量不准确扣 8 分

行业：电力工程　　　工种：汽轮机辅机专业安装　　　等级：中

编　号	C04A012	行为领域	e	鉴定范围	1
考核时限	120min	题　型	A	题　分	20
试题正文	进行黄铜管氨熏试验				
其他需要说明的问题和要求	1. 独立操作 2. 金属试验配合 3. 氨熏时间另行考核				
工具、材料、设备、场地	工具：锯弓、实验容器等 材料：氨水等				

	序号	操作步骤及方法	质量要求	满分	扣分
评分标准	1	试样制备：按批号提取铜管总数的 1/1000 根铜管，在其上截取长 150mm 的试样	试样表面不能有局部变形（砸伤、压扁等）	4	试样不符合要求扣 4 分
	2	表面清理：有油污的试样需用有机溶剂除油，再酸洗除去氧化膜。然后在清水中洗去残酸	试样表面光洁，避免出现晶粒和麻点	4	清理不彻底扣 1～4 分
	3	试验：将湿态试样放在涂有凡士林的磨口干燥器内的磁盘或框架上，试样彼此不接触，迅速将 25%～28%的 200ml 氨水倒入内，立即盖上干燥器盖，氨熏 4h	1. 试样表面必须保持湿态； 2. 氨水浓度必须为 25%～28%且不能重复使用； 3. 试验时间至少 4h	6	视操作情况扣分
	4	试样检查：氨熏后的试样在清水中漂洗，后用酸洗掉腐蚀产物，再用清水洗干净并擦干，然后用目测或 5～10 倍放大镜观察	1. 有裂纹者为不合格，应重验，若复验仍有一试样有裂纹，则该批产品不合格 2. 砸伤造成的放射状分布裂纹和离端部 10mm 以内锯切造成裂纹不作判断依据	6	检查不细或方法不当扣 1～6 分

行业：电力工程　　工种：汽轮机辅机专业安装　　等级：中

编　号	C04A013	行为领域	e	鉴定范围	1
考核时限	60min	题　型	A	题　分	20
试题正文	进行不锈钢管扩张试验				
其他需要说明的问题和要求	1. 独立操作 2. 注意安全，文明操作				
工具、材料、设备、场地	工具：游标卡尺、锯弓、榔头等 材料：铜管				

	序号	操作步骤及方法	质量要求	满分	扣分
评 分 标 准	1	分批号提取管子总数的 1/2000～1/1000 铜管	数量正确	4	提取数量不够扣 1～4 分
	2	从提取的铜管上切取 50mm 长的试样	切取断面应无裂纹或其他缺陷	4	切取误差过大，断面不规范扣每处扣 1 分
	3	用 45°车光锥体打入铜管内径，使其扩张到规定值	扩大后的内径为原内径的 130%	8	扩张不符合要求扣 8 分
	4	检查扩张后的试样	应无裂纹或其他损坏现象	4	检查不仔细扣 2 分，不检查扣 4 分

编　　号	C04A014	行为领域	e	鉴定范围	1
考核时限	60min	题　　型	A	题　　分	20
试题正文	进行不锈钢管压扁试验				
其他需要说明的问题和要求	1. 独立操作 2. 注意安全，文明操作				
工具、材料、设备、场地	工具：游标卡尺、锯弓、榔头等 材料：铜管				

	序号	操作步骤及方法	质量要求	满分	扣分
评分标准	1	分批号提取管子总数的 1/2000～1/1000 根铜管	数量正确	4	提取数量不够扣 1～4 分
	2	从提取的铜管上切取 20mm 长的试样	切取断面应无裂纹或其他缺陷	4	切取误差过大，断面不规范扣 1～4 分
	3	对试样进行压扁成椭圆	短径相当于原铜管的一半	8	压扁不符合要求扣 1～8 分
	4	检查压扁后试样	应无裂纹或其他损坏现象	4	不检查或检查不仔细扣 1～4 分

412

行业：电力工程　　　工种：汽轮机辅机专业安装　　　等级：中

编　号	C04A015	行为领域	d	鉴定范围	3
考核时限	60min	题　型	A	题　分	20

试题正文	拆卸滚动轴承

其他需要说明的问题和要求	1. 独立操作，一人配合 2. 注意安全，文明操作

工具、材料、设备、场地	工具：加热工具、拆卸工具（拉马）等 材料：石棉布 设备：现场实际设备

	序号	操作步骤及方法	质量要求	满分	扣分
评分标准	1	检查清理轴承内圈与轴径	不得有任何异物存留	6	清理不彻底扣6分
	2	加热：用湿石棉布将轴包裹起来，用烤具直接对轴承内圈加热	加热应迅速均匀	6	视操作情况扣1～6分
	3	拆卸：用拉马卡住轴承内圈将轴拉下	必须卡住轴承内圈	8	卡住位置不对扣8分

413

行业：电力工程　　　　工种：汽轮机辅机专业安装　　　　等级：中

编　　号	C04A016	行为领域	d	鉴定范围	3
考核时限	60min	题　　型	A	题　　分	20

试题正文	组装滚动轴承

其他需要说明的问题和要求	1. 独立操作 2. 注意安全，文明操作

工具、材料、设备、场地	工具：游标卡尺、铜管或套管、加热工具等 设备：现场实际设备

	序号	操作步骤及方法	质量要求	满分	扣分
评分标准	1	清理轴颈和轴承	不得有任何异物存留	4	清理不彻底扣 4 分
	2	测量轴承内径及轴颈外径，计算过盈量	测量准确、计算正确	4	测量不准确扣 2 分，计算不准确扣 2 分
	3	根据过盈量，加热轴承	符合过盈要求	6	不符合过盈要求扣 6 分
	4	将加热好的轴承迅速套在轴上，用铜管或套管敲打轴承内圈，直至轴承安装到位	迅速、正确	6	视操作情况扣 1～6 分

414

行业：电力工程　　　工种：汽轮机辅机专业安装　　　等级：中/高

编　　号	C43A017	行为领域	e	鉴定范围	2
考核时限	90min	题　型	A	题　　分	20
试题正文	测量循环水泵叶轮摆度				
其他需要说明的问题和要求	1. 独立操作 2. 注意安全，文明操作				
工具、材料、设备、场地	工具：水泵转子支撑框架、百分表、磁力表架等 设备：现场实际设备				

	序号	操作步骤及方法	质量要求	满分	扣分
评分标准	1	叶轮密封环除锈	清理彻底	2	清理不彻底扣2分
	2	按旋转方向,将叶轮八等分,并标记为1~8	操作正确	2	错误操作扣2分
	3	架设百分表,表针指向叶轮密封径向	操作正确	2	架表不正确扣2分
	4	盘动转子至1测点,记录数据	操作正确	2	转子盘动不到位扣1分 读数不正确扣1分
	5	依次盘动转子至2~8点,记录各测量读数	操作正确	2	盘车不到位每次扣1分 读数不正确每次扣1分
	6	盘至1点应与原始起点(1点)的读数相同,否则分析原因,重新测量	操作正确	6	视操作情况扣分
	7	根据测量数据,计算摆度（最大值减最小值）	操作正确	4	计算错误扣4分

415

编　号	C43A018	行为领域	e	鉴定范围	2
考核时限	50min	题　型	A	题　分	20

试题正文	检查给水泵动、静部分同心度

其他需要说明的问题和要求	1. 独立操作 2. 两人配合 3. 注意安全，文明操作

工具、材料、设备、场地	工具：百分表、磁力表架、撬棍等 设备：现场实际设备

	序号	操作步骤及方法	质量要求	满分	扣分
评分标准	1	取出上下瓦，在水泵两端轴颈处各架设一个百分表	架表正确	4	架表不合格每处扣2分
	2	用撬棍在两端同时把转子抬起，使转子尽量保持水平，上下跳动几次，记录百分表读数，计算水平动、静部分之间的颈项间隙	操作正确	6	视操作情况扣分
	3	放入下瓦，再次从两端同时撬起转子，记录百分表读数，记录水泵动、静部分之间的单侧间隙	操作正确	6	视操作情况扣分
	4	判断水平动静部分的同心度：单侧间隙应为总间隙的一半左右	操作正确	4	判断错误扣4分

编　　　号	C03A019	行为领域	e	鉴定范围	2
考核时限	60min	题　　型	A	题　分	20
试题正文	测量泵轴的弯曲度				
其他需要说明的问题和要求	1. 独立操作 2. 注意安全，文明操作				
工具、材料、设备、场地	工具：平台、V形铁、百分表、磁力表架等 设备：现场实际设备				

	序号	操作步骤及方法	质量要求	满分	扣分
评分标准	1	确定测点：在轴上安装叶轮处，联轴器处，轴承处和填料盒处选定五个截面，从轴端键槽中心线开始，按顺时针方向，将轴各截面六等分	选定测点准确	4	测点选定每错一处扣1分
	2	测量：在截面第一等分处架设百分表，百分表触头适当压缩一个数值，并记录。然后每旋转一等分，记录一次表值，直至回复到第一等分时百分表读数也应和开始读数一致，否则检查百分表装设是否正确，如此依次将各截面测量完毕	架表正确，测量准确	8	架表不正确每处扣1分，读数不准每处扣1分，经提示完成得50%分值
	3	计算各截面弯曲度及弯曲方向（只计算绝对值）	计算准确	4	计算错误扣4分
	4	根据各截面弯曲度及弯曲方向，确定轴的最大弯曲点	判断准确	4	判断错误扣4分

417

行业：电力工程　　　　工种：汽轮机辅机专业安装　　　　等级：高

编　　号	C03A020	行为领域	d	鉴定范围	2
考核时限	120min	题　　型	A	题　　分	20

试题正文	矫正弯曲度不大的小轴

其他需要说明的问题和要求	1. 采用冷直轴法 2. 独立操作 3. 注意安全，文明操作

工具、材料、设备、场地	工具：1～2kg 榔头、百分表、磁力表座及表架等 设备：待校直的轴

	序号	操作步骤及方法	质量要求	满分	扣分
评分标准	1	根据对轴弯曲的测量结果，确定直轴位置，做好记号，同时对该点的所在区域细致检查	判断准确，检查细致	4	确定位置不正确扣 3 分，检查不仔细扣 1 分
	2	制作捻打用的捻棒	材质 45 号钢，几何尺寸根据轴的直径选择，一般宽度 35～45mm、厚度 10～15mm，顶部圆弧尺寸必须与轴弧面相符，边缘倒圆角（$R_1=2～3mm$）	4	根据捻棒的实用性扣分
	3	直轴：将轴的凹面朝上，在最大弯曲断面下部用硬木支撑并垫铅板，捻打范围为圆周的 1/3，即 120°，从圆周的 1/3 的中点开始，左右均匀的移动捻棒，锤击次数及轻重由中央向两边递减，并左右相间的锤击，捻打的力量可用 1～2kg 的手锤，靠锤头自重下落即可	严格按要求进行捻打	8	视其操作情况扣分
	4	矫正后测量轴弯曲	一般应向原来弯曲的原方向弯曲 0.01～0.02mm	4	视其操作情况扣分

行业：电力工程　　　工种：汽轮机辅机专业安装　　　等级：高

编　号	C03A021	行为领域	e	鉴定范围	2
考核时限	90min	题　型	A	题　分	20

试题正文	清理待浇注轴瓦的瓦胎

其他需要说明的问题和要求	1. 独立操作 2. 注意安全，文明操作

工具、材料、设备、场地	工具：烤把或喷灯、钢丝刷 材料：砂布、白布、苛性钠（10%）、清水等 设备：待清理的轴瓦

	序号	操作步骤及方法	质量要求	满分	扣分
评分标准	1	清理钨金：将轴瓦立放，利用氧—炔火焰或喷灯均匀地、稳定地将轴瓦加热，熔掉原来的钨金，用砂布或钢丝刷将轴瓦内面清理干净，直至露出金属光泽	清理彻底、无杂物	8	清理不彻底扣1～8分
	2	轴瓦除油：将轴瓦放入含有 10%（质量）苛性钠的溶液中加热至 80～90℃，煮15～20min，除去油污	严格按要求操作	8	碱性溶液不合适扣4分　加热温度、时间不合适扣4分
	3	清洗：将轴瓦从碱性溶液中取出，用 70～90℃热水冲洗干净，再用白布擦干即可	清洗干净	4	冲洗不干净扣2分，未擦干扣2分

编　　号	C03A022	行为领域	e	鉴定范围	2
考核时限	90min	题　　型	A	题　分	20
试题正文	给准备浇铸的轴瓦挂锡				
其他需要说明的问题和要求	1. 独立操作 2. 注意安全，文明操作				
工具、材料、设备、场地	工具：加热工具、锉刀 材料：盐酸、锡条、氯化锌溶液、氯化氨粉末、湿白布等 设备：待浇铸的轴瓦				

评分标准	序号	操作步骤及方法	质量要求	满分	扣分
	1	酸洗：挂锡前用盐酸涂抹瓦胎表面，几分钟后再用清水冲洗干净	保证瓦胎干净	6	视酸洗、清洗质量扣分
	2	挂锡：均匀的将瓦胎加热至 250～270℃，在加热过程中用 1～2mm 薄锡条经常在瓦胎上轻轻摩擦，只要锡条溶化即表示达到所要求温度，在加热后的轴瓦胎面上均匀地涂抹一层氯化锌（$ZnCl_2$）溶液，并薄薄的、均匀的撒上一层氯化氨（NH_4Cl）粉末，将锡条用锉刀锉成粉末，均匀的撒在瓦胎表面，当发现有熔化的锡粉汇聚成锡珠时，用干净的湿白布把锡珠抹均匀，如此，瓦胎上能挂上一层薄而均匀的锡层	1. 挂锡良好的瓦胎表面呈暗银色，不能出现淡黄色，否则说明所挂锡层已氧化 2. 所挂锡层应薄而均匀不应有锡珠 3. 所挂锡层不应出现黑色斑点	14	视操作情况及挂锡质量酌情扣分

行业：电力工程　　　工种：汽轮机辅机专业安装　　　等级：高

编　号	C03A023	行为领域	e	鉴定范围	2
考核时限	180min	题　型	A	题　分	20

试题正文	研刮球面瓦的球面

其他需要说明的问题和要求	1. 独立操作 2. 注意安全，文明操作

工具、材料、设备、场地	工具：刮刀、扳手等 材料：红丹粉、汽轮机油、破布等 设备：现场实际设备

	序号	操作步骤及方法	质量要求	满分	扣分
评分标准	1	根据轴瓦内径和长度制作木制假轴径,在木质轴径中穿一根钢管作为摇动的手柄	准确、实用	4	制作不准确扣4分
	2	将球面紧力按要求调整好	紧力符合要求	2	紧力不符合要求扣2分
	3	在轴瓦的球面上涂一层红丹，将轴承组合	涂抹均匀、组合正确	4	红丹涂抹不均匀扣2分，轴承组合不正确扣2分
	4	摇动手柄,使轴瓦上下左右摆动2～3mm	动作稳定，幅度适合	2	操作不正确扣2分
	5	拆开轴瓦，按印痕轻刮球面，不允许同时修刮注窝球面	研刮符合要求	2	操作不正确扣2分
	6	重复以上修刮步骤,直至符合要求	球面接触面积达60%以上，并均匀；球面瓦两侧的一定长度内，允许有0.05mm间隙	6	根据刮削情况扣分，视操作情况扣分

行业：电力工程　　　　工种：汽轮机辅机专业安装　　　等级：高

编　　号	C03A024	行为领域	e	鉴定范围	2
考核时限	50min	题　型	A	题　分	20
试题正文	涂红丹法检查给水泵动静平衡盘接触				
其他需要说明的问题和要求	1. 独立操作 2. 注意安全，文明操作				
工具、材料、设备、场地	材料：红丹粉、透平油 设备：现场实际设备				

	序号	操作步骤及方法	质量要求	满分	扣分
评分标准	1	将转子推向入口侧	操作正确	4	视操作情况扣分
	2	在动平衡盘上涂红丹	均匀涂抹	4	红丹不均匀扣分
	3	将动平衡盘套在轴上，推向静平衡盘，使它们互相接触，然后左右旋转平衡盘各半圈	动作平稳，避免碰撞	6	视操作情况扣分
	4	取出动平衡盘,检查动静平衡盘接触	检查仔细	6	视操作情况扣分

422

行业：电力工程　　　工种：汽轮机辅机专业安装　　　等级：高

编　　号	C03A025	行为领域	e	鉴定范围	2
考核时限	50min	题　　型	A	题　　分	20
试题正文	压铅丝法检查给水泵平衡盘接触情况				
其他需要说明的问题和要求	1. 独立操作 2. 注意安全，文明操作				
工具、材料、设备、场地	工具：螺旋千分尺 材料：铅丝、黄油等 设备：现场实际设备				

	序号	操作步骤及方法	质量要求	满分	扣分
评分标准	1	取直径 2mm 左右的铅丝，截取 20～30mm 长的4 段	操作正确	4	视操作情况扣分
	2	用黄油分别粘在静平衡盘上下左右 4 个直径对称方向	操作正确	4	视操作情况扣分
	3	用力快速将动平衡推向静平衡盘，两者相互撞击，使铅丝受压变形	操作正确	2	视操作情况扣分
	4	取下铅丝，记好方位，测量铅丝厚度，其厚度差应不大于 0.02mm	操作正确	6	测量不准确每处扣 2 分，操作不正确每处扣 2分
	5	将动平衡盘转动 180°，按以上过程再做一次，差值大于 0.02mm，说明动静平衡盘不平行	操作正确	4	判断错误扣 2分

423

行业：电力工程　　　工种：汽轮机辅机专业安装　　　等级：技

编　号	C02A026	行为领域	e	鉴定范围	2
考核时限	120min	题　型	A	题　分	20
试题正文	刮削大型立式循环水泵电动机的导向瓦				
其他需要说明的问题和要求	1. 独立操作 2. 注意安全，文明操作				
工具、材料、设备、场地	工具：刮刀、推力头、油石等 材料：红丹粉、调和油、破布等 设备：渗油试验合格的导向瓦				

	序号	操作步骤及方法	质量要求	满分	扣分
评分标准	1	导向瓦、推力头外观检查	认真细致	3	不认真细致扣3分
	2	调和红丹粉	调和均匀	3	不符合要求扣3分
	3	刮瓦：在导向瓦上均匀涂抹红丹粉；与推力头推磨，检查接触点，再刮瓦，直至符合要求	刮出进出口油楔，导向瓦与推力头涂色检查，应接触均匀	14	视操作情况扣分

424

编　　号	C02A027	行为领域	e	鉴定范围	2
考核时限	120min	题　　型	A	题　　分	20
试题正文	刮削大型立式循环水泵电动机的推力瓦				
其他需要说明的问题和要求	1. 独立操作 2. 注意安全，文明操作				
工具、材料、设备、场地	工具：刮刀、推力盘、油石等 材料：红丹粉、调和油、破布等 设备：渗油试验合格的推力瓦				

	序号	操作步骤及方法	质量要求	满分	扣分
评分标准	1	推力瓦、推力盘外观检查	认真细致	3	不认真细致扣3分
	2	调和红丹粉	调和均匀	3	不符合要求扣3分
	3	刮瓦，在推力瓦上均匀涂抹红丹粉，与推力盘推磨，检查接触点，再刮瓦，直至符合要求	刮出油楔，推力瓦与推力盘涂色检查，应接触均匀，每 1cm² 接触 2～3点的面积达 70%以上	14	视操作情况扣分，达不到要求扣 1～10 分

425

4.2.2 多项操作

编　　号	C05B028	行为领域	e	鉴定范围	2
考核时限	60min	题　型	B	题　分	30
试题正文	测量滚动轴承原始间隙和配合间隙				
其他需要说明的问题和要求	1. 独立操作 2. 注意安全，文明操作				
工具、材料、设备、场地	工具：百分表、深度尺 材料：铅丝等 设备：现场实际设备				

	序号	操作步骤及方法	质量要求	满分	扣分
评分标准	1	测量原始间隙：将百分表表头指在外圈的侧面，轴承内面固定，抬起外圈，百分表读数变化值即为轴向间隙，同理内圈固定，将百分表搭在外圈圆周表面，移动外圈测出径向间隙	方法正确，测量准确	15	方法不正确扣9分，测量不准确扣6分；经提示完成操作扣50%分值
	2	测量配合间隙：用铅丝放入滚动体与内外圈之间盘动转子，被压扁铅丝的厚度即为轴承的径向间隙。轴向间隙可用深度尺直接测量	方法正确，测量准确	15	方法不正确扣9分，测量不准确扣6分；经提示完成操作扣50%分值

编　　号	C05B029	行为领域	e	鉴定范围	3
考核时限	60min	题　　型	B	题　　分	30

试题正文	进行阀门的水压试验

其他需要说明的问题和要求	1. 独立操作 2. 注意安全，文明操作

工具、材料、设备、场地	工具：阀门试验平台、扳手等 材料：垫片等 设备：待水压的阀门

	序号	操作步骤及方法	质量要求	满分	扣分
评分标准	1	将阀门放进试验平台内，将阀门关紧	放置应平稳，连接紧密	4	少做一项扣2分
	2	注入清水，放上垫片，旋紧水压试验平台的手轮，使阀门与平台的接触处不漏	堵板尺寸应合适	4	接触处渗漏扣4分
	3	试压时，先打开试压泵的空气阀，将阀体内的空气排出，再将空气阀关闭	操作正确	6	未旋紧水压平台手轮扣6分
	4	开始升压，试验压力为该阀门的公称压力或工作压力的1.25倍，在试验压力下，保持5min无泄漏	操作正确	6	顺序不对扣6分
	5	将压力降至工作压力进行检查，若发现不严密应停止，找泄漏原因，消除缺陷，重新水压试验；合格后将存放的水排净，并擦干保管	操作正确	10	缓慢升压后保持足够的时间并检查，未做到扣8分少做一项扣2分

行业：电力工程　　工种：汽轮机辅机专业安装　　　等级：初/中

编　号	C54B030	行为领域	e	鉴定范围	4
考核时限	120min	题　型	B	题　分	30

试题正文	给填料密封轴承装置填加盘根

其他需要说明的问题和要求	1. 独立操作 2. 注意安全，文明操作

工具、材料、设备、场地	工具：锯弓、扳手、榔头等 材料：盘根等 设备：现场实际设备

	序号	操作步骤及方法	质量要求	满分	扣分
评分标准	1	填料盒清理，盘根选取	清理干净、选材正确	8	清理不彻底扣4分；选材不正确扣4分
	2	根据轴套选取长度适度的盘根，切口符合要求	长度合适、切口正确	8	截取长度不合适扣4分；切口错误扣2分
	3	加装盘根	1. 接口严密，两端搭接角度一致； 2. 相邻两层接口错开120°～180°	6	视操作情况扣分
	4	紧固填料压环	水封环应对准进水孔，水封孔道应畅通，压环与轴四周的颈向间隙应保持均匀，不得歪斜或与轴摩擦	4	视操作情况扣分
	5	手动盘车，使填料表面磨光，并应无偏重感觉	操作正确	4	视操作情况扣分

行业：电力工程　　工种：汽轮机辅机专业安装　　　等级：初/中

编　　号	C54B031	行为领域	e	鉴定范围	1
考核时限	120min	题　　型	B	题　　分	30

试题正文	进行冷油器水压试验

其他需要说明的问题和要求	1. 独立操作 2. 注意安全，文明操作

工具、材料、设备、场地	工具：试压泵、活扳手、压力表管等 材料：压力表、清水 设备：现场实际设备

	序号	操作步骤及方法	质量要求	满分	扣分
评分标准	1	试压用临时堵板,试压设备管路及压力表准备	应准备充分,压力表	4	准备不充分扣 2 分,压力表未校验扣 2 分
	2	冷油器水室拆除,壳侧封闭	经检验合格	6	视操作情况扣分
	3	安装临时堵板及打压管路	操作正确	6	管路泄漏每处扣 1 分
	4	壳侧注水、排空气	连接管路本身应无泄漏	4	视操作情况扣分
	5	缓慢打至试验压力,维持 30min,然后徐缓降压到工作压力，再经过 30min,同时检查焊缝,法兰和胀口无渗漏,容器无残余变形	操作正确 1. 升压降压应徐缓; 2. 试验压力=设计压力×1.25。 注：设计压力在现场可按最高工作压力	6	视操作情况扣分
	6	检查完毕后缓慢泄压	操作正确	4	泄压过快扣 2～4 分

行业：电力工程　　　工种：汽轮机辅机专业安装　　　等级：中

编　　号	C04B032	行为领域	e	鉴定范围	2
考核时限	120min	题　　型	B	题　　分	30
试题正文	配制立式循环水泵的调整垫片				
其他需要说明的问题和要求	1. 独立操作 2. 两人配合 3. 注意安全，文明操作				
工具、材料、设备、场地	工具：5t千斤顶、游标卡尺等 设备：现场实际设备				

	序号	操作步骤及方法	质量要求	满分	扣分
评分标准	1	循环水泵电动机与水泵中心找好后，用5t千斤顶分2～3点支撑，顶起水泵转子	操作正确	6	视操作情况扣分
	2	分四点测量水泵联轴器与电机联轴器间隙并计算平均值，记为h_1	操作正确	9	测量不准确每处扣1.5分，计算错误扣3分
	3	根据厂家对于平衡筋与护板的间隙（δ）要求计算调整垫片厚度，$h=h_1+\delta$	δ值应符合厂家要求	3	计算错误扣3分
	4	根据联轴器端面尺寸及调整垫片厚度，绘制调整垫片加工制作图	绘图正确	12	出图每错一处扣3分

430

编　号	C04B033	行为领域	e	鉴定范围	2
考核时限	120min	题　型	B	题　分	30
试题正文	测量与调整单级单吸卧式离心泵密封环轴向间隙				
其他需要说明的问题和要求	1. 独立操作 2. 注意安全，文明操作				
工具、材料、设备、场地	工具：深度游标尺、百分表等 设备：现场实际设备				

	序号	操作步骤及方法	质量要求	满分	扣分
评分标准	1	导叶密封环及叶轮密封环清理	无油污、锈斑	6	清理不彻底扣6分
	2	轴向间隙测量（深度游标尺）	测量位置正确	6	测量位置不正确扣6分
	3	泵轴向窜动测量（推拉法）	推拉到位	6	推位不到位扣6分
	4	根据测量结果判断轴向间隙是否符合要求	轴向间隙大于泵轴向窜动且不得小于0.5～1.0mm	3	判断错误扣3分
	5	若不符合要求，则需根据结构确定调整方案	轴向间隙小时，车削密封环轴向间隙大时，在密封环和叶轮之间增加垫片	9	调整方案不正确扣3分，调整后不符合要求扣6分

行业：电力工程　　　　工种：汽轮机辅机专业安装　　　　等级：中

编　　号	C04B034	行为领域	e	鉴定范围	2
考核时限	60min	题　　型	B	题　　分	30
试题正文	测量与调整单级单吸卧式离心泵密封环径向间隙				
其他需要说明的问题和要求	1. 独立操作 2. 注意安全，文明操作				
工具、材料、设备、场地	工具：游标卡尺等 设备：现场实际设备				

	序号	操作步骤及方法	质量要求	满分	扣分
评分标准	1	导叶密封环及叶轮密封环清理	无油污、锈斑	6	清理不彻底扣6分
	2	导叶密封环内径和叶轮密封环外径测量，并记录	测量准确	6	测量位置不准确扣6分
	3	密封环单侧径向间隙计算：密封环单侧径向间隙=（导叶密封环内径–叶轮密封环外径)/2	计算正确	3	计算错误扣3分
	4	判断间隙是否符合要求，进行调整或更换密封环	符合《电力建设施工质量验收及评价规程》（DL/T 5210.3—2009）要求	15	判断错误扣3分；调整并处理不符合要求扣12分

432

行业：电力工程　　　工种：汽轮机辅机专业安装　　　等级：中

编　　号	C04B035	行为领域	d	鉴定范围	3
考核时限	90min	题　　型	B	题　　分	30
试题正文	热套联轴器				
其他需要说明的问题和要求	1. 独立操作 2. 火焊配合 3. 注意安全，文明操作				
工具、材料、设备、场地	工具：烤把、游标卡尺等 设备：现场实际设备				

	序号	操作步骤及方法	质量要求	满分	扣分
评分标准	1	轴头外径及联轴器内径清理	应无毛刺，油垢、锈斑、沟槽	4	清理不彻底不得分
	2	轴头外径及联轴器内径测量：确定过盈量	测量准确、计算正确	8	测量不准确扣4分，计算错误扣4分
	3	加热联轴器	应均匀加热，使联轴器内径增加值大于过盈量	8	加热不均匀扣4分，加热不够扣4分
	4	热套联轴器	必须一次到位，不允许用大锤直接敲击联轴器	10	直接敲击联轴器扣4分，热套不到位扣6分

行业：电力工程　　　工种：汽轮机辅机专业安装　　　等级：中/高

编　　号	C43B036	行为领域	e	鉴定范围	2
考核时限	180min	题　　型	B	题　　分	30
试题正文	用架表法找对轮中心				
其他需要说明的问题和要求	1. 独立操作 2. 注意安全，文明操作				
工具、材料、设备、场地	工具：找中心架子、百分表、磁力表架、千斤顶、大榔头等 设备：现场实际设备				

	序号	操作步骤及方法	质量要求	满分	扣分
评分标准	1	安装找中心架子	计算圆周及张口偏差	4	不牢固扣4分
	2	安装百分表	架表符合要求	4	架表不符合要求扣4分
	3	盘动转子并盘正，作为0°记录	百分表表针应垂直于被测端面	2	视其操作扣分
	4	按旋转方向盘动90°，记录表读数	盘转子必须盘正且不准倒盘	2	视其操作扣分
	5	沿上述方向再盘90°，记录表读数	盘转子必须盘正且不准倒盘	2	视其操作扣分
	6	沿上述方向再盘90°，记录表读数	盘转子必须盘正且不准倒盘	2	视其操作扣分
	7	再盘90°回到0°位置，检查各表读数，应与0°记录一致，否则检查分析原因，重新测量，记录	盘转子必须盘正且不准倒盘	2	视其操作扣分
	8	计算圆周及张口偏差	计算正确	6	计算不正确扣6分
	9	判断是否合格，不合格应调整，重复3～9步，直至满足要求	符合《电力建设施工质量验收及评价规程》（DL/T 5210.3—2009）要求	6	不符合要求扣6分

行业：电力工程　　工种：汽轮机辅机专业安装　　等级：中/高

编　　号	C43B037	行为领域	e	鉴定范围	2
考核时限	120min	题　　型	B	题　　分	30

试题正文	测量调整立式循环水泵叶轮密封环的间隙

其他需要说明的问题和要求	1. 独立操作 2. 两人配合 3. 注意安全，文明操作

工具、材料、设备、场地	工具：框式水平仪、塞尺、千斤顶、大榔头等 设备：现场实际设备

评分标准	序号	操作步骤及方法	质量要求	满分	扣分
	1	检查水泵转子联轴器端面水平	正确使用测量工具	5	视操作情况扣分
	2	从水泵吐出口进入泵壳，分四点用塞尺测量密封环间隙，并记录数据	准确测量	8	测量不准确一处扣2分
	3	根据记录数据，确定转子的移动方案	移动方案正确	3	方案错误扣3分
	4	移动水泵转子直至密封环四周间隙均匀，且符合厂家要求	符合厂家要求	8	不符合要求扣8分
	5	对角紧固四条螺栓，复查间隙，合格后，紧固接合面螺栓	紧固顺序正确	6	紧固顺序不正确扣3分；紧固中未复查间隙扣3分

435

编　　号	C43B038	行为领域	e	鉴定范围	2
考核时限	120min	题　型	B	题　分	30

试题正文	用渗煤油法检查轴瓦是否脱胎

其他需要说明的问题和要求	1. 独立操作 2. 分段进行考察 3. 注意安全，文明操作

工具、材料、设备、场地	工具：油桶、油盘、毛刷等 材料：酒精、石膏粉或大白粉 设备：待检轴瓦

	序号	操作步骤及方法	质量要求	满分	扣分
评分标准	1	清理轴瓦:用煤油将轴瓦清洗干净，目测检查轴瓦是否有裂纹、砂眼、剥落或脱胎现象	清洗干净，检查细致	8	视操作情况扣分
	2	渗煤油:找一个大小合适的油盘，倒入适量煤油，将轴瓦放入油盘浸泡4～8h	操作正确	10	视操作情况扣分
	3	涂粉检查:将煤油泡过的轴瓦取出，擦干，然后用酒精将石膏粉调成糊状，用小毛刷将糊状石膏粉涂抹在钨金与瓦胎结合处，静置一段时间，当糊状石膏粉干燥后，若发现石膏粉表面有煤油渗出，说明钨金脱胎	操作正确	12	视操作情况扣分

行业：电力工程　　　　工种：汽轮机辅机专业安装　　　　等级：中/高

编　　号	C43B039	行为领域	e	鉴定范围	2
考核时限	180min	题　　型	B	题　　分	30

试题正文	更换离心泵的机械密封

其他需要说明的问题和要求	1. 独立操作 2. 注意安全，文明操作

工具、材料、设备、场地	工具：扳手、百分表、磁力表座及表架等 材料：破布等 设备：现场实际设备

	序号	操作步骤及方法	质量要求	满分	扣分
评分标准	1	拆除离心泵已损坏的机械密封	拆除时应作好标记，并标出机械密封动环的紧固位置	4	标记不清或不做标记扣1～4分
	2	清理离心泵的机械密封室	确保清洁无杂物	4	清理不彻底扣4分
	3	新机械密封质量检查	清理干净	6	每少检查一项扣2分
	4	检查安装机械密封处轴的径向晃度	1. 动环与静环表面应光洁无划伤 2. 动环与静环密封端面，不平度不大于0.04mm 3. 动静环端面瓢偏不大于0.02mm 4. 检查弹簧无裂纹锈蚀等缺陷，径向晃度应小于0.03mm	8	视操作情况酌情扣分
	5	安装机械密封	1. 弹簧安装无歪斜，卡涩现象，弹簧压缩量符合原安装要求或厂家要求 2. 静环及动环安装到位	8	不符合要求扣8分

行业：电力工程　　　　工种：汽轮机辅机专业安装　　　　等级：高

编　　号		C03B040	行为领域	e	鉴定范围	2
考核时限		240min	题　型	B	题　分	30
试题正文		消除转子的显著不平衡				
其他需要说明的问题和要求		1. 独立操作 2. 注意安全，文明操作				
工具、材料、设备、场地		工具：平衡导轨、标准块等 设备：现场实际设备				
评分标准	序号	操作步骤及方法	质量要求	满分	扣分	
	1	将转子放在平衡导轨上，使其自由转动，待其停止后，不平衡质量 H 的方向必是正下方，做一个记号	操作正确、标记准确	8	不正确操作扣4分，记号不准确扣4分	
	2	将不平衡质量 H 点放在平衡位置，在其对面转子边缘加一试加质量 S，使转子仍能向 H 侧转动一个小角度（一般 $30° \sim 45°$）	操作正确	10	视操作情况酌情扣分	
	3	将转子转 $180°$，使不平衡质量 H 和试加质量 S 在同一水平面上，这时在试加质量 S 处再加一个质量 P，使转子能向 H 侧转动和第一次相等的角度	操作正确	6	计算不正确扣6分	
	4	计算应加平衡质量为 $S+P/2$，加装位置与 S 的位置相同	计算正确、位置正确	6	位置不正确扣6分	

438

编　　号	C32B041	行为领域	e	鉴定范围	3
考核时限	180min	题　　型	B	题　　分	30

试题正文	研磨中低压阀门

其他需要说明的问题和要求	1. 阀门直径 DN=150mm 2. 独立操作 3. 注意安全，文明操作

工具、材料、设备、场地	工具：活扳手等 材料：煤油、红丹粉 设备：待研磨阀门

	序号	操作步骤及方法	质量要求	满分	扣分
评分标准	1	扳动手轮，将阀门打开，松开阀门格兰压盖，然后松开阀盖与阀体的连接螺栓	松开的各零部件应统一堆放、妥善保管	9	少做一项扣3分
	2	取出阀芯，且将阀芯与阀座清理干净，并对其进行轻度研磨，若发现阀芯接触面有砂纹、坑等缺陷则应用凡尔砂进行重度研磨，将阀芯和阀座对磨，磨平缺陷后，用金相砂纸研磨使其接触面光洁度达到要求	研磨时，研具与研磨面很好贴合在一起，研磨精度要求高的工件时，研磨速度不超过30m/min	15	视操作情况扣分
	3	用红丹均匀涂抹在阀芯接触面上，进行试门，使其接触面有一圈线接触	红丹涂抹均匀	6	红丹涂抹不均匀扣3分；未试门扣3分

行业：电力工程　　　　工种：汽轮机辅机专业安装　　　　等级：技师

编　　号	C02B042	行为领域	e	鉴定范围	2
考核时限	240min	题　　型	B	题　　分	30

试题正文	调整电动给水泵电动机磁力中心、空气间隙

其他需要说明的问题和要求	1. 独立操作 2. 重工配合 3. 注意安全，文明操作

工具、材料、设备、场地	工具：楔形塞尺、直尺、垫片等 设备：现场实际设备

	序号	操作步骤及方法	质量要求	满分	扣分
评分标准	1	磁力中心调整	按厂家标识，或使转子与定子磁力中心线相吻合	8	不符合要求扣8分
	2	空气间隙测量，两端分别测量上下左右4点	测量准确	6	测量不准确每处扣1.5分
	3	根据测量结果计算各点与平均值之差，确定调整方案	方案正确	4	方案错误扣4分
	4	调整空气间隙，直至符合要求	应四周间隙均匀，其误差小于各磁极平均空气间隙的10%，且最大不超过1mm	12	视操作情况扣分

440

编　号	C01B043	行为领域	e	鉴定范围	2
考核时限	240min	题　型	B	题　分	30

试题正文	浇注轴瓦钨金

其他需要说明的问题和要求	1. 独立操作 2. 注意安全，文明操作

工具、材料、设备、场地	工具：浇注模具、钨金溶解锅、拷把或喷灯等 材料：轴承钨金、焊锡、氯化锌、苛性钠、木炭粉等 设备：待浇轴瓦

	序号	操作步骤及方法	质量要求	满分	扣分
评分标准	1	清理瓦胎：将轴瓦立放，利用氧—乙炔火焰或喷灯均匀地、稳定地将轴瓦加热，熔掉原来的钨金，用砂布或钢丝刷将轴瓦内清理干净，直至露出金属光泽，再将轴瓦放入含有 10%苛性钠的溶液中加热至 80～90℃，煮 15～20min，除去油污，取出后再用 70～90℃热水冲洗干净，最后用白布擦干净	清理彻底	4	清理不彻底扣4分
	2	挂锡：挂锡前用盐酸涂抹瓦胎表面，几分钟后再用清水把盐酸液冲洗干净。然后均匀地将瓦胎加热至 250～270℃，在轴瓦胎表面均匀涂抹一层 $ZnCl_2$ 溶液，并均匀涂抹一层 NH_4Cl 粉末，将锡条用锉刀锉成粉末，均匀地撒在瓦胎表面，使瓦胎上挂上一层薄而均匀的锡层	1. 新挂锡层应承银色，不能呈现淡黄色，否则说明新挂锡已氧化； 2. 新挂锡层应薄而均匀，不应有锡珠； 3. 新挂锡层不应出现黑色斑点	5	视操作情况酌情扣分

	序号	操作步骤及方法	质量要求	满分	扣分
评分标准	3	预热瓦胎	预热温度不应超过250℃	3	温度不符合要求扣3分
	4	熔解钨金:将轴承合金切割成小块,放入铁锅熔解,待轴承合金全部融化后,应适当搅拌,并在熔液表面撒上20～30mm厚的一层木炭粉,使熔液与空气隔开,防止熔液氧化	防止氧化	4	氧化扣4分
	5	钨金浇注	轴承浇注时的温度应高于临界温度30～50℃;浇注时应仔细,防止已氧化的钨金表面和木炭粉倒入模具;将浇口的轴承合金用手锤打断,观察其断面,应承银白色光泽表面在断面上具有完全相同的颗粒组织,若表面呈蓝色灰暗色和土色,则说明浇注时有过热现象,若断口颗粒与颜色有差异,则说明轴承合金个别部分有过热,产生偏析现象	10	视操作情况扣1～10分
	6	浇注冷却,浇注质量检查,应在空气中静置8h直至冷却到60℃以下方可拆去模具	符合要求	4	不符合要求扣4分

行业：电力工程　工种：汽轮机辅机专业安装　　　　等级：高技

编　号	C01B044	行为领域	e	鉴定范围	2
考核时限	240min	题　型	B	题　分	30
试题正文	轴瓦的研刮与调整				
其他需要说明的问题和要求	1. 独立操作 2. 注意安全，文明操作				
工具、材料、设备、场地	工具：起吊设施、刮刀、塞尺、铜棒、千分表等 材料：煤油、纱布等 设备：现场实际设备				

	序号	操作步骤及方法	质量要求	满分	扣分
评分标准	1	除三油楔轴瓦外，将下瓦装入轴承座，盘动转子着色，取出下瓦根据痕迹修刮	操作正确	4	轴瓦检查不正确，下瓦取法不当扣4分
	2	有调整垫铁的轴瓦，应在垫铁修挂后再修挂轴瓦	操作正确	2	操作不正确扣2分
	3	取瓦方法：用铁马将轴预抬0.20~0.30mm，用铜棒在轴瓦一侧轻击，使轴瓦从另一侧滑出，取出下瓦	操作正确	2	操作不正确扣2分
	4	轴瓦两侧间隙变小，上瓦顶部检修增大，并超过设计值，说明下瓦有较大的磨损，需进行局部补焊	间隙测量正确	4	轴瓦间隙测量不准扣4分
	5	轴瓦两侧间隙过大，顶部间隙偏小，是由于安装或检修的遗留问题，可不必修理	轴瓦磨损部位及成因分析正确	4	轴瓦间隙形成偏差原因分析错误扣4分
	6	轴瓦两侧间隙与塞尺的塞入深度关系不正确时，必须进行修刮	操作正确	4	轴瓦修刮不当扣4分
	7	轴瓦两侧与顶部的间隙不同时，是轴瓦的安装位置不正确或轴瓦在粗加工时造成的偏差，应坚持轴瓦调整垫铁的接触情况，以及轴瓦中分面的是否整劲，使轴瓦歪斜，可对轴瓦进行修刮	操作正确	4	清理不彻底扣4分
	8	下瓦的接触面无论是增大、偏歪或过小都应修刮，修刮时注意顶部检修的调整	操作正确	6	视修刮后轴瓦接触情况扣分

443

行业：电力工程　　　工种：汽轮机辅机专业安装　　　等级：高技

编　号	C01B045	行为领域	e	鉴定范围	2
考核时限	240min	题　型	B	题　分	30

试题正文	汽动给水泵汽轮机转子—汽缸找中

其他需要说明的问题和要求	1. 独立操作 2. 注意安全，文明操作 3. 起重工配合

工具、材料、设备、场地	工具：起吊设施、扳手、内径千分尺、百分表等 材料：煤油、纱布等 设备：现场实际设备

	序号	操作步骤及方法	质量要求	满分	扣分
评分标准	1	将径向轴承下半装入轴承座	操作正确	4	视操作扣分
	2	将转子吊入汽缸	操作正确	4	视操作扣分
	3	通过转子对汽封洼窝找中心，若中心超标则进行调整至合格	操作正确，测量准确，中心偏差小于 0.05mm	6	视操作扣分，测量不准确每次扣 4 分
	4	吊入上缸进行汽缸支撑转换	操作正确	4	视操作扣分
	5	复测转子—汽缸中心，若中心下移，则进行调整	操作正确，测量准确，中心偏差小于 0.05mm	8	视操作扣分，测量不准确每次扣 4 分
	6	若中心合格，在汽缸测量环作一下测量并做好记录	操作正确	4	视操作扣分

444

4.2.3 综合操作

行业：电力工程　　　工种：汽轮机辅机专业安装　　　等级：初/中

编　号	C54C046	行为领域	e	鉴定范围	2
考核时限	240min	题　型	C	题　分	50
试题正文	组装单级卧式泵				
其他需要说明的问题和要求	1. 独立操作 2. 注意安全，文明操作				
工具、材料、设备、场地	工具：扳手、铜棒、榔头等 设备：现场实际设备				

	序号	操作步骤及方法	质量要求	满分	扣分
评分标准	1	将轴承套装在轴上	操作正确	4	视操作情况酌情扣分
	2	在轴承内加注合格的润滑脂，连同轴一起穿入轴承座内，穿轴时要将泵叶轮侧的轴承压盖依次套在轴上	操作正确	10	遗忘一个配件扣2分
	3	依次拧紧轴承室两端轴承压盖的螺栓	手动盘车，应旋转自如	16	手动盘车不灵活扣10分
	4	安装叶轮键，在叶轮内孔涂少许机油，将叶轮内套装在轴上	操作正确	6	视操作情况酌情扣分
	5	安装叶轮螺母并紧固，若叶轮螺母带有止动垫圈，则应在螺母紧固后将垫圈翻边	操作正确	8	未翻边扣4分，其余分视操作情况酌情扣1~4分
	6	安装联轴器键，在联轴器内孔涂少许机油，将联轴器装上	操作正确	6	视操作情况酌情扣分

编　　号	C54C047	行为领域	e	鉴定范围	2
考核时限	240min	题　　型	C	题　　分	50

试题正文	解体单吸单级卧式离心泵				
其他需要说明的问题和要求	1. 独立操作，一人配合 2. 注意安全，文明操作				
工具、材料、设备、场地	工具：扳手、铜棒、榔头等 设备：现场实际设备				

	序号	操作步骤及方法	质量要求	满分	扣分
评分标准	1	分别在联轴器上作记号，拆下电动机送检	记号明确	6	视操作情况酌情扣分
	2	松开泵壳体与吸入端盖之间的连接螺栓，拆下吸入端盖	操作正确	6	视操作情况酌情扣分
	3	松开叶轮螺母，拆下叶轮，取出口轮键（若有止动垫圈，应将翻边的止动垫圈敲平，再松开叶轮螺母）	操作正确	8	视操作情况酌情扣分
	4	拆下泵侧联轴器	操作正确	6	视操作情况酌情扣分
	5	松开填料压盖的紧固螺栓，取下填料压盖，掏出填料	操作正确	6	视操作情况酌情扣分
	6	松开联轴器侧的轴承压盖螺栓，拆下轴承压盖	操作正确	4	视操作情况酌情扣分
	7	将主轴连同滚珠轴承一起由联轴器侧取出，抽取时应用铜棒等软质工具轻敲叶轮端主轴	操作正确	8	视操作情况酌情扣分
	8	将拆下部件妥善保管，容易混淆的零部件应作出记号	妥善保管、记号明确	6	不作出记号，保管不妥善扣6分

行业：电力工程　　　　工种：汽轮机辅机专业安装　　　等级：初/中

编　　号	C54C048	行为领域	e	鉴定范围	2
考核时限	240min	题　型	C	题　分	50
试题正文	安装单级水泵				
其他需要说明的问题和要求	1. 独立操作 2. 起重配合 3. 分阶段考察 4. 注意安全，文明操作				
工具、材料、设备、场地	工具：卷尺、铁水平、导链、试压泵、榔头、錾子、活扳手等 设备：现场实际设备				

	序号	操作步骤及方法	质量要求	满分	扣分
评分标准	1	基础清理，承力面凿毛	基础干净，无油污，杂物	8	视操作情况扣1～8分
	2	垫铁配制，安装	承力面凿毛符合要求	8	视操作情况扣1～8分
	3	地脚螺栓安装	符合《电力建设施工质量验收及评定规程》（DL/T 5210.3—2009），（汽轮发电机组部分）	8	视操作情况扣1～8分
	4	调整中心线，标高	符合《电力建设施工质量验收及评定规程》（DL/T 5210.3—2009），（汽轮发电机组部分）	8	视操作情况扣1～8分
	5	调整水平度	符合《电力建设施工质量验收及评定规程》（DL/T 5210.3—2009），（汽轮发电机组部分）	5	视操作情况扣1～5分
	6	一次灌浆	符合厂家或《电力建设施工质量验收及评定规程》（DL/T 5210.3—2009），（汽轮发电机组部分）要求	4	视配合情况扣分
	7	精调水平，紧固地脚螺栓，垫铁点焊	符合《电力建设施工质量验收及评定规程》（DL/T 5210.3—2009），（汽轮发电机组部分）要求	5	视操作情况扣1～5分
	8	二次灌浆	符合《电力建设施工质量验收及评定规程》（DL/T 5210.3—2009），（汽轮发电机组部分）要求	4	视配合情况扣分

行业：电力工程　　　工种：汽轮机辅机专业安装　　　等级：初/中

编　号	C54C049	行为领域	e	鉴定范围	1
考核时限	240min	题　型	C	题　分	50
试题正文	安装容器				
其他需要说明的问题和要求	1. 独立操作 2. 起重配合 3. 注意安全，文明操作				
工具、材料、设备、场地	工具：卷尺、铁水平、导链、试压泵、榔头、錾子、活扳手等 设备：现场实际设备				

<table>
<thead>
<tr><th rowspan="2">评分标准</th><th>序号</th><th>操作步骤及方法</th><th>质量要求</th><th>满分</th><th>扣分</th></tr>
</thead>
<tbody>
<tr><td>1</td><td>基础复查（基础定位尺寸、基础尺寸等）</td><td>应符合图纸要求</td><td>6</td><td>视操作情况扣分</td></tr>
<tr><td>2</td><td>基础处理（清理打麻面等）</td><td>符合《电力建设施工质量验收及评定规程》（DL/T 5210.3—2009），（汽轮发电机组部分）要求</td><td>10</td><td>视操作情况扣分</td></tr>
<tr><td>3</td><td>设备倒运、就位</td><td>操作正确</td><td>6</td><td>视操作情况扣分</td></tr>
<tr><td>4</td><td>找平找正（水平度或垂直度、中心线尺寸、标高尺寸、接口方向等）</td><td>符合《电力建设施工质量验收及评定规程》（DL/T 5210.3—2009），（汽轮发电机组部分）要求</td><td>14</td><td>不符合要求每项扣 3 分</td></tr>
<tr><td>5</td><td>配合二次灌浆</td><td>操作正确</td><td>6</td><td>监护不到位扣5分</td></tr>
<tr><td>6</td><td>附件安装（包括水位计、压力表、温度计等）</td><td>齐全、牢固</td><td>8</td><td>不符合要求每项扣 2 分</td></tr>
</tbody>
</table>

行业：电力工程　　　工种：汽轮机辅机专业安装　　　等级：中

编　号	C04C050	行为领域	e	鉴定范围	2
考核时限	240min	题　型	C	题　分	50

试题正文	试运行一般离心泵

其他需要说明的问题和要求	1. 独立操作 2. 须在指导下进行 3. 注意安全，文明操作

工具、材料、设备、场地	工具：点式温度计、测振仪、活扳手等 设备：现场实际设备

	序号	操作步骤及方法	质量要求	满分	扣分
评分标准	1	复查中心，检查保护罩、压力表、油位，冷却水通水等情况	检查全面	15	检查不全面每项扣3分
	2	开启入口门使泵内充水，并排空气	操作正确	5	操作不正确扣5分
	3	泵进水后检查泵壳体各部的泄漏情况	检查全面	10	检查不全面每项扣2分
	4	检查出口门是否卡涩，然后关闭	检查全面	5	操作不正确扣5分
	5	启动水泵，徐徐开启出口门，使管道充满水，压力稳定后，再根据需要开启出口门	操作正确	7	操作不正确扣7分
	6	运行时检查：① 轴承温度；② 轴封漏水及轴封温度；③ 出口压力；④ 轴承振动	检查全面	8	每少检查一项扣2分

行业：电力工程　　　工种：汽轮机辅机专业安装　　　等级：中/高

编　号	C43C051	行为领域	e	鉴定范围	1
考核时限	240min	题　型	C	题　分	50

试题正文	用凝汽器汽侧灌水进行铜管检漏

其他需要说明的问题和要求	1. 独立操作、两人配合 2. 注意安全，文明操作 3. 可分段考核

工具、材料、设备、场地	工具：照明灯具、胀管工具、电源盘、活扳手等 材料：铜堵头等 设备：现场实际设备

	序号	操作步骤及方法	质量要求	满分	扣分
评分标准	1	检查临时支撑、临时上水管、汽侧人孔门封闭、放水门关闭等情况	检查仔细、认真	10	漏检一项扣3分
	2	上水检漏：当水淹没铜管后进行铜管检查，发现有欠胀的铜管及时补胀，有内漏，说明铜管质量有问题，临时用铜堵头两端封堵灌水后更换	1. 细致检查 2. 措施得力 3. 灌水高度淹没铜管上100mm	20	检查不细致扣8分，措施不得力扣12分
	3	水位达到要求后，维持24h，进行联合检查，做出记录	检查细致、记录准确	10	检查、记录不细扣分
	4	打开放水门，汽侧放尽水	正确操作	4	操作错误扣4分
	5	更换铜管	应无渗漏	6	遗漏一根扣1分

450

行业：电力工程　　　　工种：汽轮机辅机专业安装　　　　等级：高

编　　号	C03C052	行为领域		e	鉴定范围	3
考核时限	240min	题　　型		C	题　　分	50
试题正文	检修中低压阀门					
其他需要说明的问题和要求	1. 阀门规格：DN150 2. 独立操作 3. 注意安全，文明操作					
工具、材料、设备、场地	工具：固定阀门用架子、扳手、油盘、水压试验台等 材料：煤油、红丹粉、填料等 设备：待检阀门					

	序号	操作步骤及方法	质量要求	满分	扣分
评分标准	1	选择大小合适的架子将阀门固定，对其门芯门盖作记号，扳动手轮将阀门打开	架子将阀门固定后，前后应牢靠无晃动	6	少做一项扣2分
	2	松开阀门的格兰压盖，然后松开阀盖与阀体的连接螺栓，集中放置，清洗	操作正确	8	少做一项扣2分
	3	取出门芯，将门芯清理干净，并进行研磨，磨好后将门芯均匀地涂抹红丹粉进行试门，检查其接触面是否良好	门芯结合线应光滑	12	阀门研磨不合格扣8分，红丹涂抹不均匀扣2分，清理不干净扣2分
	4	符合要求后进行组装，均匀地带紧螺栓，转动手轮将阀门关闭	门盖与阀体间隙应均匀	6	间隙不均匀扣4分，未关闭阀门扣2分
	5	选择合适的填料，并将切口错位呈90°的加入，上紧格兰螺栓	操作正确	8	未按要求添加填料扣4分，格兰未带紧扣4分
	6	对其进行1.25倍的水压试验	操作正确	10	视操作情况扣分

451

编　号	C02C053	行为领域	e	鉴定范围	2
考核时限	240min	题　型	C	题　分	50

试题正文	解体立式循环水泵				
其他需要说明的问题和要求	1. 独立操作 2. 起重配合 3. 注意安全，文明操作				
工具、材料、设备、场地	工具：吊车、扳手等 设备：现场实际设备				

	序号	操作步骤及方法	质量要求	满分	扣分
评分标准	1	松开支座与泵壳之间的连接螺栓，将水泵转子从泵壳内抽出	操作正确	15	视操作情况酌情扣分
	2	拆开叶轮头，拆下叶轮	操作正确	15	视操作情况酌情扣分
	3	松开填料压盖，取出密封填料	操作正确	10	视操作情况酌情扣分
	4	松开轴承压盖，轴承端盖，将轴连同轴承一起自支座上拆下	操作正确	10	视操作情况酌情扣分

编　　号	C01C054	行为领域	e	鉴定范围	2
考核时限	360min	题　型	C	题　　分	50
试题正文	更换液力耦合器主油泵				
其他需要说明的问题和要求	1. 独立操作 2. 注意安全，文明操作				
工具、材料、设备、场地	工具：起吊设施、滤油机、扳手、铜棒、百分表等 材料：煤油、垫片等 设备：现场实际设备				

	序号	操作步骤及方法	质量要求	满分	扣分
评分标准	1	电动机、辅助油泵切电，抽出耦合器油箱的润滑油	措施齐全	4	措施不齐全每项扣2分
	2	拆除液力耦合器输入，输出轴的联轴器保护罩，并解列联轴器	操作正确	4	视操作扣分
	3	拆除液力耦合器上盖的测点和影响揭盖的管道	操作正确	4	视操作扣分
	4	松大盖螺栓，起大盖	操作正确	4	视操作扣分
	5	解列大齿轮与主油泵的对轮连接	操作正确	4	视操作扣分
	6	松开主油泵与支撑框架的连接螺栓及出口油管	操作正确	4	视操作扣分
	7	吊起主油泵，拆除主油泵的进口油管（润滑油、工作油）	操作正确	4	视操作扣分
	8	移去主轴泵，清理油箱	操作正确	4	清理不彻底扣4分
	9	吊起新油泵，将入口油管接上，放下新油泵至基础上	操作正确	4	视操作扣分
	10	新油泵与输入大齿轮找中心	中心偏差符合要求	6	不符合要求扣分
	11	紧固新油泵底脚螺栓	操作正确	4	视操作扣分
	12	按拆除顺序恢复	操作正确	4	视恢复情况扣分

行业：电力工程　　　工种：汽轮机辅机专业安装　　　等级：高技

编　　号	C01C055	行为领域	e	鉴定范围	1
考核时限	240min	题　　型	C	题　　分	50

试题正文	进行带液力偶合器的给水泵组试运行

其他需要说明的问题和要求	1. 指导操作，机务、管道阀门、调试、热工、电气等配合 2. 一旦发生意外，立即退出考场 3. 注意安全，文明操作

工具、材料、设备、场地	工具：测振仪、红外测温仪、活扳手、阀门扳手等 设备：现场实际设备

	序号	操作步骤及方法	质量要求	满分	扣分
评分标准	1	检查油箱油位及油系统设备，启动辅助油泵，检查润滑油压、油温及各轴承温度	检查细致、符合要求	8	视操作情况扣分
	2	做勺管静态实验、辅助油泵连锁实验	符合厂家要求	8	视操作情况扣分
	3	检查热工仪表及各测点信号反馈情况	符合要求	6	视操作情况扣分
	4	检查水系统(包括冷却水、密封水、低压给水，高压给水、再循环、减温水等)	符合要求、检查细致	8	视操作情况扣分
	5	将勺管开度设置为0，启动电泵组，检查辅助油泵连锁情况，润滑油压、油温，工作油压、油温及各轴承轴温度；测量轴承振动；检查前置泵、主泵进出口压力，密封水压力	操作符合要求、检查细致	12	视操作情况扣分
	6	作升速实验，检查以上各项指标，做好记录	操作符合要求、检查细致	8	视操作情况扣分

454

编　　　号	C01C056	行为领域	e	鉴定范围	2
考核时限	240min	题　　型	C	题　　分	50
试题正文	解体凝结水泵				
其他需要说明的问题和要求	1. 要求与人配合进行操作处理 2. 注意安全，文明操作				
工具、材料、设备、场地	工具：起吊设施、扳手、铜棒、加工长螺栓等 材料：垫木（包括V形垫木）、橡皮、白布、记号笔等 设备：现场实际设备				

	序号	操作步骤及方法	质量要求	满分	扣分
评分标准	1	电动机停电，拆除与泵间的连接螺栓，调出电动机放置在垫木上	操作正确，螺栓堆放保管	3	措施不齐全扣3分
	2	拆下油室放油堵头，通过临时接管排空油室内的润滑油	操作正确，润滑油排空并做好清理	3	油污清理不干净扣3分
	3	拆除各仪表接管，密封水和冷却水接管	操作正确，部件摆放整齐并标记	3	视操作扣分，部件摆放标记不符合要求扣2分
	4	拆掉泵与外筒体连接螺栓，垂直起吊泵体，放置在高度适宜的装配架上，垫平泵的转动部件	操作正确，部件摆放整齐并标记	3	视操作扣分，部件摆放标记不符合要求扣2分
	5	依次拆下联轴器、轴承盖，整体吊出推力轴承座，另外进行单独解体	操作正确，部件摆放整齐并标记	5	视操作扣分，部件摆放标记不符合要求扣2分
	6	吊出电动机架	操作正确，部件摆放整齐并标记	3	视操作扣分，部件摆放标记不符合要求扣2分

	序号	操作步骤及方法	质量要求	满分	扣分
评分标准	7	依次拆除密封压盖,回水管及轴套,整个拆出密封部件,另行单独解体	操作正确,部件摆放整齐并标记	5	视操作扣分,部件摆放标记不符合要求扣2分
	8	用3个长螺栓拉出节流套,余下部分水平放置:泵的出口法兰向下置于橡皮垫上,另一端用木块垫平,传动端轴头垫平	操作正确,部件摆放整齐并标记	3	视操作扣分,部件摆放标记不符合要求扣分
	9	首级双吸结构拆卸:依次拆下进水喇叭、叶轮螺母、首级叶轮、键、调整轴套、双吸蜗壳体	操作正确,部件摆放整齐并标记	4	视操作扣分,部件摆放标记不符合要求扣2分
	10	拆掉密封水管路,然后依次拆下导叶壳体、叶轮定位轴套、锥套、次级叶轮及键等,按此逐级拆下各级	操作正确,放置过程中不得发生冲击或撞击现象	6	视操作扣分
	11	拆下异径壳体、导轴承部件、直管、调整垫	操作正确,部件摆放整齐并标记	3	视操作扣分,部件摆放标记不符合要求扣2分
	12	把轴小心吊出,平放在V形垫木上,垫木不得少于4个	操作正确,起吊时做好保护,放置平稳	6	视操作扣分
	13	拆开套筒联轴器	操作正确,起吊时做好保护,放置平稳	3	视操作扣分

编　　号	C01C057	行为领域		e	鉴定范围	2
考核时限	240min	题　　型		C	题　　分	50
试题正文	空冷凝汽器风机组合安装					
其他需要说明的问题和要求	1. 独立操作 2. 注意安全，文明操作					
工具、材料、设备、场地	工具：起吊设备、力矩扳手、小撬杠、套筒扳手、铜棒、锉刀等 材料：煤油、毛刷、砂纸、破布等 设备：现场实际设备					

	序号	操作步骤及方法	质量要求	满分	扣分
评分标准	1	减速器、电动机、轮毂、叶片清理干净	轮毂底部清理要干净	6	视操作情况扣分
	2	起吊减速箱与风机桥架组合，均匀紧固连接螺栓	减速箱与风机桥架组合时，仔细检查减速箱台板是否与桥架四周密实结合，不得有翘角	6	视操作情况扣分
	3	减速器轴输出轴上轮毂和输入轴的半联轴器安装	联轴器安装热套，到位，键配制间隙符合要求	8	视操作情况扣分
	4	电动机转动轴上的半联轴器安装	中心调整方法正确，且在要求范围内	8	视操作情况扣分
	5	起吊电动机与减速器组合，中心调整	电动机接线盒方向正确（一致），便于电气专业统一布置动力电缆	8	视操作情况扣分
	6	起吊风机叶片，按照厂家的标记，对称安装在轮毂上，并紧固定卡	风叶起吊用麻绳或吊带，不得损坏叶片，同时叶片A对A等	6	视操作情况扣分
	7	起吊组合的风机桥架，吊装到位	吊装风机桥架时要固定，以免高空中风叶转动损坏减速机	8	视操作情况扣分

行业：电力工程　　　工种：汽轮机辅机专业安装　　　等级：高技

编　　号	C01C058	行为领域	e	鉴定范围	2
考核时限	240min	题　　型	C	题　　分	50

试题正文	空冷凝汽器管束轨道安装

其他需要说明的问题和要求	1. 独立操作 2. 注意安全，文明操作

工具、材料、设备、场地	工具：榔头、小撬杠、扳手等 材料：钢丝、毛刷、砂纸、厂供粘合剂等 设备：现场实际设备（管束轨道、滑动板、螺栓）

	序号	操作步骤及方法	质量要求	满分	扣分
评 分 标 准	1	管束轨道清理检查	轨道无毛刺，倒角朝内上方（两列管束交点为内）	6	视操作情况扣分
	2	滑动板与管束轨道粘合	滑动板与轨道胶合处需要除锈，并粘接牢靠	8	视操作情况扣分
	3	轨道布置	轨道跨度误差、平行度保证在3mm	6	视操作情况扣分
	4	管束轨道铺设	轨道铺设时注意膨胀间隙，要求保证在 3～5mm，且接口处不得有上下、左右错口	10	视操作情况扣分
	5	轨道拱度值调整	拱度值符合厂家要求	8	视操作情况扣分
	6	管束轨道螺栓紧固	轨道与调整垫块以及平台基础之间的焊接高度必须大于5mm，且满焊	12	视操作情况扣分

5 試卷樣例

中级汽轮机辅机安装知识要求试卷

一、选择题（每题 1 分，共 25 分）

下列每题都有 4 个答案，其中每空只有一个正确答案，将正确答案填入括号内。

1. 无热位移的管道，其吊架应（　　）安装。

（A）垂直；（B）水平；（C）有一定倾斜度；（D）倾斜 20°。

2. 管道进行水压试验时，试验压力一般为工作压力的（　　）倍。

（A）1.5；（B）1.25；（C）1.15；（D）1.10。

3. 打水压检查阀门的严密性，其压力保持时间不少于（　　）min，无泄漏为合格。

（A）5；（B）4；（C）3；（D）2。

4. 氧气管道严密性试验时，每小时漏气量不得超过（　　）。

（A）2%；（B）1.5%；（C）1%；（D）0.5%。

5. （　　）适用于小型设备的吊装或短距离牵引。

（A）千斤顶；（B）链条葫芦；（C）滑轮和滑轮组；（D）绞车。

6. 钢材在各种介质的侵蚀作用下，被破坏的现象称为（　　）。

（A）偏析；（B）氧化；（C）腐蚀；（D）生锈。

7. 在水处理除盐系统里用作耐酸设备衬里、耐酸管道、耐酸阀门及耐酸泵等玻璃钢一般为（　　）。

（A）环氧玻璃钢；（B）聚酯玻璃钢；（C）酚醛玻璃钢；

（D）环氧煤焦油玻璃钢。

8. 深井泵的井管管口应伸出基础相应的平面，不少于（　　）。

（A）25mm；（B）20mm；（C）15mm；（D）10mm。

9. 单独装设的水位调整器的安装标高，应符合图纸要求，偏差应不大于（　　）。

（A）10mm；（B）12mm；（C）15mm；（D）20mm。

10. 给水泵总窜量（事故轴窜）是水泵很重要的组装数据，它是（　　）。

（A）平衡盘的活动窜量；（B）叶轮与水泵静止部分的窜量；（C）推力盘窜量；（D）平衡盘窜量与推力盘窜量之和。

11. 红丹粉使用时可用（　　）调和，它常用于钢和铸铁工件的刮削。

（A）机油；（B）乳化油；（C）煤油；（D）二硫化钼。

12. 三角皮带的公称长度是指三角皮带的（　　）。

（A）外圆长度；（B）横截面重心连线；（C）内周长度；（D）展开长。

13. 取压口若选在阀门后，则与阀门的距离应（　　）。

（A）大于管道直径；（B）大于管道直径的二倍；（C）大于管道直径的三倍；（D）为任意尺寸。

14. 压力测量在一般情况下，通入仪表的压力为绝对压力，而压力表显示的压力为（　　）。

（A）绝对压力；（B）表压力；（C）大气压力与表压力之和；（D）大气压力与绝对压力之和。

15. 滚动轴承装配时，在端盖侧轴向应与端盖留有（　　）的膨胀间隙。

（A）0.01mm；（B）0.20～0.50mm；（C）0.75mm；（D）1.00mm。

16. 在重要的机械传动中，齿轮的磨损不超过齿厚的（　　）。

（A）10%；（B）20%；（C）25%；（D）8%。

17. 水泵盘根轴封发热的原因一般是（　　）。

（A）水泵输送介质温度高；（B）盘根数量不够；（C）冷却水压力低、水量不够；（D）盘根数量过多。

18. 转动机械检修完毕后，转动部分的防护装置（　　）。

（A）暂时不装；（B）应牢固地装复；（C）试运完后装复；（D）可以不装。

19. 圆筒轴瓦与轴颈的接触角一般为（　　）。

（A）45°；（B）90°；（C）60°；（D）30°。

20. 大型给水泵轴封多采用（　　）做冷却水源。

（A）循环水；（B）凝结水；（C）工业水；（D）生水。

21. 给水泵滑销间隙应按设计（或有关规定），如无规定时，可考虑使用：顶部间隙（　　）；两侧间隙 0.03～0.05mm。

（A）1～3mm；（B）0.01～0.02mm；（C）0.05～0.08mm；（D）0.08～1mm。

22. 水中的杂质按颗粒的大小分为三种，对溶解物质的处理方法是（　　）。

（A）离子交换处理；（B）混凝处理；（C）澄清处理；（D）过滤处理。

23. 真空系统灌水试验时，灌水高度应在汽封洼窝以下（　　）mm 处。

（A）100；（B）90；（C）80；（D）110。

24. 表面加热器内漏时，疏水液位会（　　）。

（A）上升；（B）下降；（C）不变；（D）先升后降。

25. 氢气（或氧气）管道敷设，一般应有一定的坡度，当氢、氧管道并列敷设时，其相间的距离应大于（　　）。

（A）100mm；（B）150mm；（C）200mm；（D）250mm。

二、判断题（每题 1 分，共 25 分）

1. 高压给水管道的冲洗，应在给水泵试运合格前进行。

（　　）

2. 钢材矫正时，因为加热温度对矫正能力影响很大，故应

根据需矫正变形大小来选择加热温度。　　　　　　　　（　　）

3. 液力耦合器与电动机、给水泵的联轴器找中心时，应考虑各部件运行中在热态下膨胀所引起的中心变化及主动齿轮与从动齿轮受力方向不同所引起的上抬值，并预留出相应的校正值。　　　　　　　　　　　　　　　　　　　　　　　（　　）

4. 具有暖泵系统的高压给水泵试运行时，一般应进行暖泵，使泵上下温差小于 15℃，泵体与给水温度差小于 20℃时方可启动。　　　　　　　　　　　　　　　　　　　　　　（　　）

5. 水泵试运时，对于入口无滤网的水泵，应加装足够通流面积的临时滤网，运行到水质清洁后拆除。　　　　　（　　）

6. 液压传动的原理是以液体作为工作介质来传动的一种方式，它是依靠密封容积变化传递运动，靠液体的压力传递动力的。　　　　　　　　　　　　　　　　　　　　　　　（　　）

7. 直轴常用的方法有捻打法、机械加压法、局部加热法、局部加热加压法、内应力消除法。　　　　　　　　　（　　）

8. 水泵静平衡盘套筒与其相对应的轴套（或调套）总间隙一般为 0.50～0.60mm。　　　　　　　　　　　　　　（　　）

9. 转子找静平衡的工作，一般是在转子和轴检修完毕后进行，在找完平衡后，转子与轴不应再进行修理。　　　（　　）

10. 检修轴承时，轴瓦两侧间隙与塞尺的深入深度关系不正确时，必须进行修刮。　　　　　　　　　　　　　（　　）

11. 除氧器按压力分为真空式、大气式和高压式除氧器三种，大型火力发电厂采用高压式除氧器。　　　　　　（　　）

12. 水的沉淀处理一般经过混凝、沉淀软化、澄清三个过程。　　　　　　　　　　　　　　　　　　　　　　（　　）

13. 高压除氧器的安全装置常采用弹簧式安全阀和重锤式安全阀两种形式。　　　　　　　　　　　　　　　　（　　）

14. 底部具有弹簧的凝汽器，在灌水前应在弹簧处加临时支撑并检查各管道支吊架，必要时也应加临时支撑，或将弹簧吊架锁住。　　　　　　　　　　　　　　　　　　　（　　）

15. 处理设备及管道安装结束后，不用经过系统水压试验及箱罐灌水试验，便可进行分部试运。　　　　（　　）

16. 公差与配合标准是实现互换性的必备条件之一。（　　）

17. 液体的黏性随温度的升高而升高。　　　　　（　　）

18. 当气体温度不变时，气体密度与压力成正比。（　　）

19. 研磨阀门的专用工具是研磨头，所用材料的硬度应低于阀瓣和阀座的硬度。　　　　　　　　　　　（　　）

20. 量具在使用过程中，不要和工具、刀具放在一起，以免碰坏。　　　　　　　　　　　　　　　　　（　　）

21. 旧国标中，三大类配合的名称为间隙配合、过渡配合和过盈配合。　　　　　　　　　　　　　　　（　　）

22. 现场影响工程质量的因素是：人、机械、材料、施工方法、施工环境。　　　　　　　　　　　　　（　　）

23. 循环水进、出口压力差，不代表它经过凝汽器的压力损失。　　　　　　　　　　　　　　　　　　（　　）

24. 在过滤材料中，石英砂适用于中性和酸性的水，无烟煤和半烧白元石适用于带碱性的水。　　　　（　　）

25. 水面计是用来指示容器内水位高低的表计。（　　）

三、简答题（每题 5 分，共 15 分）

1. 简述轴瓦钨金的烧铸工艺的程序。

2. 如何进行凝结水泵的安装？

3. 简述刮研球面瓦球面的步骤。

四、计算题（每题 5 分，共 15 分）

1. 凝汽器中蒸汽的绝对压力为 0.004MPa，用气压表测得大气压为 760mmHg，求真空值。

2. 有一条长 30m 的供汽钢管，在室温 25℃ 下安装的，供汽温度是 300℃，计算管道受热后的伸长量有多少？〔$\alpha = 12 \times 10^{-6}$ m/（m·℃）〕

3. 根据如下联轴器瓢偏记录，求瓢偏度是多少？哪点高？哪点低？（单位：mm）

位置	A 表	B 表	A–B 值
1～5	0.50	0.50	0.00
2～6	0.53	0.51	0.02
3～7	0.54	0.54	0.00
4～8	0.53	0.54	−0.01
5～1	0.52	0.53	−0.01
6～2	0.51	0.53	−0.02
7～3	0.51	0.52	−0.01
8～4	0.52	0.53	−0.01
1～5	0.52	0.52	0.00

五、绘图题（10分）

画出凝结水泵安装示意图。

六、论述题（10分）

凝汽器灌水试验的方法是什么？

中级汽轮机辅机安装技能操作试卷

一、拆卸滚动轴承（20分）

二、用架表法找对轮中心（30分）

三、安装单级水泵（50分）

中级汽轮机辅机安装知识要求试卷答案

一、选择题

1.（A）；2.（B）；3.（A）；4.（C）；5.（B）；6.（C）；7.（A）；

8.（A）；9.（A）；10.（B）；11.（A）；12.（C）；13.（C）；14.（B）；

15.（B）；16.（D）；17.（C）；18.（B）；19.（C）；20.（B）；

21.（A）；22.（A）；23.（A）；24.（A）；25.（D）

二、判断题

1.（×）；2.（×）；3.（√）；4.（√）；5.（√）；6.（√）；

7.（√）；8.（√）；9.（√）；10.（√）；11.（√）；12.（√）；

13.（√）；14.（√）；15.（√）；16.（√）；17.（√）；18.（√）；

19.（√）；20.（√）；21（A）；22.（√）；23.（×）；24.（√）；
25.（√）

三、简答题

1. 答：（1）清理轴瓦胎：焙掉原来的钨金并清理干净，并在苛性钠溶液内煮 15～20min，并冲洗擦干净。

（2）挂锡：用酸腐蚀瓦胎表面，冲洗干净后加热至250°～270°，用锡条在瓦胎上摩擦，挂上薄薄一层锡，两半瓦接合面处加 0.5～1mm 厚的金属垫片，便于瓦分开。

（3）瓦胎合金的浇铸：① 预热轴瓦胎，装好模芯；② 注入轴瓦合金，合金温度控制的经验方法是：将白纸放在合金上不燃烧，由白色变为深褐色；③ 用保温材料覆盖，使其缓慢冷却。

2. 答：基础复查，基础处理，台板就位，沿箱就位，找正找平，一次灌浆，复查水平，二次灌浆，泵体的组装，泵体就位，装连接短轴，安装泵机架，复查机架，复查机架的水平，安装对轮，电动机就位，交管道安装，附件安装（冷却水、压力表、封闭水管等），对轮中心复查，电动机试转，对轮连接，试转。

3. 答：（1）按轴瓦内颈和长度制作一根木质假轴颈。在木轴颈中穿一根钢管用来作摇动的手柄。

（2）将球面紧力按质量标准调整好。

（3）在轴瓦的球面上涂一薄层红丹，将轴承组合。

（4）摇动手柄使轴瓦上下左右摆动 2～3mm。

（5）拆开轴瓦按印痕轻刮球面，不允许同时修刮洼窝球面。

（6）重复以上修刮步骤，使球面接触面积达到 60%以上，并均匀为止。球面瓦两侧的一定长度内，允许有 0.05mm 间隙。

四、计算题

1. 解：760mmHg=760×1.33×10⁻⁴=0.101 08（MPa）

真空值=大气压力－绝对压力

=0.101 08－0.004=0.097 08（MPa）=97.08（kPa）

答：真空值为 97.08kPa。

2．解：$\Delta l = \alpha l \Delta t$

$$=0.012 \times 30 \times (300-25)$$

$$=99（mm）$$

答：该管道受热后的伸长量是 99mm。

3．解：瓢偏值$=[(A-B)_{max}-(A-B)_{min}] \div 2$

$$=[0.02-(-0.02)] \div 2 = 0.02（mm）$$

答：2 点高，6 点低。

五、绘图题

答：如图 1 所示。

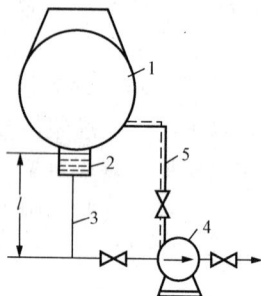

图 1

1—凝汽器；2—热水井；3—凝结水管；4—凝结水泵；5—平衡管

六、论述题

答：（1）为了保持凝汽器汽侧的清洁，应向凝汽器内灌注清水，不允许有泥沙等污染物。因此，如有条件最好灌注除盐水或软化水，所以一般都通过补给水管直接向凝汽器注水，一方面水质合格，另一方面也冲洗了补给水管。

（2）灌水速度应缓慢，边灌水边检查胀口质量。若灌水时发现胀口渗水或冒汗，应及时补胀。若发现成股的水流自冷却管淌出，说明冷却管破裂，应用木塞及时封堵，待以后更换。

（3）若凝汽器采用弹簧支承，则在灌水时弹簧承受的重量包括凝汽器的自重（即凝汽器壳体加冷却管道的重量）和水侧水容积的水重。因此在灌水前，应在弹簧处加临时的支撑，防止弹簧过负荷。然后继续灌水，直至水位高出顶部冷却管100mm后停止。

（4）水位达到高度后，应维持24h无渗漏为合格，经有关部门共同检查验收，做出记录。然后将水放掉。

凝汽器灌水试验合格后，即可封闭水室端盖，安装凝汽器其他附件。

中级汽轮机辅机安装技能操作试卷答案

一、拆卸滚动轴承见下表：

行业：电力工程　　　　工种：汽轮机辅机专业安装　　　　　等级：中

编　号	C04A015	行为领域	d	鉴定范围	3
考核时限	60min	题　型	A	题　分	20
试题正文	拆卸滚动轴承				
其他需要说明的问题和要求	1. 独立操作、一人配合 2. 注意安全，文明操作				
工具、材料、设备、场地	工具：加热工具、拆卸工具（拉马）等 材料：石棉布 设备：现场实际设备				

	序号	操作步骤及方法	质量要求	满分	扣分
评分标准	1	检查清理轴承内圈与轴径	不得有任何异物存留	6	清理不彻底扣6分
	2	加热：用湿石棉布将轴包裹起来，用烤具直接对轴承内圈加热	加热应迅速均匀	6	视操作情况扣1~6分
	3	拆卸：用拉马卡住轴承内圈将轴承拉下	必须卡住轴承内圈	8	卡住位置不对扣8分

468

二、用架表法找对轮中心见下表：

行业：电力工程　　　　工种：汽轮机辅机专业安装　　　　等级：中/高

编　号	C43B036	行为领域	e	鉴定范围	2
考核时限	180min	题　　型	B	题　分	30
试题正文	用架表法找对轮中心				
其他需要说明的问题和要求	1. 独立操作 2. 注意安全，文明操作				
工具、材料、设备、场地	工具：找中心架子、百分表、磁力表架、千斤顶、大榔头等 设备：现场实际设备				

	序号	操作步骤及方法	质量要求	满分	扣分
评分标准	1	安装找中心架子	计算圆周及张口偏差	4	不牢固扣4分
	2	安装百分表	架表符合要求	4	架表不符合要求扣4分
	3	盘动转子并盘正，作为0°记录	百分表表针应垂直于被测端面	2	视其操作扣分
	4	按旋转方向盘动90°，记录表读数	盘转子必须盘正且不准倒盘	2	视其操作扣分
	5	沿上述方向再盘90°，记录表读数	盘转子必须盘正且不准倒盘	2	视其操作扣分
	6	沿上述方向再盘90°，记录表读数	盘转子必须盘正且不准倒盘	2	视其操作扣分
	7	再盘90°回到0°位置，检查各表读数，应与0°记录一致，否则检查分析原因，重新测量，记录	盘转子必须盘正且不准倒盘	2	视其操作扣分
	8	计算圆周及张口偏差	计算正确	6	计算不正确扣6分
	9	判断是否合格，不合格应调整，重复3～9步，直至满足要求	符合《电力建设施工质量验收及评价规程》（DL/T 5210.3—2009）要求	6	不符合要求扣6分

469

三、安装单级泵见下表：

行业：电力工程　　　工种：汽轮机辅机专业安装　　　等级：初/中

编　　号	C54C049	行为领域	e	鉴定范围	2
考核时限	240min	题　　型	C	题　　分	50
试题正文	安装单级水泵				
其他需要说明的问题和要求	1. 独立操作 2. 起重配合 3. 分阶段考察 4. 注意安全，文明操作				
工具、材料、设备、场地	工具：卷尺、铁水平、导链、试压泵、榔头、錾子、活扳手等 设备：现场实际设备				

	序号	操作步骤及方法	质量要求	满分	扣分
评分标准	1	基础清理，承力面凿毛	基础干净，无油污，杂物	8	视操作情况扣1～8分
	2	垫铁配制，安装	承力面凿毛符合要求	8	视操作情况扣1～8分
	3	地脚螺栓安装		8	视操作情况扣1～8分
	4	调整中心线，标高		8	视操作情况扣1～8分
	5	调整水平度	符合《电力建设施工质量验收及评定规程》（DL/T 5210.3—2009）（汽轮发电机组部分）要求	5	视操作情况扣1～5分
	6	一次灌浆		4	视配合情况扣分
	7	精调水平，紧固地脚螺栓，垫铁点焊		5	视操作情况扣1～5分
	8	二次灌浆		4	视配合情况扣分

6 ▽ 组卷方案

6.1 理论知识考试组卷方案

技能鉴定理论知识试卷每卷不应少于五种题型，其题量为 45～60 题。试卷的题型与题量的分配，见下表。

试卷的题型与题量分配（组卷方案）表

题 型	鉴定工程等级		配 分	
	初级、中级	高级工、技师	初级、中级	高级工、技师
选 择	20题（1～2分/题）	20题（1～2分/题）	20～40	20～40
判 断	20题（1～2分/题）	20题（1～2分/题）	20～40	20～40
简答/计算	5题（6分/题）	5题（5分/题）	30	25
绘图/论述	1题（10分/题）	1题（5分/题）2题（10分/题）	10	15
总 计	45～55	47～60	100	100

高级技师的试卷，可根据实际情况参照技师试卷命题，综合性、论述性的内容比重加大。

6.2 技能操作考核方案

对于技能操作试卷，库内每一个工种的各技术等级下，应最少保证有 5 套试卷（考核方案），每套试卷应由 2～3 项典型操作或标准化作业组成，其选项内容互为补充，不得重复。

技能操作考核由实际操作与口试或技术答辩两项内容组成，初、中级工实际操作加口试进行，技术答辩一般只在高级工、技师、高级技师中进行，并根据实际情况确定其组织方式和答辩内容。